Eric Deville

Dynamique des prismes orogéniques, le rôle des fluides

Eric Deville

Dynamique des prismes orogéniques, le rôle des fluides

Exemples du prisme d'accrétion de la Barbade et de la chaîne de collision des Alpes

Presses Académiques Francophones

Impressum / Mentions légales

Bibliografische Information der Deutschen Nationalbibliothek: Die Deutsche Nationalbibliothek verzeichnet diese Publikation in der Deutschen Nationalbibliografie; detaillierte bibliografische Daten sind im Internet über http://dnb.d-nb.de abrufbar.
Alle in diesem Buch genannten Marken und Produktnamen unterliegen warenzeichen-, marken- oder patentrechtlichem Schutz bzw. sind Warenzeichen oder eingetragene Warenzeichen der jeweiligen Inhaber. Die Wiedergabe von Marken, Produktnamen, Gebrauchsnamen, Handelsnamen, Warenbezeichnungen u.s.w. in diesem Werk berechtigt auch ohne besondere Kennzeichnung nicht zu der Annahme, dass solche Namen im Sinne der Warenzeichen- und Markenschutzgesetzgebung als frei zu betrachten wären und daher von jedermann benutzt werden dürften.

Information bibliographique publiée par la Deutsche Nationalbibliothek: La Deutsche Nationalbibliothek inscrit cette publication à la Deutsche Nationalbibliografie; des données bibliographiques détaillées sont disponibles sur internet à l'adresse http://dnb.d-nb.de.
Toutes marques et noms de produits mentionnés dans ce livre demeurent sous la protection des marques, des marques déposées et des brevets, et sont des marques ou des marques déposées de leurs détenteurs respectifs. L'utilisation des marques, noms de produits, noms communs, noms commerciaux, descriptions de produits, etc, même sans qu'ils soient mentionnés de façon particulière dans ce livre ne signifie en aucune façon que ces noms peuvent être utilisés sans restriction à l'égard de la législation pour la protection des marques et des marques déposées et pourraient donc être utilisés par quiconque.

Coverbild / Photo de couverture: www.ingimage.com

Verlag / Editeur:
Presses Académiques Francophones
ist ein Imprint der / est une marque déposée de
OmniScriptum GmbH & Co. KG
Heinrich-Böcking-Str. 6-8, 66121 Saarbrücken, Deutschland / Allemagne
Email: info@presses-academiques.com

Herstellung: siehe letzte Seite /
Impression: voir la dernière page
ISBN: 978-3-8416-2683-7

Zugl. / Agréé par: Montpellier, Unversité Montpellier II, Diss. 2011

Dynamique des Prismes Orogéniques, le Rôle des Fluides

Éric Deville

A Xavier le Pichon qui a su révéler ma passion pour les Sciences de la Terre. Un clin d'œil pour l'année universitaire 1978-1979 à l'université Pierre et Marie Curie, Paris 6.

Avant-propos

Cet ouvrage reprend en partie et complète un dossier présenté pour l'obtention d'une Habilitation à Diriger des Recherches (HDR), soutenue le 7 octobre 2011 à l'Université de Montpellier 2. Les travaux présentés ici correspondent donc principalement à des recherches personnelles mais celles-ci ont bien sûr été replacées dans une perspective plus large au regard des connaissances de la communauté scientifique. Ces travaux ont été réalisés en partie à l'Université de Savoie mais principalement à l'Institut Français du Pétrole (IFP) devenu aujourd'hui IFP Energies Nouvelles (IFPEN), la plupart en partenariat avec l'industrie. Ils ont été menés sur différents chantiers que ce soit à terre ou en mer. Ces travaux concernent les orogènes convergents et ils ont été menés selon différents registres, depuis (1) une approche de géologie structurale classique, basée essentiellement sur des observations de terrain, puis vers l'investigation des structures de subsurface basée sur l'acquisition, le traitement et l'interprétation de données géophysiques, (2) une démarche méthodologique de développement de techniques nouvelles et (3) une démarche thématique pour essayer de mieux comprendre des processus géologiques mal connus. Dans cet ouvrage, on a ainsi tenté d'adopter une démarche d'intégration de différentes études, afin d'essayer, à travers des expériences un peu chaotiques du fait des contraintes de la recherche appliquée, de faire ressortir des enseignements généraux, en s'appuyant sur des travaux publiés mais aussi sur certains travaux inédits. On s'est ainsi attaché à essayer, d'une part, de faire ressortir les principaux apports des travaux réalisés mais aussi d'adopter une démarche synthétique et pédagogique.

Cet ouvrage est présenté selon différents volets: Une approche intégrée sur des chantiers emblématiques: un prisme d'accrétion mature (le prisme de la Barbade) et une chaîne de collision (les Alpes occidentales) (Chapitres 2 et 3), une approche méthodologique (Chapitres 4, 5 et 6), une approche thématique sur des processus mal connus (Chapitres 7, 8, 9 et 10) qui concernent principalement sur les aspects interactions géologie structurale et fluides tels que les processus de génération des surpressions, les problèmes de dynamique des fluides à grande échelle et leur rôle dans les processus de déformation des prismes orogéniques, les problèmes de mobilisation sédimentaire dans les prismes orogéniques.

Sommaire

1

INTRODUCTION

L'objectif premier de cet ouvrage est de tenter d'expliciter les processus géodynamiques en vigueur au sein des grands orogènes convergents, ceci depuis leurs stades précoces lors de la subduction, jusqu'à leurs stades tardifs pendant la collision. Pour ce faire, les travaux présentés ici concernent deux grands chantiers emblématiques: le prisme d'accrétion de la Barbade (un archétype d'orogène convergent lié à la subduction) et les Alpes occidentales (un archétype d'orogène convergent lié à la collision).

On sait que les prismes orogéniques résultent de la convergence entre deux plaques lithosphériques, par subduction des domaines océaniques qui les séparaient initialement (stade de développement des prismes d'accrétion) et par l'implication des marges continentales et océaniques adjacentes dans la tectonique compressive (stade de développement des chaînes de collision). Schématiquement, les prismes orogéniques correspondent à des zones de forte déformation de la lithosphère localisées à l'aplomb de la zone de convergence d'ensembles lithosphériques moins déformables. Lorsque que la flottabilité de la plaque inférieure est faible, les forces d'attraction gravitaire sont fortes relativement aux forces de résistance visqueuses au sein de l'asthénosphère et la subduction est alors favorisée [Davies, 1980; lallemand *et al.*, 2005, 2008]. C'est le cas pour les subductions de type Barbade. Lorsque la flottabilité de la plaque inférieure est forte celle-ci aura des difficultés à s'enfoncer dans l'asthénosphère, comme dans les chaînes de collision où la croûte continentale épaisse se trouve impliquée. C'est notamment le cas des Alpes. On se propose ainsi de présenter ici des cas très différents d'un point de vue mécanique qui correspondent également à des stades caractéristiques (précoce et tardif) dans l'évolution des orogènes convergents.

La croissance des prismes orogéniques a lieu, soit (1) grâce à des processus d'accrétion tectonique frontale, c'est-à-dire par incorporation au sein du prisme d'écailles tectoniques successives issues des plaques lithosphériques rigides en convergence, soit (2) grâce à des apports à la base du prisme de matériel ductile (sédiment, croûte ou manteau serpentinisé).

Pour qu'un prisme orogénique puisse s'individualiser et croître, la présence de niveaux de faible résistance aux cisaillements est nécessaire afin de créer des découplages, produire des mouvements relatifs sur de longues distances, et ainsi permettre l'intégration du matériel décollé au sein du prisme. La forme très mince des fronts de la plupart des prismes d'accrétion et de bon nombre de chaînes de collision est en fait une conséquence de l'efficacité de leur décollement basal. Les décollements correspondent soit à des niveaux de roches au comportement ductile par nature, soit à des surfaces de glissement. La résistance au cisaillement est fonction de la viscosité de roches et de la vitesse de déformation. De fait, nous avons été amené à nous intéresser à l'influence des fluides (au sens très large), sur la déformation, qu'il s'agisse simplement du rôle de l'eau (viscosité $\eta \sim 10^{-3}$ Pa.s), de la boue ($\eta \sim 10^{-2}$-10^{-1} Pa.s), des horizons salifères ($\eta \sim 10^{17}$-10^{18} Pa.s), ou des roches sédimentaires ou crustales enfouies à grande profondeur ($\eta \sim 10^{18}$-10^{22} Pa.s). A l'échelle des temps géologiques des matériaux comme les évaporites (en particulier le sel) peuvent se déformer très facilement, même à faible température et faible pression (fluage quasi-newtonien). Sur cet aspect, nous examinerons dans cet ouvrage le rôle crucial des évaporites dans la structuration des fronts de chaîne. Par ailleurs, la température et/ou la pression peuvent modifier la rhéologie des roches initialement fragile en surface pour les transformer, en profondeur, en matériaux ductiles (fluage non-newtonien). Ainsi, au cours de sa croissance, un prisme orogénique peut devenir suffisamment épais pour induire une déformation ductile croissante en profondeur, (1) soit en liaison avec de fortes surpressions de fluides dans la couverture sédimentaire, (2) soit par échauffement thermique des sédiments et de la croûte. De ce fait, ces prismes montrent à grande échelle une rhéologie différente de celle des corps plastiques parfaits et les modèles de type Mohr-Coulomb tels celui de Davis *et al.* [1983] ne sont plus applicables pour décrire leur propriétés mécaniques [Platt, 1986; Willet, 1999]. Nous verrons ainsi, à travers l'histoire des zones internes des Alpes, que des niveaux importants de découplage apparaissent au cours de l'enfouissement du panneau en subduction et nous tenterons d'expliquer pourquoi et comment.

Par ailleurs, les surfaces de glissement initiées par excès de pression de fluide correspondent, quant à elles, à des interfaces à faible friction entre deux niveaux fragiles. Des surpressions de fluide sont nécessaires pour réduire les frottements sur ces surfaces [Von Terzaghi, 1945; Hubbert & Rubey, 1959]. Lorsque l'excès de pression de fluide est très fort, il est également capable de produire une fracturation hydraulique des roches qui va favoriser l'activité d'un décollement. Nous examinerons dans cet ouvrage certains aspects liés au rôle des fluides dans l'activité des niveaux de décollement et dans la déformation interne des prismes sédimentaires, notamment en ce qui concerne les problèmes de remobilisation sédimentaire auxquels nous avons consacré une part importante de nos travaux.

2

STRUCTURE ET DYNAMIQUE D'UN PRISME D'ACCRETION MATURE

Exemple du prisme d'accrétion de la Barbade

PRESENTATION

Si dès le début des années 90 la structure frontale des prismes d'accrétion était déjà assez bien connue, il n'en était pas de même de la structure globale de ces prismes et notamment celle des grands prismes matures. Ainsi, sur le bel exemple de la Barbade, qui était probablement à l'époque (avec le prisme de Nankai) le plus étudié, l'essentiel des travaux publiés concernait la zone des forages DSDP/ODP (Fig. 2.2) mais finalement peu de publications existaient dans le reste du prisme d'accrétion et notamment dans sa partie sud, la plus large et la plus épaisse, que nous avons étudiée plus particulièrement (Fig. 2.2). En premier lieu et à grande échelle, se posait le problème de l'architecture et de la cinématique de l'ensemble de la marge active (notamment le problème de la localisation des déformations récentes), se posait aussi divers problèmes comme la position et la nature des niveaux de décollement, la nature des séries impliquées dans le prisme et la structure profonde du prisme d'accrétion. Se posait aussi le problème de la coexistence de structures compressives et de structures en extension qui n'était pas explicitée. Se posait aussi le problème de la topographie générale du prisme qui n'était pas comprise. Nous traiterons cet aspect au chapitre 4. Se posait également des problèmes de dynamique des fluides et de mobilisation sédimentaire qui prennent une place majeure dans l'ensemble des grands prismes d'accrétion. Nous traiterons ces aspects aux chapitres 8 et 9. Des recherches couplées terre-mer effectuées sur le chantier prisme d'accrétion de la Barbade et la zone de relais entre le prisme d'accrétion et le système transpressif de Trinidad et du nord Vénézuéla ont été menées à l'IFP, de 1997 à 2007, notamment grâce au support financier du Comité d'Études

Pétrolières et Marine (CEPM, Ministère de l'Industrie) et de la compagnie TOTAL. Nous avons notamment encadré une thèse (C. Padron de Carillo) et un post-doc (Y. Callec) sur la zone. Ces travaux ont été menés selon divers approches, notamment par des études de terrain sur les îles de la Barbade, de Tobago, de Trinidad, de Grenade, qui finalement étaient un bon moyen pour pouvoir appréhender le problème de la structure profonde du prisme. Nous avons eu aussi recours au traitement (ou retraitement) de lignes sismiques existantes préalablement acquises par l'Institut Français du Pétrole. Nous avons également eu recours à l'acquisition de données nouvelles (bathymétrie EM12, sismique, sondeur à sédiment, carottages) essentiellement pendant la campagne CARAMBA mais également en partie pendant la campagne ANTIPLAC, avec les moyens à la mer de l'IFREMER. Ainsi, dans un premier temps, nous avons essayé de mieux définir le cadre structural de l'ensemble de la marge active du Sud-Est Caraïbes et du prisme d'accrétion majeur de la Barbade, en particulier dans sa partie la plus grasse (sud). Nous avons aussi essayé de préciser certains aspects qui concernent le contrôle structural sur les processus de sédimentation et d'érosion sous-marine.

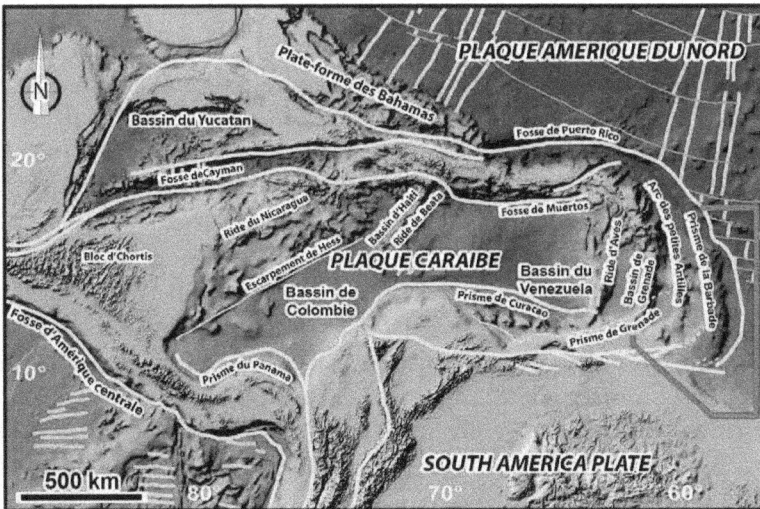

Figure 2.1 - Le prisme d'accrétion de la Barbade dans le contexte caraïbe (en rouge: la zone étudiée).

STRUCTURE DU PRISME D'ACCRETION

Le prisme d'accrétion de la Barbade est un archétype de prisme mature, caractérisé par une intense activité tectonique compressive liée à la convergence entre la lithosphère océanique atlantique (plaques américaines Nord et Sud) et la plaque Caraïbes (>2cm/an) [Dixon *et al.*, 1998; Weber *et al.*, 2001]. On sait depuis longtemps que la séismicité de la marge est-caraïbe est liée à la subduction de la lithosphère océanique atlantique sous la plaque caraïbe. Les séismes sont de plus en plus profonds vers l'ouest et atteignent plus de 150 km de profondeur sous l'arc volcanique des Petites Antilles (Fig. 2.3). Au nord de la marge active, le panneau en subduction est continu et se prolonge vers l'ouest, sous Puerto Rico. En revanche, on a montré que le panneau en subduction est discontinu au sud de la marge active. La sismicité révèle en effet que le panneau en subduction s'enfonce sous l'île de Trinidad et la péninsule de Paria au nord-est du Vénézuéla [Russo *et al.*, 1993; VanDecar *et al.*, 2003; Padron, Deville *et al.,* sous presse] (Fig. 2.3). Nous avons montré que dans ce secteur du bord méridional du prisme, la séismicité liée à la subduction s'interrompt relativement brutalement, selon un linéament WNW-ESE qui se développe depuis la péninsule de Paria, le sud de Trinidad et traverse obliquement le delta de l'Orénoque qui s'exprime en surface par un système spectaculaire de failles en échelon qui a été mise en évidence grâce aux résultats de la campagne CARAMBA et que l'on a appelé zone de faille du delta de l'Orénoque (ODFZ) [Deville *et al.*, 2004; Deville & Mascle, 2011; Padron, Deville *et al.*, sous presse] (Fig. 2.3 & 2.4). En profondeur, il est probable que le panneau en subduction soit cisaillé et qu'il décrive un mouvement en ciseaux par rapport à la croûte continentale de l'Amérique du Sud, au droit des failles de croissance du bassin de Columbus (offshore oriental de Trinidad) et de l'ODFZ. Nous ne reprenons donc pas les interprétations de VanDecar *et al.* [2003] qui supposent une continuité des panneaux en subduction sous les Antilles et sous le nord du Vénézuéla. Le panneau sous le Vénézuéla appartiendrait plutôt à nos yeux à la plaque Caraïbes comme cela a d'ailleurs déjà été proposé par certains auteurs [Pindel *et al.*, 1998, 2005].

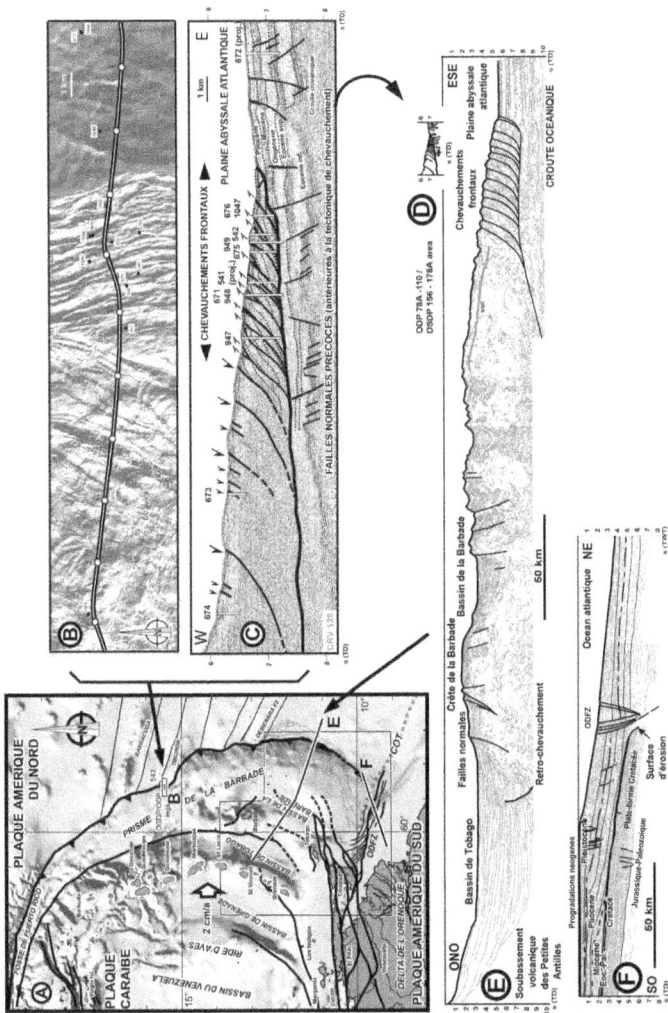

Figure 2.2 - A. Schéma structural simplifié du prisme de la Barbade. **B.** morphologie du fond marin dans la zone des forages DSDP-ODP (données de sismique 3Dpublié dans ODP vol. 178A; **C.** Profil sismique dans la zone des forages DSDP/ODP.; **D.** Line-drawing du profil C à la même échelle que les line-drawings des profils E et F; **E.** Line-drawing d'un profil sismique à travers le sud du prisme de la Barbade.; **F.** Line-drawing d'un profil sismique à travers le delta de l'Orénoque [modifié d'après Deville & Mascle, 2011, Phanerozoic Regional Geology of the World, B. Bally & D. Roberts eds., Elsevier].

13

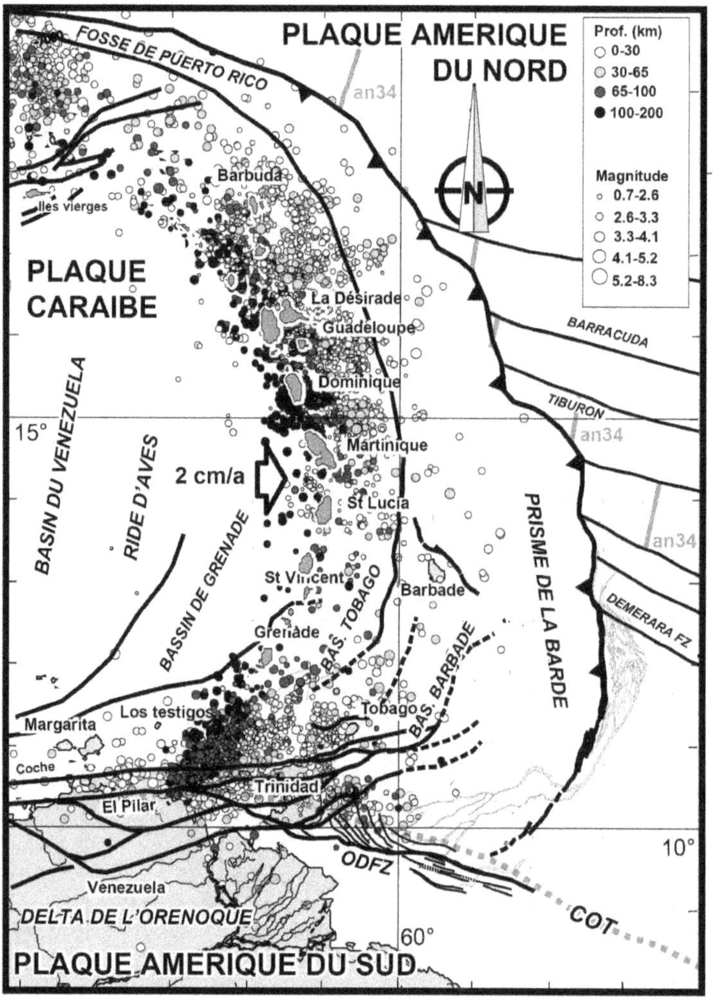

Figure 2.3 – Séismicité associée à la marge active est Caraïbes.
La distribution des séismes montre que le panneau lithosphérique passe en subduction sous Trinidad et la péninsule de Paria au Vénézuéla et qu'il s'interrompt au sud, au droit du faisceau de failles qui affecte le delta de l'Orénoque(ODFZ) qui se localise au niveau de la transition océan-continent (COT) [modifié d'après Deville & Mascle, 2011, Phanerozoic Regional Geology of the World, B. Bally & D. Roberts eds., Elsevier].

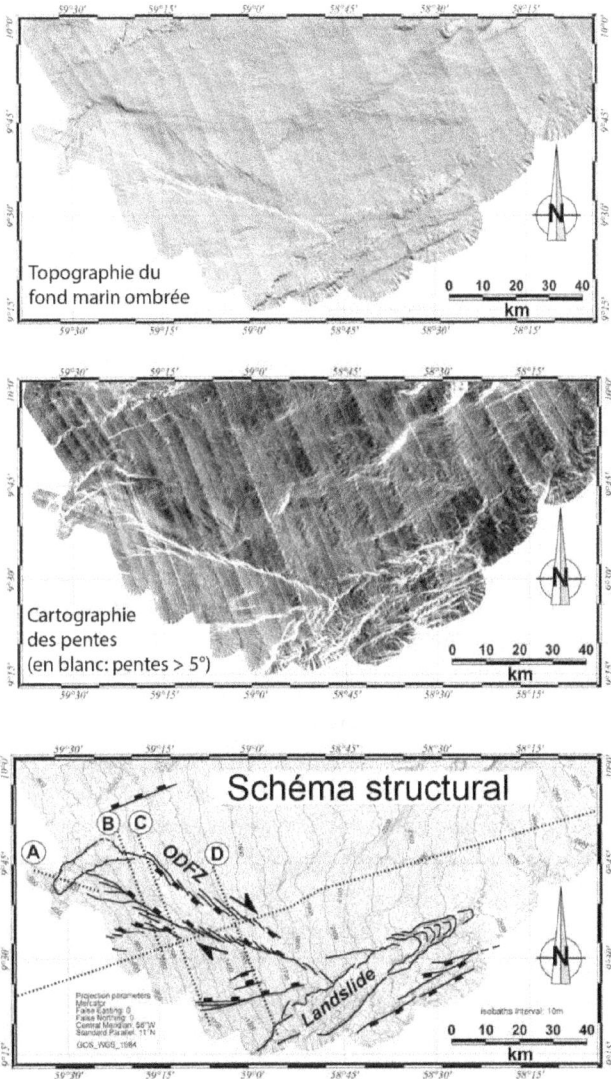

Figure 2.4 – Déformation du fond de l'eau le long de la zone de faille de l'Orénoque (ODFZ) Cette zone de failles est clairement oblique par rapport à la pente du delta de l'Orénoque et elle caractérise un système actif de fractures en échelons [modifié d'après Deville *et al.*, Bolivariano, 2004].

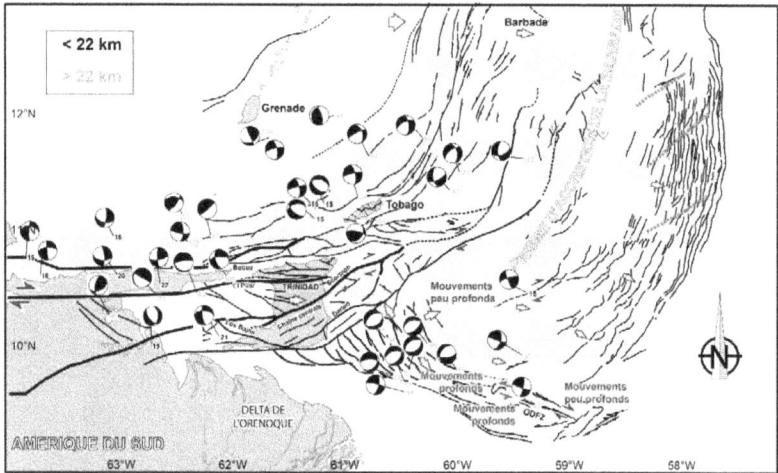

Figure 2.5 – Schéma structural de la zone de faille de l'Orénoque (ODFZ) [modifié d'après Padron, 2007; Thèse]. On notera le découplage complet de la déformation de la couverture et la déformation associée à la séismicité profonde (en bleu les mouvements superficiels ou peu profonds, en rouge les mouvements profonds).

Dans le cadre de la thèse de Crelia Padron de Carillo, il a pu être montré, entre autre, qu'il existait des mouvements opposés entre, (1) un cisaillement profond sénestre entre la lithosphère océanique atlantique et la lithosphère continentale de l'Amérique du Sud et (2) un mouvement dextre dans la couverture sédimentaire qui s'exprime jusqu'en surface au niveau de l'ODFZ (Fig. 2.4 & 2.5).

Au niveau du Bassin de Columbus, on observe une extension NE-SW dans la partie sédimentaire alors que la séismicité dans la plaque en subduction sous-jacente caractérise une extension NW-SE. On a donc clairement un découplage total entre la déformation de surface et la déformation profonde (Fig. 2.5).

Dans le prisme de la Barbade, les flux sédimentaires détritiques alimentés principalement depuis le sud depuis au moins l'Éocène, induisent des changements latéraux nord-sud à la fois dans la sédimentation sur le prisme et dans la sédimentation du deep-sea fan à l'avant du prisme. Ceci contribue à la croissance du prisme respectivement par le dépôt de sédiments dans des basins transportés (« piggyback ») perchés sur le prisme et par accrétion tectonique des sédiments au front du prisme [Mascle *et al.*, 1990; Huyghe *et al.*, 1999; Deville *et al.*, 2003a; Callec, Deville *et al.*, 2010]. De fait, le prisme est beaucoup plus épais au sud (à proximité des apports de l'Orénoque) qu'au nord. Ceci influence la morphologie de surface, la géométrie des structures et la dynamique des fluides au sein du prisme d'accrétion. D'un point de vue morphologique, il est possible de distinguer au sein de ce prisme une partie nord ou celui-ci est constitué d'une ride morphologique unique et une partie sud qui s'organise grossièrement en deux rides distinctes (une ride orientale ou ride de la Barbade et une ride occidentale ou crête de la Barbade) séparées par le bassin de la Barbade qui est une dépression morphologique perchée au cœur du prisme [Biju-Duval *et al.*, 1982; Deville & Mascle, 2011] (Fig. 2.6). Nous verrons plus loin comment nous avons tenté de proposer une interprétation de ce fait qui restait auparavent totalement inexpliqué. Dans la partie méridionale du prisme, des changements spectaculaires s'observent dans le style structural et la géométrie des séquences syntectoniques préservées sur le prisme. D'est en ouest, on peut distinguer [Deville *et al.*, 2003a; Deville & Mascle, 2011] (Fig. 2.6): (1) la plaine abyssale atlantique à l'avant du front tectonique qui est caractérisée par le développement des systèmes turbiditiques (chenaux et levées en tresses) du deep-sea fan de l'Orénoque [Embleth & Langseth, 1977; Faugères *et al.*, 1991, 1993; Deville & Mascle, 2011; Callec, Deville *et al.*, sous presse], (2) le front du prisme qui est caractérisé par le développement d'un système de chevauchements imbriqués en partie couvert par la sédimentation syntectonique et en partie érodé par un système de canyons dans la partie sud du prisme [Mascle *et al.*,1990]. L'ensemble des interactions du système de dépôt-érosion de l'Orénoque avec le prisme de Barbade a pu être étudié en détail à partir des données de la campagne CARAMBA [Deville *et al.*, 2003b; Huyghes *et al.*, 2004; Callec, Deville *et al.*, 2010], (3) puis, à l'ouest d'une ligne critique, on rencontre une très large province de vastes plis non cylindriques et de volcans de boue associés à des venues d'eaux riches en méthane [Jollivet *et al.*,1990; Deville *et al.*, 2006c] dans laquelle la présence d'hydrates de gaz est fréquemment mise en évidence par des BSRs (Bottom Simulating

Reflectors) bien identifiables sur les lignes sismiques [Fergusson *et al.*, 1993; Deville *et al.*, 2003a; Deville *et al.*, 2010], (4) le bassin de la Barbade qui correspond à une dépression fermée et isolée au cœur du prisme d'accrétion caractérisée également par un volcanisme de boue actif, (5) la partie interne du prisme (crête de la Barbade) qui s'étend entre les îles de Tobago et de la Barbade et qui se caractérise par l'activité de failles normales récentes [Deville, 2000; Deville & Mascle, 2011]. Cette zone est limitée sur sa partie interne (occidentale) par un système de rétro-chevauchements à vergence ouest (vers le bassin de Tobago) [Deville & Mascle, 2011].

PROCESSUS D'ACCRETION

Accrétion frontale

La partie frontale du prisme de la Barbade est, de très loin, la mieux connue, surtout grâce à de nombreux travaux qui ont été publiés concernant la zone des sites de forage DSDP 78A et ODP 110, 156, 171A. A cet endroit, comme dans l'ensemble du front du prisme d'accrétion de la Barbade, on observe un « imbricate fan » typique montrant un empilement d'unités tectoniques associés à des jeux de failles inverses affectant l'ensemble de la série décollée à l'origine d'une suite d'anticlinaux de rampe [Biju-Duval *et al.*, 1982]. Dans l'ensemble du front du prisme, les axes des anticlinaux, orientés généralement nord-sud, sont localement segmentés par diverses failles de transfert. On a pu montrer le rôle des changements d'épaisseur de la couverture sédimentaire en lien avec la position des zones de fractures de la lithosphère atlantique sur la structuration du prisme [Deville *et al.,* 2003a] (Fig. 2.7).

Niveaux de décollement

Dans le nord du prisme d'accrétion, les forages DSDP-ODP Barbade (legs 78a, 110, 156, 171A) ont démontré que le décollement, au front du prisme, est situé dans des argiles riches en radiolaires du Miocène inférieur, donc plutôt dans la partie superficielle de la pile sédimentaire, les unités chevauchantes étant de fait très minces. Une coupe structurale intégrant les données des différents legs est présentée en Figure 2.8.

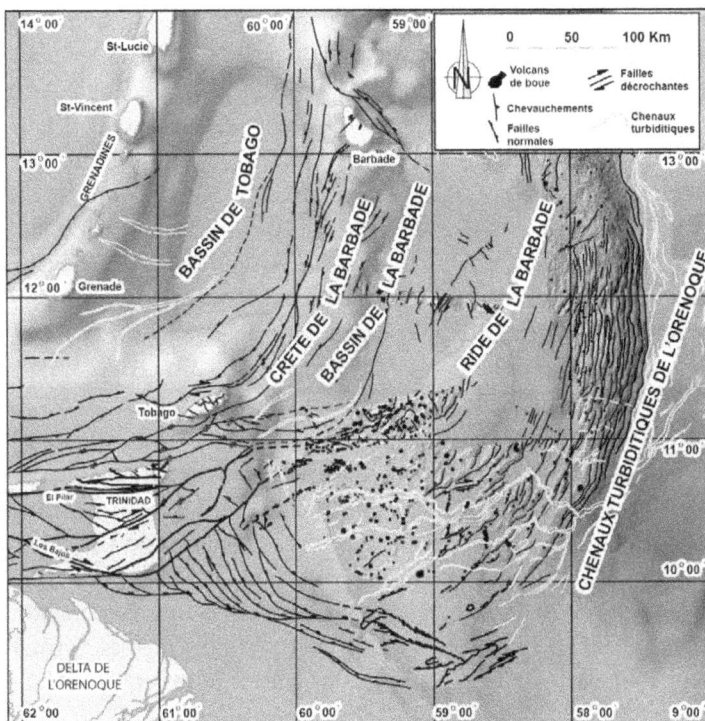

Figure 2.6 – Schéma structural du sud du prisme d'accrétion de la Barbade [modifié d'Deville *et al.*, 2006; Tectonophysics]. Cette figure illustre notamment la morphologie complexe du sud du prisme d'accrétion avec deux rides distinctes (classiquement on distingue la ride de la Barbade *s.s.* à l'est et la crête de la Barbade à l'ouest). Elles sont séparées, l'une de l'autre, par la dépression centrale isolée que constitue le bassin de la Barbade. On notera également les différences qui apparaissent dans le style structural, entre la partie frontale du prisme caractérisée par un système bien réglé d'anticlinaux de rampe à vergence vers la plaine abyssale atlantique et les domaines plus internes où se développent des systèmes de volcans de boue pointant sur le fond marin. Les trends structuraux (axes de plis, alignements de volcans de boue) s'interrompent en échelon à l'extrémité sud du prisme. La crête de la Barbade se caractérise par des systèmes de failles normales récentes. La bordure interne (ouest) du prisme correspond à un rétrochevauchement à vergence occidentale (vers le bassin avant-arc de Tobago) qui est généralement scellé par la sédimentation récente sauf dans une relativement courte portion située au sud-ouest de l'île de la Barbade.

19

D'après l'interprétation des lignes sismiques à notre disposition, le niveau de décollement dans l'ensemble du front du prisme se situerait partout dans des séries équivalentes attribuées au Miocène [Deville *et al.*, 2003a], même si, localement, il existe des niveaux de décollement secondaires, plus haut dans la série, notamment dans le Pliocène. Ainsi, on observe une complication du chevauchement frontal dans la zone des forages DSDP-ODP qui montre un plat dans le Pliocène [Brown *et al.*, 1990; Deville *et al.*, 2003a]. Également, en différents endroits, les chevauchements du front du prisme ont tendance à se ramifier en différentes branches vers leur sommet générant ainsi des microprismes tectoniques dans le Plio-Quaternaire, notamment dans la zone située vers 12°N [Biju-Duval *et al.*, 1982; Deville *et al.*, 2003a]. Au niveau du site des forages DSDP-ODP, le leg 110 a montré que le décollement s'enfonçait assez rapidement, au moins jusqu'à la base de l'Éocène, puisque L'Éocène est impliqué dans le prisme (cf. forages ODP 674). Cela correspond au fait que le niveau de décollement basal s'enfonce dans la série sédimentaire vers l'intérieur du prisme (comme dans tout prisme orogénique). L'Éocène est également impliqué sur l'île de la Barbade [Senn, 1940; Biju-Duval *et al.*, 1985] et nous avons montré également que le Crétacé est présent à la Barbade sous forme de blocs mobilisés dans des anciennes intrusions boueuses (cf. infra).

Plissement

Le système de plis et chevauchements qui se développe au front du prisme d'accrétion a été depuis longtemps imagé et décrit dans diverses publications, ceci dans l'ensemble du prisme d'accrétion [cf. notamment Biju-Duval *et al.*, 1982; Brown & Westbrook, 1987; Mascle *et al.*, 1990; Mascle & Moore, 1990]. Pour autant ce système ne représente qu'une zone marginale du prisme d'accrétion, restreinte, au plus, à la première dizaine de kilomètre du bord oriental du prisme. En ce qui concerne la géométrie des premiers plis frontaux, on constate que les relations purement géométriques entre chevauchements et plis montrent que les anticlinaux à des plis de rampe (avec un mode de plissement intermédiaire entre « fault-bend fold » et « fault-propagation fold ») (Fig. 2.9). Vers l'intérieur du prisme d'accrétion, le style de déformation change de manière assez brutale et ce changement est associé à une variation assez brutale de la pente moyenne du prisme d'accrétion qui d'une valeur de l'ordre de 2.5°, passe à moins de 0.5° [Deville *et al.*, 2003a]. Cette zone se caractérise par des plis de plus grande longueur d'onde comparés aux plis frontaux. Les axes de ces plis ont des directions moins bien marquées que dans la zone frontale.

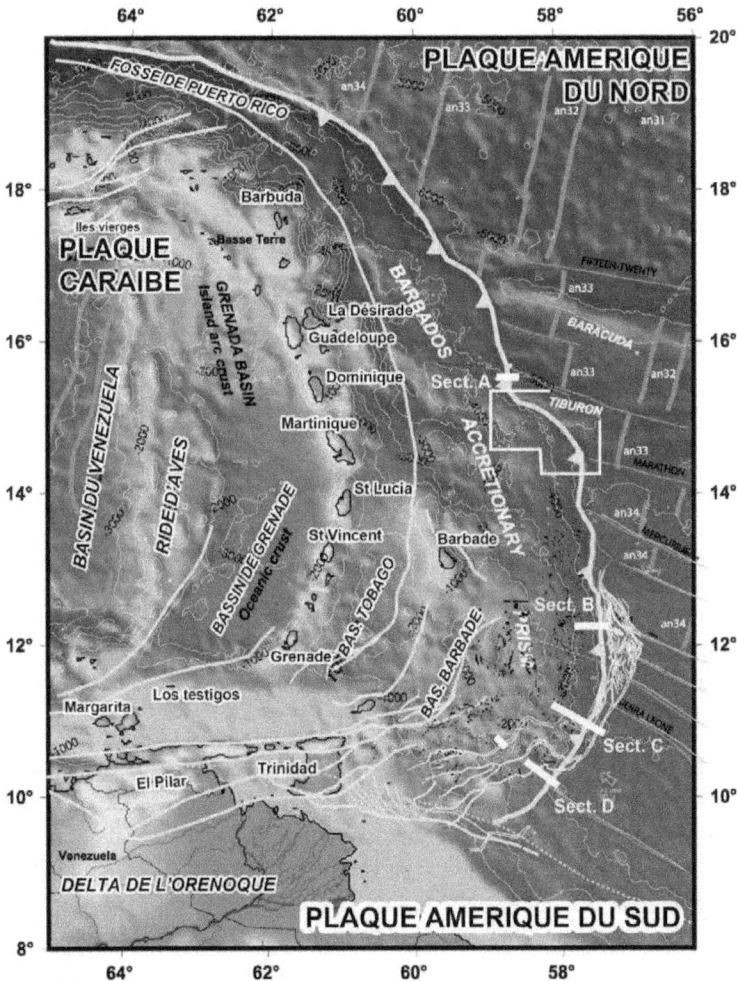

Figure 2.7 – Cadre morphostructural du prisme d'accrétion de la Barbade [modifié d'après Deville *et al.*, AAPG Mem. 79, 2003].

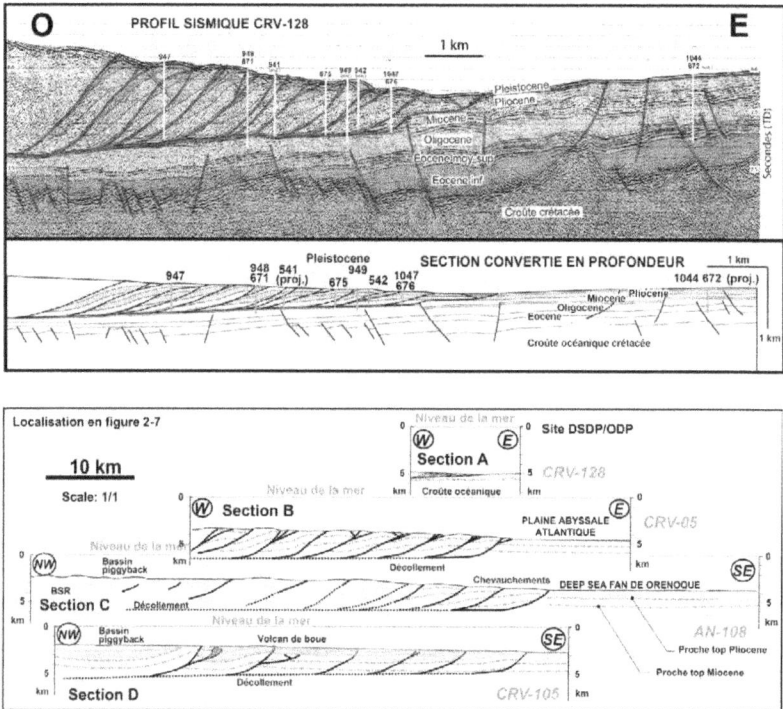

Figure 2.8 – Quelques coupes géologiques simplifiées dans le front du prisme d'accrétion de la Barbade [modifié d'après Deville *et al.*, AAPG Mem. 79, 2003]. On notera particulièrement la différence d'épaisseur des séries sédimentaires impliquées entre le nord et le sud du prisme.

Dans les cas où l'association de ces plis avec l'activité de chevauchements est avérée, on constate que la vergence est variable (autant de pro- que de rétro-chevauchements; Fig. 2.2). Dans de nombreux cas, l'association du plissement avec l'activité d'un chevauchement est loin d'être évidente. Le développement de ces plis pourrait être au moins en partie lié aux propriétés mécaniques des sédiments argileux en surpression à la base du prisme (cf. discussion infra). On a aussi montré que l'extrémité méridionale du prisme correspond à un système de terminaisons périclinales de plis en échelons (Fig. 2.9) compliqués par le

22

système de failles de croissance du delta de l'Orénoque et le front tectonique est transféré au niveau de la côte méridionale de Trinidad (Fig. 2.5).

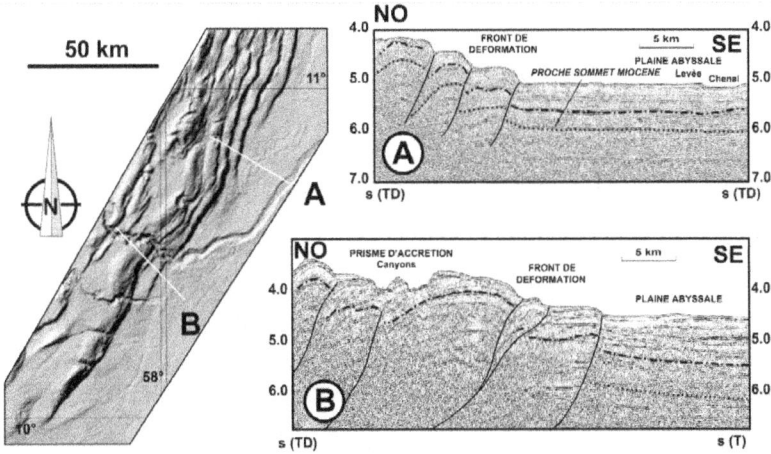

Figure 2.9 – La terminaison méridionale du prisme d'accrétion de la Barbade. On notera le dispositif en échelon des terminaisons périclinales [modifié d'après Deville *et al.*, Bolivariano, 2004].

Accrétion à l'arrière du prisme

La bordure interne du prisme est également affectée par des processus d'accrétion qui se caractérisent par le jeu de failles inverses à vergence ouest (rétro-chevauchements) très redressées en surface (Fig. 2.12). Il n'est pas possible, faute d'enregistrement sismique suffisant, de préciser comment et à quelle profondeur s'enracinent ces chevauchements en profondeur. On a pu montrer que ces failles inverses sont actives au nord de 12° 30' (Fig. 2.12) où elles affectent le fond de la mer et sont associées au développement d'un anticlinal bien marqué sur la bordure ouest du prisme (Fig. 2.12). En revanche, ces failles sont inactives au sud de 12° 30' où elles sont cachetées par le Pléistocène mais elles sont cependant visibles en profondeur sur les profils sismiques jusque vers 11° 40' [Deville & Mascle, 2011].

Qu'est-ce qui est accrété au cœur du prisme ? :
Les quelques pièces du puzzle

Faute de données directes, il difficile de préciser quels sont les processus tectoniques qui prévalent à la base du prisme d'accrétion. On est, de fait, limité à étudier les terrains les plus anciens exhumés dans la partie axiale de la marge active. Ainsi, afin de mieux comprendre les processus de déformation au cœur du prisme, nous nous sommes intéressés aux formations exhumées qui affleurent à terre à la fois sur l'île de la Barbade, et latéralement à Tobago et au nord de Trinidad.

La Barbade

On sait depuis Harrison et Jukes-Brown [1890] et Senn [1940] que l'Éocène est impliqué au niveau de l'île de la Barbade au sein du Scotland Group (Fig. 2.10 & 2.11). Il s'agit d'un cortège turbiditique déposé sous la CCD et recoupé par des intrusions de sédiments liquéfiés (Joe's River formation) [Kugler *et al.*, 1984]. L'ensemble est recouvert par quelques dizaines de mètres de carbonates pélagiques intercalés de niveaux de cendres (formation Oceanic), et d'argilites, grès et carbonates miocènes [Saunders *et al.*, 1984; Biju-Duval *et al.*, 1985]. On a montré que le contact formation Oceanic-Scotland Group était stratigraphique[Deville & Mascle, 2011], réhabilitant ainsi les interprétations de Senn [1940] et montrant ainsi que l'interprétation en vigueur de Speed *et al.* [1993] d'une nappe pelliculaire issue de plusieurs dizaines de kilomètres à l'ouest, dans le bassin de Tobago, n'était pas défendable. Par ailleurs, dans des clastes que nous avons récoltés au sein de l'intrusion de la Joe's River sur l'île de la Barbade (Fig. 2.12), des échantillons de calcaires argileux pélagiques ont livré des nannofossiles crétacés. La présence de *Micula staurophora, Quadrum trifidum, O. gothicum* et de *Ceratolithoides aculeus* dans tous ces échantillons indique un âge campanien supérieur-maastrichtien inférieur [Deville *et al.*, 1986; Deville & Mascle, 2011].
C'était la première fois que l'on découvrait du matériel crétacé dans le prisme de la Barbade proprement dit. Ces clastes carbonatés mobilisés au sein d'intrusions argileuses démontrent que le Crétacé est impliqué au cœur du prisme même à la latitude (relativement septentrionale) de l'île de la Barbade. Les clastes qui ont pu être datés (éléments anguleux fracturés

de calcaires clairs ou gris) sont équivalents en âge aux carbonates profonds campanien-maastrichtien qui forment la couverture des basaltes océaniques traversés par les forages DSDP 543A.

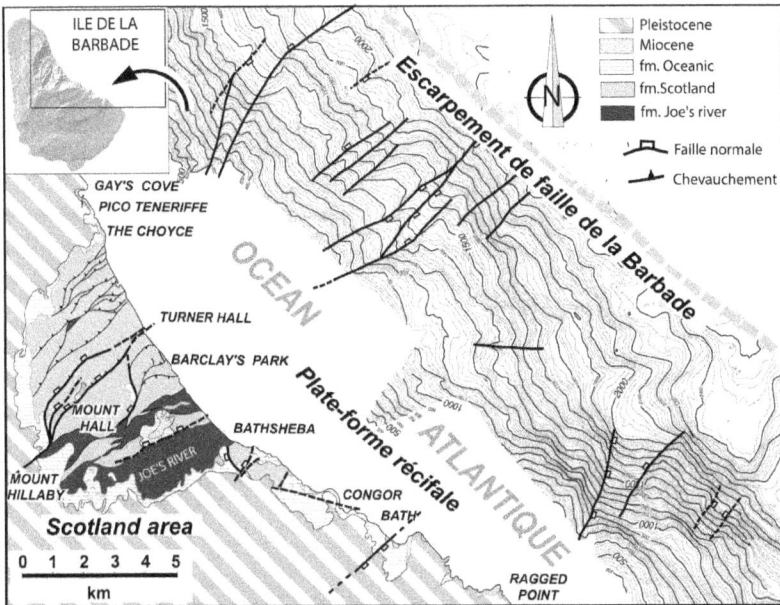

Figure 2.10 - Schéma structural simplifié des formations infra-récifales sur l'île de la Barbade et morphologie de l'escarpement nord-est de l'île [modifié d'après Deville & Mascle, 2011, Phanerozoic Regional Geology of the World, B. Bally & D. Roberts eds., Elsevier].

Ces calcaires sont associés à d'autres éléments non calcaires qui n'ont hélas pas pu être datés (les nannofossiles étant dissous). Certains des éléments calcaires dépassent 2% de Carbone Organique Total (COT) pour des Index d'Hydrogène (IH) supérieurs à 300 mg/g et les éléments non calcaires montrent des caractéristiques d'excellentes roches mères avec des teneurs en COT jusqu'à 8%, pour des IH supérieurs à 500 mg/g. Ils sont immatures ou dans la fenêtre à huile (T_{max} entre 415-445°). Ils n'ont donc jamais subit de conditions thermiques très élevées.

Ma | Quaternaire
10 | Pliocene — **NW** Récif Pleistocene — **SE**
| Messinien
| Tortonien — **marnes de Conset**
| Serravalien — **fm. Bissex Hill** — N 8-10 NN 5 — N 8-12 NN 5 / NN 4
| Langhien — N 6-7
20 | Burdigalien — **fm. Cambridge**
| Aquitanien — *BATH-CONSET BAY CODRINGTON* — P 22 NP 25
| Chattien — *GAY'S COVE - PICO TENERIFE* — *HACKLETON'S CLIFF* — P 21 NP 24
30 | Rupelien — *ROCK ALL* NP 23 — *BATHSHEBA* — P 19 NP 23 gap NP 22 — P 20 P 19 NP 23 R 15 P 18 NP 21 gap NP 22
| Priabonien — P 18 / P 17 NP 20 / P 16 NP 19 / P 15 — NP 20 — P 16 **fm. Oceanic** P 15 — P 18 NP 21 / P 17 NP 20 / P 16 NP 19 / P 15 — *CONGOR* — P 17 NP 20 / P 16 NP 19 R 16 / P 15 NP 18
| Bartonien — P 14 / P 13 NP 17 R 17 / P 12 NP 16 R 18 R 19 — *Mt HILLABY* NP 17 — P 13 NP 17 / P 12 NP 16 — NP 17 / P 13 NP 16 / P 12 — P 14 NP 17 R 17 / P 13 NP 16 R 18 / P 12 R 19
40 | Lutetien — P 11 NP 15 R 20 — *NON-DEPOT ?* — *Discordance médio-Eocene* — P 11 NP 15 R 20 / NP 15 R 21 / R 22
| — P 10 — R 21 / R 22 / R 23 / R 24 — R 22 / R 23 / R 24 — *CHALKY MOUNT*
50 | Ypresien — **groupe Scotland**
| Thanetien — P 6 / P 4
60 | Danien — **fm. Joe's River**
| Maastrichtien
70 | Campanien — NC 20 — *Blocs remaniés dans la formation JOE'S RIVER*

Complexe Basal

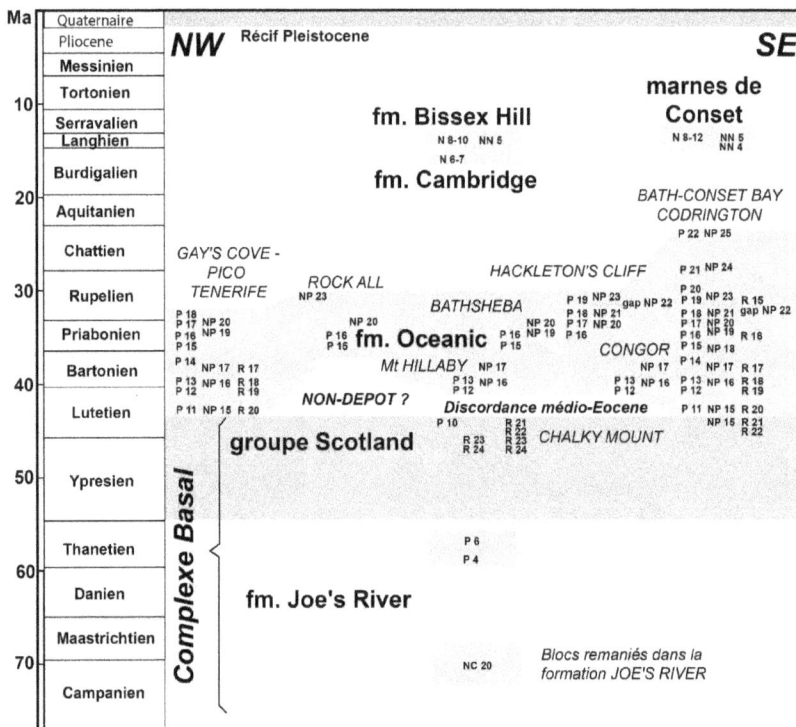

Figure 2.11 - Age des différentes formations du Scotland district sur l'île de la Barbade [compilation de résultats personnels et des études antérieures de Senn, 1940; Steineck and Murtha, 1979; Saunders *et al.,* 1984; Biju-Duval *et al.,* 1985; Larue and Speed, 1984] [modifié d'après Deville & Mascle, 2011, Phanerozoic Regional Geology of the World, B. Bally & D. Roberts eds., Elsevier].

26

Figure 2.12 - Blocs de carbonates crétacés (Campanien supérieur-Maastrichtien inférieur) dans l'intrusion de la Joe's River sur l'île de la Barbade.

Tobago

L'île de Tobago est constituée de deux unités structurales majeures [Girard & Maury, 1983; Snoke *et al.*, 1991, 1997; Speed & Smith-Horowitz, 1998]: (1) une unité septentrionale constituée de séries d'arc métamorphiques, le « North Coast Schist Group » (NCSG), et (2) une unité méridionale, ophiolitique, constituée de lambeaux de lithosphère océanique avec une couverture principalement volcano-sédimentaire. Les schistes de la cote nord (NCSG) sont constitués d'un cortège de roches d'arc insulaire incluant des méta-basates, des méta-andésites et des méta-dacites qui montrent des affinités de tholeiites d'arc insulaire (IAT) ou de « primitive island arc » (PIA). Dans ces laves, des datations $^{40}Ar/^{39}Ar$ sur des hornblendes magmatiques ont fourni des âges de 120 Ma. Donc, une part au moins de ces effusions serait d'âge crétacé inférieur [Snoke *et al.*, 1991]. Ces roches volcaniques sont associées à des dépôts volcano-sédimentaires. L'ensemble de ces formations est métamorphique (faciès schiste vert). Nous avons pu constater que la partie méridionale de l'île est constituée d'un substratum d'ultrabasites (péridotites en partie serpentinisées), intrudé par un complexe de roches magmatiques (diorites, gabbros, dolérites) généralement désignées sous le terme « Tobago

Intrusive Group » (TIG). Dans ce dernier, des datations $^{40}Ar/^{39}Ar$ sur hornblendes magmatiques ont fourni des âges plateaux autour de 103-105 Ma [Snoke, 1991]. L'ensemble (ultrabasites et intrusions) est recouvert par une couverture volcanique et volcano-sédimentaire généralement désignée sous le terme de « Tobago Volcanic Group » (TVG), datée grâce à des ammonites et des radiolaires de l'Albien. Les roches intrusives (TIG) et les roches effusives du sud de Tobago (TVG) seraient donc contemporaines et montrent des compositions de type PIA. Dans les roches intrusives (TIG), des datations par traces de fission sur zircons et apatites ont fourni des âges respectivement de 105-95 Ma et vers 45 Ma [Cerveny & Snoke, 1993], ce qui suggère que l'exhumation du complexe intrusif à débuté dès le début du Crétacé supérieur (passage de l'isotherme 200°C) et s'est poursuivi au moins jusque dans l'Éocène (passage de l'isotherme 120°C). Les roches volcaniques et volcano-sédimentaires sont peu déformées et ne montrent pas d'évidence de métamorphisme. Enfin, les dépôts les plus récents présents sur l'île de Tobago sont des carbonates récifaux plio-quaternaires. Le Pliocène récifal est surélevé localement d'au moins 25 m par rapport au niveau actuel de la mer et basculé très légèrement vers le sud. Le récif daté à 120 ka se trouve, quant à lui, à environ 13 m d'altitude et a donc été surélevé d'au moins 7 m par rapport au plus haut marin du dernier interglaciaire. L'île de Tobago est donc clairement en surrection active (comme celle de la Barbade), cette surrection étant plus forte au nord-est qu'au sud-ouest.

Nord Trinidad

La chaîne nord de Trinidad (Northern Range) forme la transition entre la zone axiale du prisme de la Barbade (dont fait partie Tobago) et le système décrochant du nord du Vénézuéla. Au nord-est du Northern Range, les méta-basaltes et méta-gabbros du groupe Sans Souci seraient de type N-MORB [Wadge & Macdonald, 1985; Jackson *et al.*, 2000]. On a montré que ces roches magmatiques sont associées à une couverture sédimentaire non métamorphique (matière organique immature; T_{max} entre 428-435°C). L'ensemble correspond à des lambeaux d'un ancien plancher basaltique, séparés des formations turbiditiques crétacées du nord de Trinidad par une faille normale à pendage nord. Dans le Northern Range de Trinidad, les terrains les plus anciens correspondent à la formation Maraval constituée de carbonates à ammonites du Tithonien. Par ailleurs, l'ensemble des différentes formations d'âge crétacé qui ont été distinguées dans la littérature au nord de Trinidad (formations Toco, Tompire, Rampanalgas, Guyamara et Galera) [Kugler, 1961; Barr, 1963; Plotter, 1972; Saunders, 1972; Wadge & Macdonald, 1985; Algar & Pindell, 1991a, b; 1993] correspondent à un cortège turbiditique crétacé (au moins Barrémien à Campano-Maastrichtien). On a montré que les niveaux échantillonnés dans le Northern Range de Trinidad montrent des teneurs en carbone résiduel importantes (jusqu'à 4%). Ces formations devaient correspondre initialement à des roches très riches en matière organique. Certains faciès sont pratiquement décarbonatés et correspondent probablement à des dépôts terrigènes de mer profonde (formations Galera, Guyamara et Matelot). L'état de maturité est très variable selon les endroits. Sur la cote est (Toco, Galera, Tompire, Guyamara, Rampanalgas), la matière organique est très mature mais les T_{max} sont encore déterminables (entre 570 et 620°C; équivalent Ro ~3%; c.-à-d. fenêtre à gaz; Fig. 2.13). En revanche, vers l'ouest les niveaux prélevés sont tous overmatures et les T_{max} ne sont plus mesurables. Les températures estimées par spectrométrie Raman (cf. infra) dans la partie centrale du Northern Range sont comprises entre 260 et 270°C, et, plus à l'ouest encore dans les environs de Maracas, elles sont de l'ordre de 465 - 475°C. On se trouve donc ici clairement dans des conditions de métamorphisme assez évolué [cf. Frey et al., 1988].

Le Northern Range de Trinidad mériterait certainement une étude plus détaillée des relations métamorphisme-déformation mais autant que l'on puisse en juger actuellement les passages ne sont pas graduels et il existerait des sauts importants de métamorphisme de part et d'autres de grandes failles redressées à composante décrochante importante.

Ces indications suggèrent qu'il existe des couloirs ('navettes' dans le système décrochant) largement exhumés au sein des terrains du Northern Range de Trinidad.

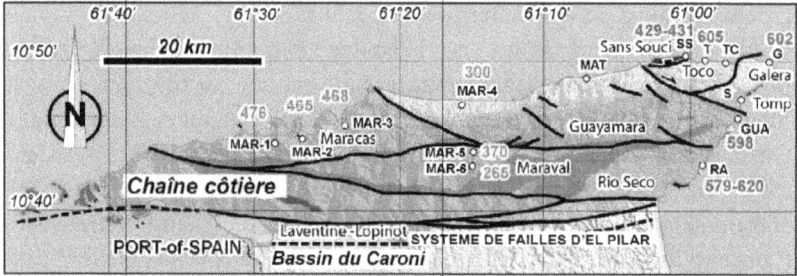

Figure 2.13 - Schéma structural simplifié du Northern Range de Trinidad. En rouge: mesures T_{max} Rock-Eval, en bleu: températures Raman [mesures effectuées par A. Lahfid].

Discussion

Il a ainsi été possible de montrer, qu'émergeant de la base du prisme d'accrétion, on rencontre trois ensembles principaux incluant du matériel crétacé, certains épimétamorphiques à métamorphiques (donc largement exhumés), issus de trois grands ensembles paléogéographiques fondamentalement différents: (1) des unités très déformées, issues de la plaque Amérique du Sud, comprenant des séries de carbonates de plate-forme jurassiques et un système turbiditique crétacé (Northern Range de Trinidad à l'exception du groupe Sans Souci); (2) des lambeaux de lithosphère océanique avec une couverture crétacée sédimentaire et volcanique (basaltes océaniques) à Sans Souci (cote nord de Trinidad), et une couverture également crétacée (albienne) mais constituée de formations volcano-sédimentaires d'arc, au sud de Tobago; les basaltes océaniques de Sans Souci reposent tectoniquement sur les formations crétacées du Northern Range de Trinidad par l'intermédiaire d'une faille normale qui a été active lors de la crise sismique de 1997 [Weber, 2005]; (3) des séries d'arc métamorphiques au nord de Tobago. Celles-ci sont séparées des unités océaniques de la partie sud de Tobago par une faille normale à pendage sud. Ces séries montrent de nettes affinités avec des formations équivalentes dans le domaine Caraïbes. L'ensemble de ces formations s'ennoie vers le NE et est donc impliqué au moins dans le sud du complexe d'accrétion de la Barbade. C'est-à-dire qu'au sein du prisme

30

de la Barbade sont non seulement accrétées des formations appartenant à la plaque subduite (Amérique du Sud), mais aussi des lambeaux de lithosphère océanique crétacée, et des formations issues du back-stop Caraïbes (séries d'arc du nord de Tobago) et des lambeaux de lithosphère océanique crétacée. On pourrait donc considérer que le back-stop caraïbe a effectivement été impliqué en partie au cœur du prisme d'accrétion. Il n'en reste pas moins qu'aujourd'hui encore, par la nature des formations qu'elle renferme, l'île de Tobago demeure une énigme géologique très mal expliquée dans le contexte SE Caraïbes: pourquoi cette lithosphère océanique, pourquoi ce métamorphisme à cet endroit ... ?

De nouvelles acquisitions, géophysiques notamment, sur le bâti profond de la zone devraient permettre d'ajouter de nouvelles pièces à ce puzzle complexe et permettre ainsi une meilleure compréhension de la région.

PROCESSUS D'EXTENSION AU CŒUR DU PRISME D'ACCRETION

Mise en évidence d'une tectonique extensive

La partie occidentale (interne) du prisme de la Barbade est la zone qui a été, de très loin, la moins étudiée puisqu'il n'existe dans ce secteur que quelques lignes sismiques publiées, et très sommairement traitées et interprétées [Biju-Duval *et al.*, 1982]. En particulier, un aspect qui avait été ignoré dans les travaux antérieurs et que nous avons mis en évidence grâce au traitement des lignes sismiques disponibles (lignes CEPM), est que cette partie centrale la plus épaisse du sud du prisme d'accrétion est caractérisée par des processus d'extension récente qui coexistent avec une déformation compressive active, à la même époque, au front et localement sur le bord interne du prisme [Deville, 2000; Deville & Mascle, 2011].

L'existence d'une tectonique extensive locale au sein de la frontière de plaques du sud-est Caraïbes avait déjà été mise en évidence ponctuellement dans l'offshore autour de Tobago [Speed & Horowitz, 1998], ainsi que dans le bassin de Paria-Caroni [Payne, 1991; Flinch *et al.*, 1999]. Ces domaines en extension, au sud du prisme d'accrétion, ont été interprétés comme des systèmes de pull-apparts liés au jeu décrochant dextre entre la plaque Caraïbes et l'Amérique du Sud. Pour autant, il ressort que l'extension est beaucoup plus développée que précédemment admis et surtout qu'elle est généralisée à l'ensemble de la crête de la Barbade (entre Tobago et l'Ile de la Barbade), au bassin de la Barbade et s'exprime jusque dans le nord du prisme de la Barbade au moins jusqu'au site des legs DSDP/ODP. En effet, l'ensemble de cette zone est impliqué dans une extension synsédimentaire, alors qu'à la même époque les bordures externes et internes du prisme sont affectées par des déformations compressives récentes.

Ainsi, le Bassin de la Barbade se présente comme un demi-graben avec globalement une structure des séries anté-extension en méga-roll-over à plongement ESE (Fig. 2.14). Ce roll-over est limité, à l'est, par un système complexe de failles bordant le bassin dans sa partie orientale et incluant en partie des failles listriques à pendage WNW. Le roll-over est lui-même compliqué par des failles normales à pendages variables et au jeu relativement mineur par rapport à celui des failles listriques bordières à l'est. Les séries syn-extension dans le bassin montrent globalement une géométrie en éventail localement compliquée par des intrusions de boue. Ces dernières sont bien développées au cœur du bassin et sur sa partie est, mais elles sont également actives sur la partie ouest, sur le flanc oriental de la crête de la Barbade.

Dans l'ensemble de la ride occidentale du prisme de la Barbade (ou crête de la Barbade), on a montré que l'on observe un système de grabens relativement étroits, d'axe SSW-NNE qui se connectent au sud avec le « Tobago half-graben » de Speed & Horowitz [1998] dans l'offshore proche de Tobago. On a notamment montré que le sommet de la crête du prisme est marqué par la présence d'un fossé qui est perché au sommet topographique de la crête de la Barbade. Un autre graben s'observe dans la partie sud de la fosse de Woodbourne et se développe en partie sur l'île de la Barbade. L'ensemble forme un système de horsts et grabens (province de type « Basins-&-Ranges »; Fig. 2.14). Des failles normales s'observent également à l'affleurement à Tobago où elles affectent les formations crétacées et recoupent des chevauchements antérieurs. Notamment, l'une d'elles sépare les schistes verts de la côte nord (NCS) des unités ophiolitiques non métamorphiques de la partie sud de l'île de Tobago. Cette faille soustractive à faible pendage (inférieur à 45°) correspond donc probablement à une faille normale de très fort rejet (plusieurs kilomètres) pour permettre la juxtaposition de domaines de métamorphismes différents.

On a également pu montrer que des failles normales sont également assez bien développées sur l'île de la Barbade, où elles sont bien exprimées selon un trend orienté SW-NE qui affecte les différentes formations tertiaires du Scotland district, mais également les terrasses récifales quaternaires. Différents auteurs [Mesolella *et al.*, 1970; Taylor & Mann, 1991] avaient d'ailleurs déjà souligné que certaines failles très redressées contrôlent à la fois la déformation et l'épaisseur des carbonates récifaux quaternaires. Ce système de failles se retrouve en mer au nord-est de l'île, au sein de l'escarpement de la Barbade, où l'on constate qu'elles affectent très clairement le fond de l'eau [Deville *et al.*, 1986; Deville & Mascle, 2011]. Ces failles sont donc, pour le moins, récentes et certaines probablement actives.

Dans la zone des forages DSDP et ODP (vers 15° 30' N), les failles situées les plus à l'ouest ont toujours été considérées comme des failles inverses « out-of-sequence » à pendage occidental (blue books 110, 156, 171A). Or, lorsque l'on examine les jeux en surface de ces failles, on s'aperçoit que le fond de d'eau est décalé, non pas selon un jeu inverse mais clairement selon un jeu normal. Cela s'exprime bien sur les données sismiques et est en particulier très spectaculaire sur la carte d'azimut du fond de l'eau issue de la sismique 3D, où l'on observe une suite en paliers d'escarpements de failles normales bien différente d'un point de vue morphologique des plis associés aux chevauchements de la partie frontale (Fig. 2.15). De plus, lorsque l'on se réfère aux données de forage, on s'aperçoit que les failles identifiées comme des failles inverses 'out-of-sequence' sont systématiquement des failles soustractives (Fig. 2.16), et correspondent ainsi manifestement à des failles normales. Ainsi, il paraît tout à fait possible d'interpréter ces failles non pas comme des failles inverses tardives « out-of-sequence » mais plutôt comme des failles normales surimposées à des failles inverses antérieures. On peut aussi noter que les fluides qui circulent dans ces failles sont pauvres en méthane, contrairement à ceux qui circulent dans le décollement basal du prisme et dans les chevauchements frontaux.

33

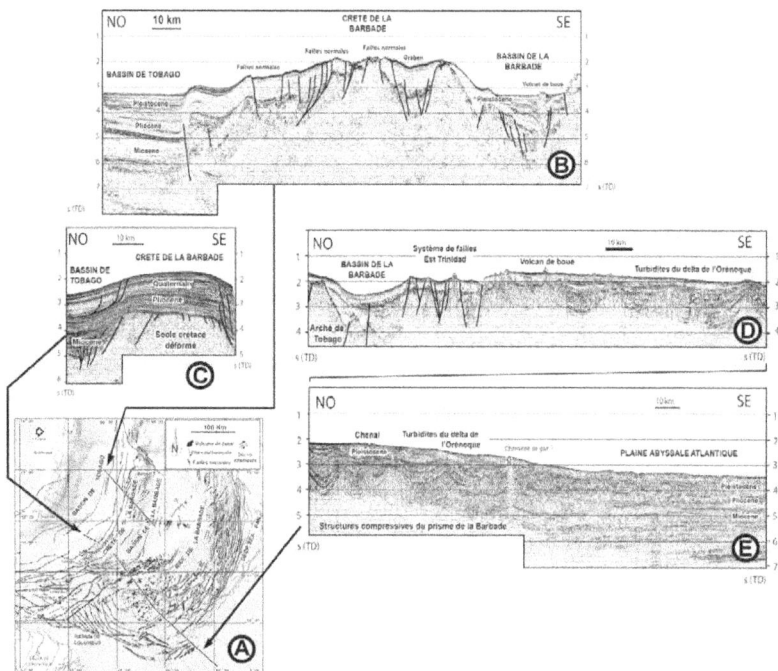

Figure 2.14 - A. Schéma structural de la partie sud du prisme de la Barbade;
B. Profil sismique à travers la crête de la Barbade. On notera le développement
de failles normales récentes (fond de la mer impliqué) et les grabens plio-
quaternaires qui se développent le long de l'axe de la crête de la Barbade. Ces
structures sont contemporaines de déformations compressives au bord interne
et au front du prisme. **C.** Profil sismique dans la partie la plus méridionale du
prisme qui en partie couverte par le système turbiditique de l'Orénoque. **D.**
Profil sismique au sud de la crête de la Barbade montrant l'érosion intra- à pré-
miocène des formations affleurantes à Tobago [modifié d'après Deville &
Mascle, 2011, Phanerozoic Regional Geology of the World, B. Bally & D.
Roberts eds., Elsevier].

En marge de cette tectonique extensive, on peut aussi mentionner que
dans la ride occidentale de la Barbade, on observe localement des zones
marquées par des glissements gravitaires de grande ampleur (générant des
failles normales et des blocs basculés). Ces mouvements gravitaires sont
probablement liés à la déstabilisation de gaz hydrates lors de la surrection

tectonique du prisme puisque dans de nombreux cas le glissement s'enracine immédiatement sous les BSRs (Bottom Simulating Reflectors). Pour autant, on ne peut pas considérer ces failles normales comme le reflet d'une extension généralisée comme on peut l'observer dans la crête de la Barbade.

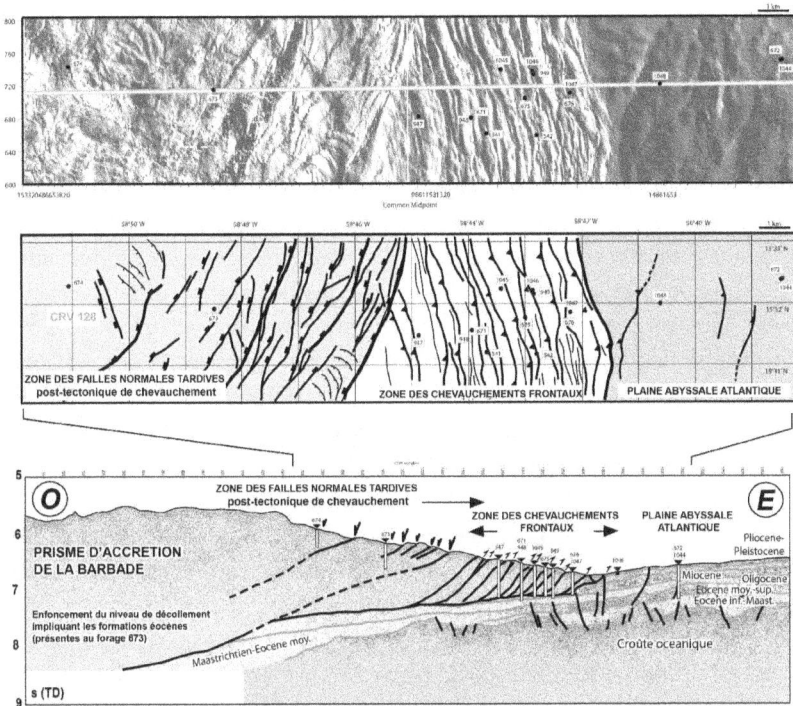

Figure 2.15 - A. Cartographie du fond de la mer dans la zone des forages DSDP-ODP d'après une acquisition sismique 3D [modifié d'après Shipley et al., blue book vol. 178A]; **B.** Schéma structural interprétatif de la zone. **C.** Profil sismique ANTIPLAC 1-2 (localisation sur la figure 2.13A).

Age de l'extension au cœur du prisme d'accrétion

Les failles normales identifiables au sein du prisme d'accrétion sont récentes, voire actives, puisque le fond de l'eau est systématiquement affecté. Toutefois, le début de l'activité extensive est mal contraint principalement en raison du manque de données de forage. Il est toutefois possible d'attribuer un âge, au moins aux séquences sédimentaires les plus superficielles présentes sur le prisme, en utilisant les calages sismiques disponibles sur la plate-forme au nord de Trinidad et Tobago (champs de gaz Orchid, Poinsetta, Dragon, Patao) et en maillant les lignes des campagnes Caraïbes, Antilles, Carven du CEPM.

Les réflecteurs sismiques se suivent très bien dans l'ensemble du bassin de Tobago permettant un bon calage chronostratigraphique [Nely & Torrent, 1979; Munchy, 1981]. Il est possible de proposer des âges pour les séquences superficielles sur le bord occidental du prisme d'accrétion. En revanche, vers l'est, l'exercice devient beaucoup plus difficile sur la crête de la Barbade, en raison de la discontinuité des séries sédimentaires (bassins perchés récents déconnectés les uns des autres). L'interprétation que nous proposons, qui est illustrée sur le profil AN 107 (Fig. 2.12), privilégie l'existence de structures en extension (grabens et demi-grabens bordés par des failles listriques). Cette interprétation est clairement différente de celle proposée par Torrini & Speed [1989]. L'analyse des données sismiques suggère que l'extension est active dans la crête de la Barbade au moins depuis le Miocène. Sous les séquences sédimentaires superficielles, et sous une discordance d'érosion clairement visible dans la partie sud de la crête de la Barbade, on rencontre un soubassement repris par les failles normales mais où est enregistrée une tectonique compressive précoce (anté-miocène) associée au jeu de chevauchements et à des processus de volcanisme sédimentaire. Ces structures précoces sont révélées notamment par la géologie de la boutonnière du Scotland district sur l'île de la Barbade [pour un résumé, se référer notamment à Deville & Mascle, 2011] (Fig. 2.10, 2.11). Dans la partie est du bassin de Tobago, on observe, en profondeur, des structures compressives précoces (plis associés au jeu de failles inverses à vergence ouest, de type rétro-chevauchements) qui affectent l'ensemble de la bordure occidentale du prisme d'accrétion. Ces structures compressives sont en grande partie scellées par les formations du Miocène moyen-supérieur (Fig. 2.12 & 2.12). Dans le tronçon intermédiaire (entre 12°30N et 13°15N), une reprise récente complique le dispositif.

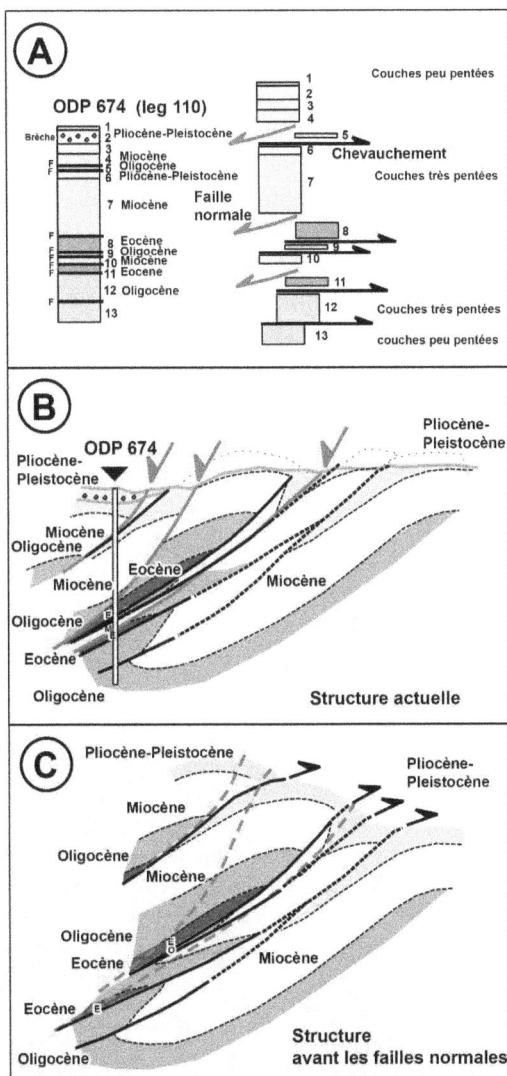

Figure 2.16 - Interprétation structurale revisitée du secteur du forage ODP 674, dans laquelle les contacts soustractifs sont considérés non pas à des chevauchements out-of-sequence mais simplement comme des failles normales récentes. Avant l'extension on peut reconstituer un édifice de chevauchements classique.

Par ailleurs, dans la partie sud de la crête de la Barbade, la surface d'érosion intra-miocène recoupe sans ambiguïté des structures extensives. Notamment, sur les profils AN 110-AN 111 (Fig. 2.12), on distingue clairement un bloc basculé associé au jeu précoce d'une faille normale listrique dont le sommet a été érodé au début du Miocène. Par la suite, la sédimentation a repris au cours Miocène moyen-supérieur à l'actuel, ainsi que l'activité extensive qui a repris l'ensemble du dispositif (Fig. 2.12). Il y a donc bien eu, dans la crête de la Barbade, une tectonique en extension précoce contemporaine d'une forte surrection à l'origine, dans la partie sud de la crête de la Barbade, d'une émersion du prisme associée à l'érosion des points hauts notamment les sommets de blocs basculés.

Figure 2.17 - Faille normale dans la formation Oceanic (Eocène sup.- Oligocène) sur l'île de la Barbade (Congor Bay).

Discussion

Ainsi, dans l'ouest du prisme d'accrétion de la Barbade, on a mis en évidence, à l'aplomb de la zone où le prisme est le plus épais, un système de fossés en extension de type « Basins-&-Ranges » actif depuis le Miocène, contemporain d'une émersion et d'une nette érosion pendant le Miocène dans le sud du prisme. Cette extension fonctionne encore actuellement. De manière synchrone à cette extension, s'enregistre (1) une compression bien connue au front du prisme d'accrétion (zone d'accrétion frontale), et (2) une compression sur le bord interne du prisme (rétro-chevauchements).

La compression à l'arrière du prisme d'accrétion, à la limite avec le bassin avant-arc, a été généralisée au cours du Miocène mais elle est inactive depuis, sauf dans une portion bien localisée entre 12°30' et 13°15'N, où l'observe une reprise actuelle. L'hypothèse qui paraît le mieux rendre compte des faits observés, consiste à invoquer un étalement gravitaire de la partie superficielle du prisme d'accrétion associé à des processus d'étirement-aplatissement en profondeur dus à des processus de déformation intense des parties les plus profondes du prisme d'accrétion. Cette hypothèse s'accorde bien avec le fait que l'extension est limitée à l'intérieur du prisme et coïncide avec le secteur ou celui-ci est le plus épais. La zone profonde très déformée pourrait correspondre à des domaines sédimentaires riches en argiles sous-compactées en surpression. Si l'on considère que le niveau d'enracinement des failles normales (dont la géométrie est listrique) correspond grossièrement au toit d'un domaine très déformé, alors on peut envisager que ce niveau se trouve entre 5 et 8 km de profondeur sous la crête de la Barbade et donc en plein cœur du prisme d'accrétion, puisque la base du prisme déduite de la position de la zone sismogénique se trouve vers 20 km sous la crête de la Barbade.

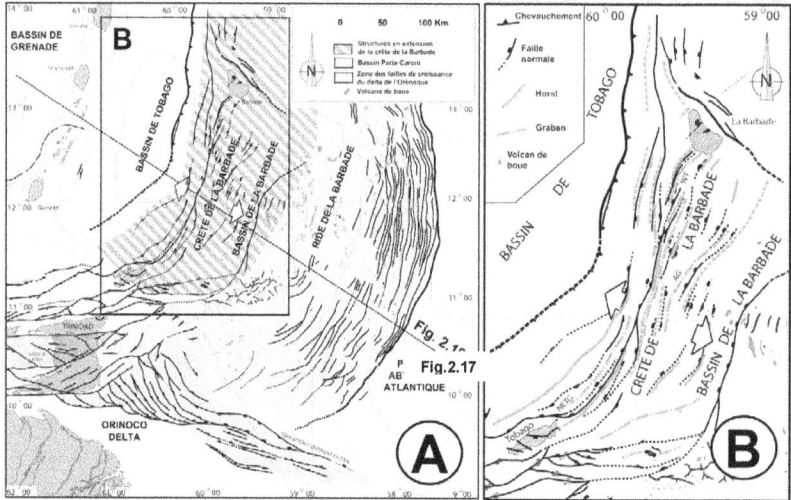

Figure 2.18 - A. Schéma structural du sud du prisme de la Barbade et de sa relation avec Trinidad et Tobago et le système décrochant sud-Caraïbes. **B.** Détail de la zone en extension de la crête de la Barbade (WT: Woodbourne trough, AG: axial graben, NETG: north-eastern Tobago Graben).

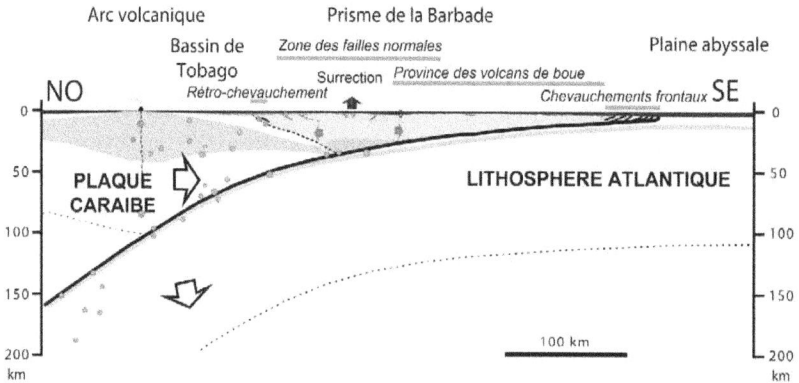

Figure 2.19 - Coupe géologique simplifiée du sud du prisme de la Barbade et du Bassin de Tobago et localisation de la zone d'extension au cœur du prisme.

40

On doit de plus noter que l'extension est contemporaine de la surrection de l'axe du prisme au moins depuis le Miocène (après l'érosion qui s'observe dans le sud du prisme). La surrection récente est avérée au moins en ce qui concerne les îles de la Barbade et de Tobago (deux extrémités de la crête de la Barbade) où des terrasses pléistocènes sont localement surélevées à plusieurs centaines de mètres. Ceci suggère qu'il existe un processus d'accrétion en profondeur à la base du prisme (impliquant soit la couverture sédimentaire de la lithosphère atlantique, soit des éléments du back-stop Caraïbes) responsable d'un épaississement tectonique en profondeur suffisant pour compenser et dépasser l'amincissement lié à la tectonique en extension (Fig. 2.19, 2.20).

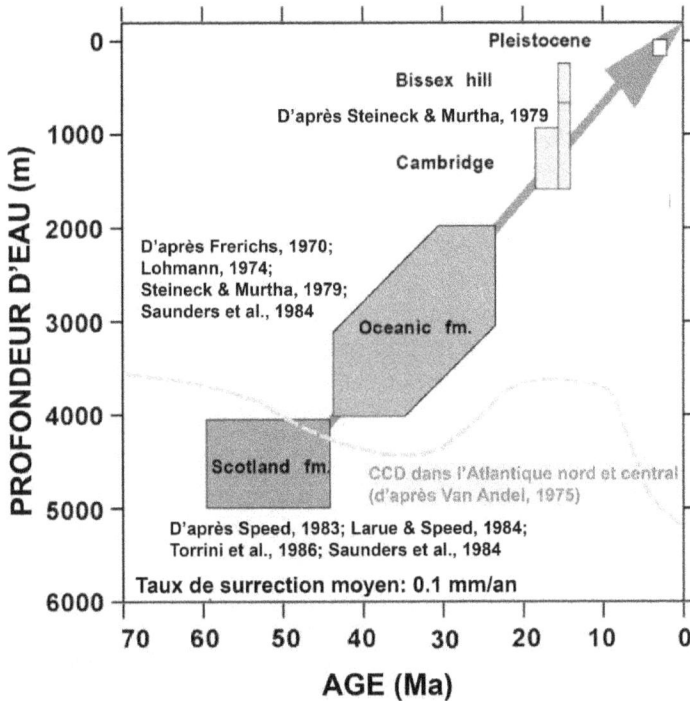

Figure 2.20 - Évolution des paléo-bathymétries des différentes formations présentes sur l'île de la Barbade.

41

CONTRÔLE TECTONIQUE SUR LE SYSTÈME TURBIDITIQUE

Dans la partie méridionale du prisme de la Barbade, on rencontre divers bassins transportés (« piggyback ») caractérisant des remplissages syntectoniques entre les rides anticlinales, à la fois dans la zone des plis frontaux et dans la zone volcans de boue [Mascle *et al.*, 1990; Faugères *et al.*, 1992; Huyghe *et al.*, 1999]. La nature des sédiments dans ces bassins syntectoniques est d'après l'analyse des profils sismiques et les données de carottage très variable. Les sources sédimentaires correspondent, (1) soit à des flux détritiques (dépôts gravitaires: turbidites, grain-flows, debris-flows,...) ou des dépôts hémipélagiques (sources 'exotiques', extérieures au prisme), (2) soit au recyclage de sédiments au sein du prisme (coulées superficielles de boue au niveau des volcans de boue) et des glissements gravitaires en masse sur des pentes au sein du prisme resédimentés dans les bassin transportés (sources '*in situ*', propres au prisme). La part du remplissage sédimentaire des bassins « piggyback » liée à des coulées boueuses issues de volcans de boue et à des glissements de terrain sous-marins provenant des rides anticlinales (probablement le cas pour de vastes corps au faciès sismique chaotique) semble très loin d'être négligeable et d'importance équivalente en volume à la contribution par les apports turbiditiques [Deville *et al.*, 2003; thèse Padron de Carillo, 2007]. Dans ce cas, le prisme serait en partie autoalimenté, une part des sédiments profonds expulsés étant redéposés dans les bassins piggyback (recyclage sédimentaire interne au prisme).

Age des dépôts

L'âge des sédiments syntectoniques, sur le sud du prisme d'accrétion de la Barbade, n'était pas connu au début de nos études, il y a une dizaine d'années. Cet âge a pu être approché par corrélation de lignes sismiques depuis les forages pétroliers de la plate-forme de l'Orénoque, du proche offshore Trinidad et du Bassin de la Barbade. Ce travail à été entamé dans le cadre de plusieurs stage [Gyorfi, 1998; Fournier, 1998; Decalf, 1999] et à été complété dans le cadre de la thèse de C. Padron de Carillo [2007]. En utilisant les méthodes de la stratigraphie sismique, on a pu attribuer un âge

42

à ces séquences syntectoniques par corrélation avec les données de forages disponibles sur la plate-forme du delta de l'Orénoque (bassin de Columbus). Au niveau des plis frontaux, ces remplissages syntectoniques sont, d'après notre interprétation, post-pliocène. La tectonique de chevauchement dans cette zone serait donc essentiellement quaternaire. En effet, l'interprétation des lignes sismiques avec un découpage en séquences des dépôts plio-pléistocènes permet de situer les remplissages des bassins piggyback les plus frontaux du prisme dans la dernière séquence du Quaternaire (Pléistocène supérieur-Holocène) ce qui souligne le caractère encore actuellement très actif de la déformation.

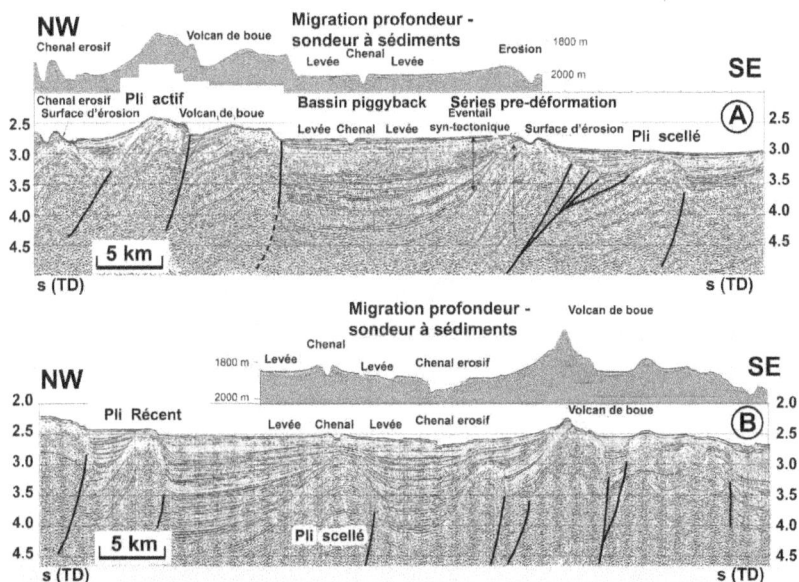

Figure 2.21 – Lignes sismique et profils 3.5 kHz migrés profondeur montrant la structure de subsurface des bassins syntectoniques transportés. On notera le diachromisme des déformations. Certains plis se sont développés récemment et sont probablement toujours actifs (illustré par les éventails syntectoniques), alors que d'autres plis sont inactifs et scellés par les dépôts turbiditiques récents [modifié d'après Callec, Deville *et al.*, 2010, AAPG Bull.].

Vers l'intérieur du prisme, la formation des anticlinaux est synchrone des dépôts pléistocènes et scellée par l'Holocène, ce qui souligne le caractère plus précoce de la déformation vers l'intérieur du prisme. Le remplissage sédimentaire de ces bassins piggyback s'effectue principalement par des systèmes turbiditiques (systèmes de chenaux-levées actifs visibles dans plusieurs de ces bassins) qui transitent par d'importants canyons sous-marins entaillant les plis frontaux du prisme.

Transport et dépôt

Des acquisitions marines (multifaisceaux EM12, profils sismiques et 3.5 kHz, carottages) ont permis de fournir une meilleure compréhension des processus d'interférence entre le prisme de la Barbade et le système turbiditique de l'Orénoque [Deville *et al.*, 2003d; Huyghes *et al.*, 2004; Callec *et al.*, 2010]. Dû à l'environnement tectonique actif, lié au développement du sud du prisme d'accrétion, on a montré (notamment dans le cadre du post-doc de Y. Callec) que le système turbiditique récent de l'Orénoque n'est pas un delta passif classique (de type canyon-chenaux-lobes) mais qu'il est assez atypique dans l'architecture des dépôts et se caractérise principalement par le développement d'un système chenaux-canyons-chenaux et lobes [Callec *et al.*, 2010]. Aussi, en raison de son emplacement sur une marge active, le système turbiditique de l'Orénoque n'est pas divergent, mais au contraire, la gouttière créée entre la pente du front du prisme de la Barbade et la pente de la marge des Guyanes provoque la convergence des chenaux dans la plaine abyssale, à l'avant du prisme. A l'aplomb du prisme, le système est multisources en amont, avec plusieurs distributaires, et, en aval, le cours des chenaux est plus complexe avec de fréquentes convergences et divergences accentuées par les irrégularités du substratum. En effet, la tectonique et le volcanisme sédimentaire forcent la topographie du substratum ce qui génère des points hauts et des bassins confinés qui contrôlent le cours des systèmes de chenaux-levées.

Les carottages effectués dans le système turbiditique ont montré que le système est riche en sable (particulièrement dans la plaine abyssale) et qu'il est couvert par une couche de quelques dizaines de centimètres en moyenne de dépôts pélagiques riches en plancton marin. Ceci met en évidence que le dépôt du sable a été ralenti, voire a été stoppé, depuis le dernier maximum glaciaire [Callec *et al.*, 2010].

Érosion sous-marine

Diverses acquisitions bathymétriques ont permis de bien mettre en évidence l'existence de canyons sous-marins qui forment des entailles d'érosion dans les plis frontaux du prisme [Mascle *et al.*, 1990; Faugères *et al.*, 1992; Deville *et al.*, 2003d; Huyghe *et al.*, 2004; Callec, Deville *et al.*, 2010]. C'est manifestement l'existence de forts flux turbiditiques qui est à l'origine de l'érosion sous-marine dans ces canyons (érosion et by-pass de sédimentation au niveau des canyons). On a montré que les processus d'érosion sont quasiment absents dans la partie amont et ils se développent principalement dans les zones de tectonique compressive active à l'aplomb du prisme entre 2000 et 4000 m de fond [Deville *et al.*, 2004, 2015; Callec, Deville *et al.*, 2009]. Dans la partie frontale du prisme, les chenaux évoluent en systèmes de canyons. Les incisions les plus fortes sont de l'ordre de 3 km de large et 300 m de profondeur, avec des cheminements sinueux irrégulièrement méandriformes. Différents épisodes d'incision sont à l'origine du développement de terrasses semblables sur les deux flancs des canyons. Dans la plaine abyssale, au-delà du front d'accrétion, les chenaux prennent une forme générale en V également avec plusieurs terrasses internes. Vers le nord-est, dans la plaine abyssale, on observe des systèmes de dépôt principalement tabulaires avec un chenal principal peu sinueux. Au front du prisme on observe une transition chenal – lobes alors que le chenal principal continue à se développer largement à l'est vers le Vidal Mid-Ocean Channel.

Structuration de la lithosphère océanique et contrôle sur la sédimentation turbiditique distale

On a également pu montrer dans quelle mesure la déformation de la lithosphère océanique, à l'avant du prisme d'accrétion, contrôle les processus de sédimentation pour la partie la plus distale des apports turbiditiques. Ainsi, dans la plaine abyssale au front du prisme d'accrétion de la Barbade, les dépôts turbiditiques transitent sur des distances tout à fait considérables depuis la côte de l'Amérique du Sud (notamment depuis les deltas de l'Orénoque et de l'Amazone; Beck *et al.*, 1990), et ce jusqu'à la fosse de Puerto Rico, soit sur des distances de l'ordre de 3000 km (Fig. 2.24).

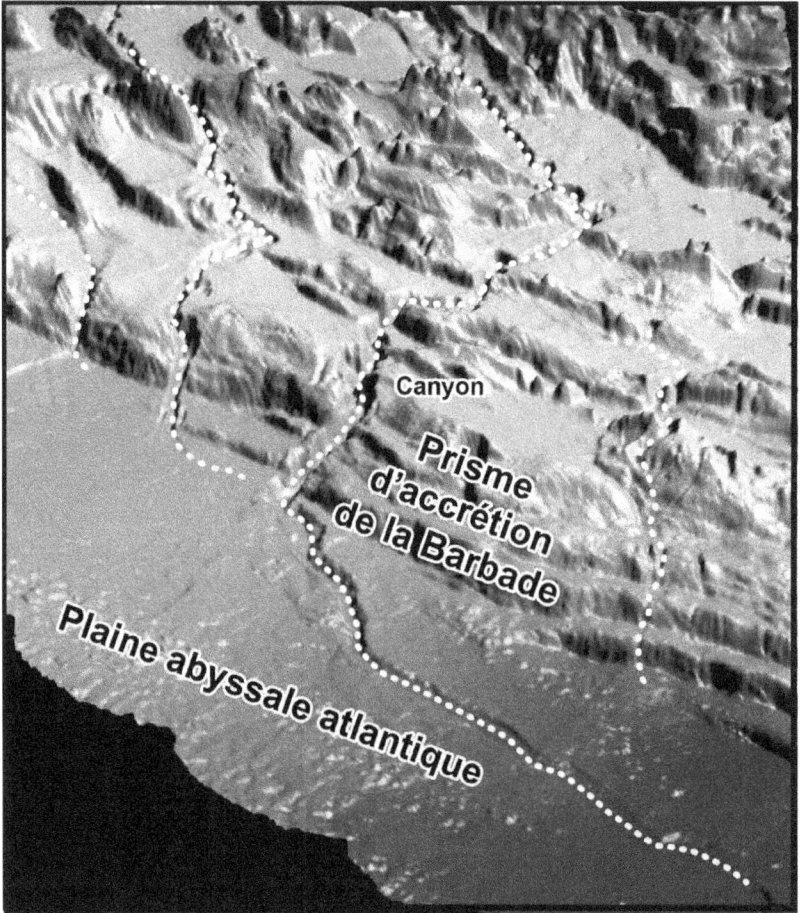

Figure 2.22 – Bloc-diagramme réalisé à partir d'une acquisition multifaisceaux EM12 multibeam (campagne CARAMBA) montrant la géométrie des canyons au cœur des plis frontaux du prisme d'accrétion et la convergence des chenaux dans la plaine abyssale [modifié d'après Callec, Deville *et al.*, 2010; AAPG Bull.].

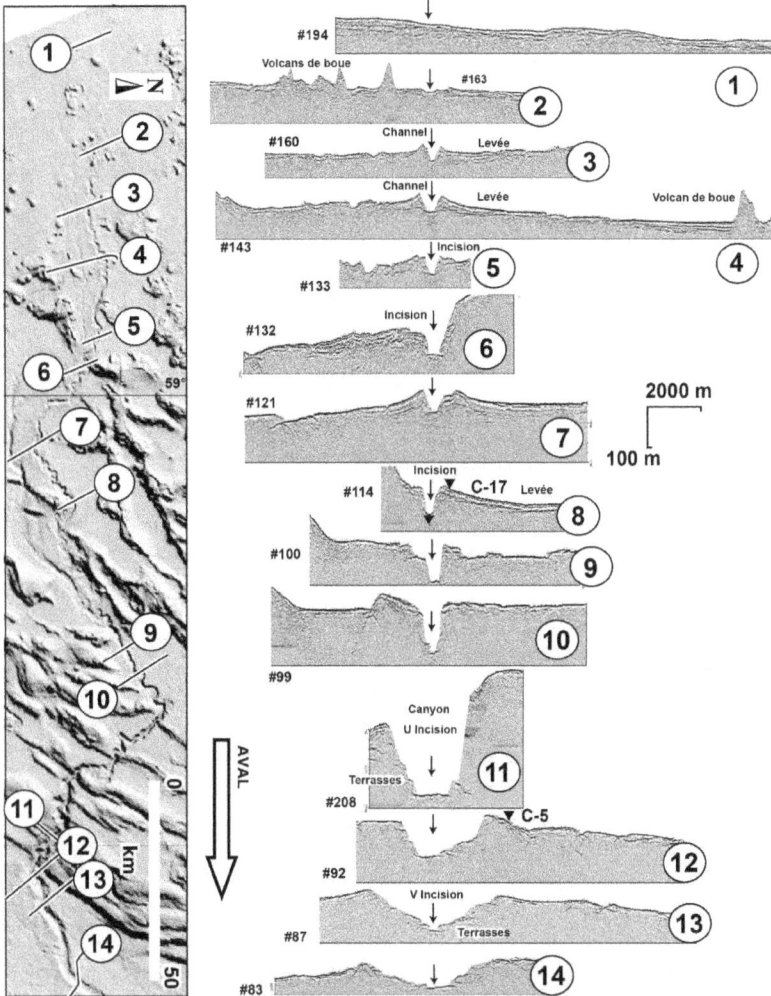

Figure 2.23 - Exemples de profils 3.5 kHz migrés en profondeur caractérisant les divers processus d'érosion dans la partie sud du prisme d'accrétion. Dans la partie haute du système turbiditique et dans la plaine abyssale, les incisions sont modérées et s'expriment à l'intérieur des systèmes de chenaux-levées. Au front du prisme d'accrétion, des canyons incisent profondément les plis frontaux. On notera la forme en terrasses imbriquées des incisions de la zone des canyons et des systèmes de chenaux-levées dans la plaine abyssale [modifié d'après Callec, Deville *et al.*, 2010; AAPG Bull.].

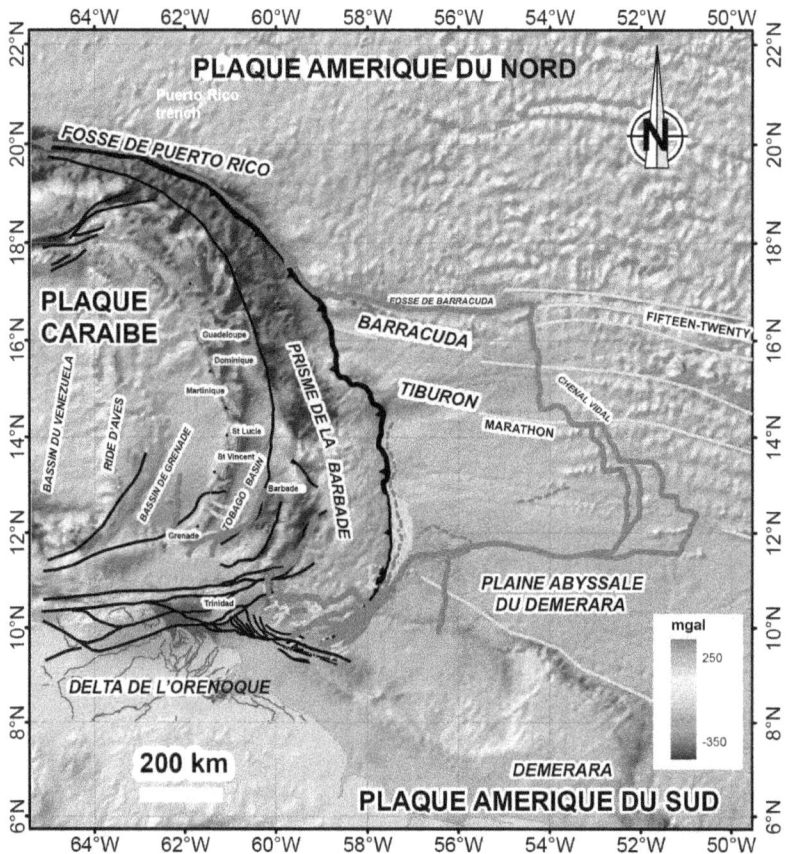

Figure 2.24 – Carte gravimétrique mettant en évidence les principales accumulations sédimentaires de la zone. On notera que la fosse au nord de la ride Barracuda est alimentée par un système de chenaux turbiditiques venant de l'est. Il s'agit probablement du système distal de L'Orénoque et peut-être de l'Amazone. Ces deux systèmes ayant probablement convergé au niveau du Vidal Mid-Ocean Channel.

Ces dépôts remplissent notamment de manière assez spectaculaire la fosse située au nord de la ride de la Ride de Barracuda (plus d'1s$_{t.d.}$ de sédiments; Fig. 2.21). On a ainsi une convergence de l'ensemble des dépôts de la façade Atlantique du nord de l'Amérique du Sud dans un système chenalisé qui vient nourrir la fosse de Barracuda depuis l'est (disposition déjà notée par Birch, 1970) et qui vient ensuite se déverser dans la fosse de Puerto-Rico (Fig. 2.24 & 2.26). Nous verrons plus loin que ce schéma de dépôt, qui a été en partie validé par les résultats de la campagne ANTIPLAC, avait été modélisé a priori avant cette campagne (cf. chapitre 6).

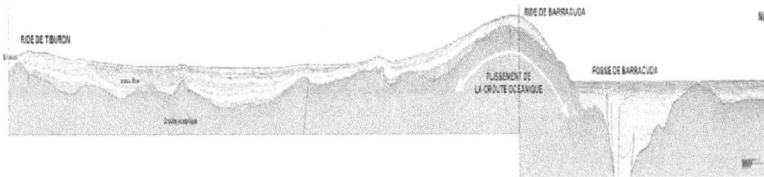

Figure 2.25 – Profil sismique entre la ride de Tiburon et la ride de Barracuda (Campagne ANTIPLAC 2007).

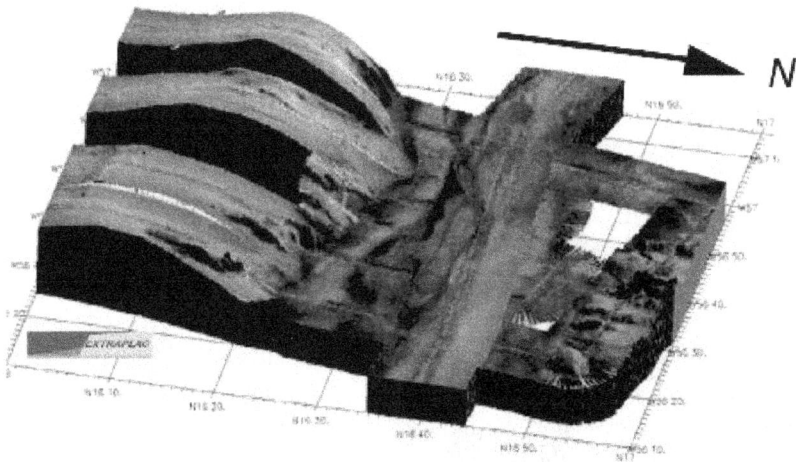

Figure 2.2- – Bloc-diagramme imagerie fond de mer EM12 dans la retombée nord de la ride de Barracuda et le Bassin de Barracuda. On notera le système chenalisé bien identifiable dans le Bassin de Barracuda (Campagne ANTIPLAC 2007, projet EXTRAPLAC, données IFREMER).

3

STRUCTURE ET DYNAMIQUE D'UNE CHAINE DE COLLISION
Exemple des Alpes occidentales

PRESENTATION

Au cours des trois dernières décénnies, beaucoup de projets ont été faits en ce qui concerne la compréhension géologique des chaînes de collision. Ainsi, si l'on considère l'exemple des Alpes, bien que cette chaîne de montagne ait toujours constitué un exemple de référence pour la communauté géologique internationale et que de nombreuses études y aient été réalisées depuis plusieurs siècles, il y a une trentaine d'années, demeuraient énormément d'aspects très mal connus et les problèmes scientifiques ne manquaient pas. La structure d'ensemble de la chaîne n'était pas connue et aucune donnée directe de sismique réflexion ne permettait de la préciser. La géologie de surface des zones internes métamorphiques était extrêmement mal connue. Par exemple, dans la zone que j'ai eu l'occasion d'étudier pendant ma thèse, on ne connaissait que les grands traits de la stratigraphie des unités briançonnaises [travaux d'E. Raguin et F. Ellenberger]. La stratigraphie de la zone dite des "Schistes lustrés" était complètement inconnue: On pensait que ces terrains couvraient la période Lias-Crétacé inférieur au plus récent et étaient métamorphisés au Crétacé moyen; nous verrons qu'il s'agit, en fait, essentiellement de dépôts du Crétacé supérieur (voir du Tertiaire pro-parte) qui ont été métamorphisés au Tertiaire. Les aspects structuraux dans les zones internes étaient très balbutiants: il n'existait alors aucune carte géologique et aucune coupe géologique dans la zone étudiée.

Dans les années 80, même la structure des Alpes externes était également très mal connue. Rappelons, qu'à l'époque, il existait toujours un débat sur le principe même de l'allochtonie des chaînes subalpines, et sur la simple existence de chevauchements dans le Jura et les chaînes subalpines. Ainsi, nous avons donc eu à débrouiller les aspects stratigraphiques et à préciser les grands traits de la structure des unités de la zone métamorphique Haute Pression-Basse Température (HP-BT) de la chaîne, ainsi que certains aspects de l'histoire métamorphique. Nous avons, à cette occasion, tenté de préciser le dispositif initial avant les déformations alpines, en particulier en ce qui concerne les aspects transition océan-continent et la signification du remplissage silico-clastique. Nous avons aussi essayé de préciser la structure et la chronologie des déformations de la chaîne d'avant-pays. Les travaux réalisés dans les zones internes des Alpes occidentales se sont concentrés sur la transversale de la Savoie, principalement en Vanoise, mais également sur le pourtour des Massifs de Dora Maira et de Sesia et en zone des Brèches de Tarentaise. Ces travaux ont eu lieu de 1983 à 1989, d'abord dans le cadre de la préparation d'une thèse de doctorat à l'Université de Savoie, puis dans le cadre de travaux de post-doctorat lors du suivi du percement du tunnel du Siaix en Tarentaise, d'études préparatoires au projet de tunnel TGV Saint-Michel de Maurienne – Suse et de travaux en liaison avec le BRGM. En effet, nous avons essayé au maximum de valoriser ces travaux en diffusant les résultats sous forme de publications classiques mais aussi sous forme de cartes géologiques, ceci à l'occasion de la parution des feuilles BRGM Tignes et Lanslebourg au 1 / 50 000 (inédites auparavant) et de la réédition de la Carte Géologique de France au 1 / 1000 000 dont nous avons réalisé la maquette pour le quart sud-est de la France. Les études dans les Alpes externes, se sont échelonnées depuis 1989, d'abord dans le cadre de travaux avec SNEA(P), puis de manière intermittente, de 1990 à récemment, dans le cadre de diverses études de recherche menées par l'IFP. Nous avons encadré deux thèses sur la zone. De nombreuses excursions internationales y ont été organisées ainsi que de très nombreux stages d'étudiants. Ces travaux ont porté sur différents secteurs des chaînes subalpines et du Jura permettant de fournir une vision assez générale sur l'ensemble de zone externe des Alpes occidentales. Pour mener à bien ces travaux, nous avons eu une approche basée sur l'acquisition de données récoltées sur le terrain (observations structurales) et un travail au laboratoire pour préciser les aspects stratigraphiques et métamorphiques. Dans les Alpes internes, nous avons aussi contribué à l'interprétation de données géophysiques (profil

ECORS-CROP Alpes) en collaborant avec l'équipe de projet pour interpréter la structure profonde de la chaîne. Dans les Alpes externes, nous avons également fait de très nombreuses investigations de terrain (certaines ont été publiées dans des cartes du BRGM feuille 1 / 50 000 Annecy –Ugine). Nous avons aussi contribué à l'acquisition de données géophysiques, en participant aux campagnes SNEA(P)-CGG 90 SVO et IFP-CGG-CHA/VER 91 pour lesquelles nous avons assuré la supervision des acquisitions sur le terrain, pour lesquelles nous avons participé au traitement (notamment les aspects corrections statiques), et surtout pour lesquelles nous avons interprété les résultats (en collaboration principalement avec Alain Mascle). Avec des collègues géophysiciens de l'IFP (notamment Alain Chauvière), nous avons également mené des travaux très conséquents en termes de traitement (ou retraitement) de données sismiques déjà acquises, notamment dans le Jura et les chaînes subalpines. Les principaux résultats découlant des travaux d'interprétation des données géophysiques acquises ou retraitée dans les Alpes externes ont pu être valorisés dans le cadre de la des travaux de thèse de Y. Philippe (un brillant géologue décédé hélas beaucoup trop jeune).

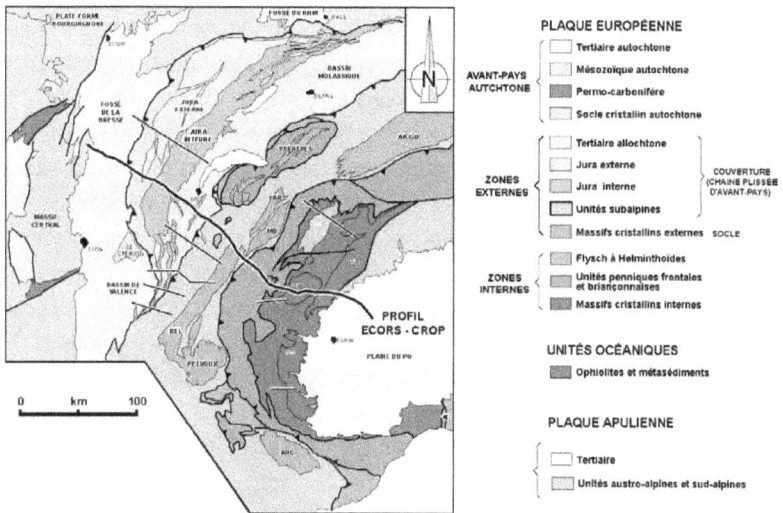

Figure 3.1. – Schéma structural simplifié des Alpes occidentales et localisation des coupes présentées.

La transition Océan-Continent

Au début des années 80, l'ensemble de la communauté scientifique considérait que la transition océan-continent se caractérisait dans les Alpes par un domaine de forte sédimentation comprenant des séries anté- et syn-rift épaisses (Trias et Lias). On a pu montrer que cette vision était bien erronée et qu'il existe en fait un système de dépressions syn-rift [Deville, 1986a, 1987, 1993] séparées par des zones hautes où dans certains cas le post-rift repose sur l'anté-rift, voire directement sur le socle anté-triasique [Deville, 1986a, 1987, 1989, 1993]. Il a ainsi été montré que les séries anté-rift sont très similaires dans l'ensemble du domaine Briançonnais – Massifs cristallins internes et que ces domaines se caractérisent par l'existence de divers fossés syn-rift au Lias–Dogger. Par exemple, l'unité de la Grande Motte (qui était considérée comme 'pré-piémontaise' et définissant la transition océan-continent) n'est en fait qu'un fossé intra-briançonnais (interne à la marge européenne) [Deville, 1986b] et d'autres fossés syn-rift se rencontrent dans les couvertures décollées des massifs cristallins internes [Deville, 1989]. On rencontre, par ailleurs, des zones très dénudées avec le repos du post-rift sur le socle hercynien à la fois dans le Briançonnais interne et les Massifs cristallins internes [Deville, 1986b, 1989]. De fait, il est possible de caractériser l'existence de divers blocs très basculés, caractérisant un très fort amincissement crustal dans les Alpes internes métamorphiques (Briançonnais interne et massifs cristallins internes) [Deville, 1987; 1993], bien plus important que dans le Briançonnais externe ou les Alpes externes. Nous verrons plus loin, que c'est manifestement cette partie de la lithosphère continentale à croûte très amincie (et probablement elle seule) qui est passée en subduction. Par ailleurs, les séries pélagiques post-rift sont similaires dans le Briançonnais interne, les massifs cristallins internes et le domaine océanique avec notamment une lacune au Crétacé inférieur [Deville, 1987; 1993; Deville *et al.*, 1992]. La différentiation des séries n'intervient qu'au Crétacé supérieur où un système turbiditique silicoclastique post-rift (bassin 'sag') vient couvrir les Massifs cristallins internes et le domaine océanique (cf. infra).

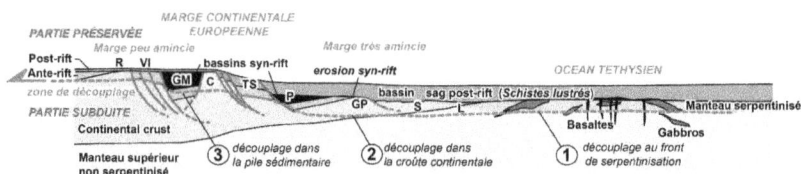

Figure 3.2 – Reconstitution de la Transition Océan-Continent dans les Alpes occidentales (passage de la marge européenne au domaine océanique pendant le Crétacé inférieur) et localisation du niveau de découplage basal dans les Alpes internes (R. plateau de la Réchasse-Lombards; VI. Val d'Isère; GM. Grande Motte; C. Calabourdane-Val de Rhème; TS. Tsanteleina; P. Prariond; GP. Grand Paradis; S. Sesia; L. Lanzo) [version colorisée d'après Deville, 1987 thèse; publié dans Deville, 1993].

Le remplissage silicoclastique anté-collision

Dans les zones internes des Alpes, la part majeure du remplissage sédimentaire du domaine océanique correspond à des formations turbiditiques syntectoniques, montrant actuellement un faciès de métasédiments (ce que l'on appelle les Schistes lustrés). Ceux-ci se sont déposés à la fois sur la bordure amincie de l'ancienne marge européenne et dans le domaine océanique téthysien. On peut ainsi y distinguer deux types principaux: (1) un premier type est constitué par des dépôts de la base du Crétacé supérieur à détritisme mixte, océanique et continental, (2) un second type correspond à un métaflysch du Crétacé terminal, dépourvu de matériel détritique ophiolitique, qui couronne tectoniquement l'édifice de nappes [Deville, 1986a]. Ces formations sont comparables aux flyschs précoces crétacés-tertiaires (flyschs à Helminthoïdes et leur complexes de base), non métamorphiques, des Alpes et de l'Apennin [Deville, 1986a; 1987; 1993; Deville *et al.*, 1991]. La différence essentielle réside dans les processus d'enfouissement lors de la tectonique alpine. Les unités de Schistes lustrés on été entraînées dans des niveaux structuraux plus profonds que les flyschs non métamorphiques qui ont, eux, toujours été préservés des conditions du métamorphisme alpin.

Pour ce qui est de la période du début du Crétacé supérieur, on a pu montrer que la fermeture du domaine océanique est associée à des processus de sédimentation syntectonique tout à fait spectaculaires, caractérisés par le dépôt d'un système turbiditique détritique (type flysch), hétérogène tant par la nature du détritisme (continental, océanique et mantellique), que par ses dimensions (de l'échelle du grain jusqu'à l'olistolite plurikilométrique). D'après les connaissances actuelles, il se dégage que la fermeture du secteur alpin de l'océan téthysien correspond à un phénomène qui serait à l'origine de l'empilement d'unités tectoniques impliquant, pour le moins, la partie supérieure (serpentinisée) de la lithosphère océanique avec sa couverture sédimentaire et conjointement des unités de croûte continentale avec également leur propre couverture sédimentaire (à l'opposé des prismes d'accrétion tectoniques des grands océans actuels comme celui de la Barbade où l'on a purement un décollement de la couverture sédimentaire de la lithosphère océanique sans implication de la croûte qu'elle soit continentale ou océanique). Il se dégage, par ailleurs, que des déformations importantes affectent le domaine océanique avant la sédimentation turbiditique du Flysch à Helminthoïdes et de ses équivalents métamorphiques au sein de la ceinture HP-BT des Alpes internes. On a également montré que l'histoire tectonique précoce du domaine océanique est manifestement bien distincte des étapes de collision et ne s'inscrit pas dans un même continuum de déformation, tant du point de vue chronologique, que du point de vue cinématique globale. En effet, il existe une période (Maastrichtien-Paléocène-début Éocène) pour laquelle il n'a pas été possible de mettre en évidence de déformation compressive, mais où, en revanche, on enregistre des manifestations volcaniques caractéristiques d'une activité en extension [Deville, 1990; 1993]. Également, les données de la tectonique globale font apparaître un net changement de régime cinématique entre l'histoire de la fermeture océanique qui est contemporaine du décrochement sénestre de l'Afrique par rapport à l'Europe (de l'Albien au Campanien) et la collision qui est contemporaine d'une convergence N-S des deux plaques enregistrée essentiellement de l'Éocène à l'actuel.

LA SUBDUCTION CONTINENTALE

L'enregistrement de la subduction

De nombreuses datations radiométriques (notamment par les méthodes ^{40}Ar-^{39}Ar, Rb-Sr et U-Pb) ont très longtemps suggéré que la ceinture Haute

Pression (HP) des Alpes occidentales ait été affectée, au cours du Crétacé (intervalle 140-70 Ma, âges dits 'éoalpins'), par les conditions du métamorphisme haute pression [cf. notamment Frey *et al.*, 1974; Compagnoni *et al.*, 1977; Hunziker, 1974; Oberhansly *et al.*, 1985; Monié, 1985; Paquette *et al.*, 1989; Chopin & Monié, 1991; et de nombreux autres auteurs]. Toutefois, on sait depuis longtemps, grâce à la micropaléontologie, qu'il existe dans les Alpes occidentales un métamorphisme HP schiste bleu qui affecte le Briançonnais interne au cours du Tertiaire (cf. microfaunes tertiaires épigénisées en amphibole bleu de Vanoise) [Raguin, 1912]. En 1986, alors qu'il était unanimement admis que le métamorphisme éclogitique des Alpes occidentales était Crétacé, voire Jurassique, nous avons montré que la couverture sédimentaire du massif cristallin interne de Dora Maira (affecté par un métamorphisme éclogitique) renferme des sédiments du Crétacé supérieur (Cénomanien-Turonien) [Marthaler *et al.*, 1986]. Ceci reportait donc l'âge du métamorphisme éclogitique des Alpes dans le Sénonien (au plus ancien) ou dans le Tertiaire. Puis, il a pu être montré qu'au sommet même de la pile des Schistes lustrés existent des sédiments datés du Maastrichtien Supérieur métamorphisés en faciès schiste bleu [Deville, 1986a] démontrant l'existence, dans les Schistes lustrés des zones internes alpines, d'un métamorphisme HP-BT d'âge Tertiaire. Ceci mettait fin au dogme de l'âge 'éoalpin' du métamorphisme HP des Schistes lustrés. D'ailleurs, au cours des années 90, avec les progrès de la radiochronologie, les âges éoalpins dans les Alpes occidentales, notamment en ce qui concerne l'unité UHP de Dora Maira, ont été remis en question et actuellement les nouvelles datations convergent vers un âge tertiaire pour le métamorphisme éclogitique dans les Alpes occidentales (intervalle 38-33 Ma) [Tilton *et al.*, 1991, Gebauer *et al.*, 1997 ; Duchêne *et al.*, 1997 ; Chopin & Shertl, 2000]. Ainsi, dans les Alpes occidentales, les données actuelles confirment l'interprétation de 1986 [Deville, 1986b] qui repousse le métamorphisme HP alpin dans le Tertiaire, ceci même pour les unités les plus métamorphiques. Il ressort ainsi, de fait, que la subduction de la lithosphère continentale a manifestement eu lieu au cours du Tertiaire et que les vitesses d'exhumation qui ont suivies ont été très fortes, de l'ordre de 2 à 2.5 cm/an [Gebauer *et al.*, 1997], c'est-à-dire équivalente, voire supérieures à la vitesse de convergence des plaques Afrique et Europe à cette époque [Rubatto & Hermann, 2001]. De fait, si l'enfouissement de la croûte continentale est effectivement tertiaire, on peut alors considérer qu'il est contemporain du magmatisme oligocène (type Biella, Traversiera, Bergell, Adamello). On sait également que c'est postérieurement à l'Yprésien (âge des derniers dépôts préservés dans le Briançonnais interne) que la nappe composite des Schistes lustrés (unités de la bordure de la marge nord-téthysienne, unités océaniques, flysch crétacé terminal mais aussi les unités de type Dent Blanche) est charriée sur le domaine Briançonnais interne. Cet édifice de nappes est lui-même affecté par des déformations synmétamorphes nécessairement tertiaires (épisode méso-alpin). Il est donc raisonnable de proposer que l'on rentre en régime de collision continentale à partir de l'intervalle Lutétien-Bartonien qui correspond précisément à l'époque où la lithosphère européenne commence à se flexurer. Cette étape s'inscrit dans un contexte de forte convergence lithosphérique nord-sud entre les plaques de premier ordre européennes et africaines qui s'enregistre également depuis le Lutétien (40 Ma; An 13) [voir discussion dans Deville, 1993].

Unités impliquées

Nous avons souligné, depuis la publication Marthaler & Stampfli [1989] que la comparaison proposée par certains auteurs entre unités océaniques alpines et un prisme d'accrétion tectonique tel que ceux des grands océans actuels, faisant intervenir une subduction classique continue sous la marge sud-alpine, est loin d'être pleinement satisfaisant [Deville, 1993]: (1) un problème évident est que la plupart des unités océaniques ont connu des conditions de contrainte (P >1 GPa) incompatibles avec celles des prismes d'accrétion tectonique purement sédimentaires (le principe mécanique des prismes d'accrétion est de préserver les sédiments du prisme dans des niveaux structuraux supérieurs); (2) également, la présence fréquente, au sein de l'édifice des Schistes lustrés, d'écailles de lithosphère océanique, notamment dans les unités inférieures (dimensions jusqu'à pluri-décakilométriques) n'est pas caractéristique d'un prisme d'accrétion. Si la présence de roches basiques à été relevée au sein de certains prismes d'accrétion, celles-ci sont toujours de faible dimension et le mécanisme qui prévaut dans ces prismes est fondamentalement un processus de décollement de la pile sédimentaire par rapport à la lithosphère océanique qui subducte. Si décollement il y a eu lors la tectonisation des ophiolites alpines, celui-ci doit être recherché au sein même de la lithosphère océanique. Une interprétation satisfaisante est de considérer que ce décollement correspondrait à la limite manteau serpentinisé - manteau non serpentinisé [Lagabrielle, 1987; Deville, 1987] (cf. discussion § 7). En effet, à partir de l'identification des différents niveaux de décollement (Fig. 3.2), il se dégage que la fermeture du secteur alpin de l'océan téthysien correspond à un phénomène qui serait à l'origine du décollement d'unités tectoniques impliquant la partie supérieure (serpentinisée) de la lithosphère océanique avec sa couverture sédimentaire et conjointement des unités de croûte continentale avec également leur propre couverture sédimentaire (à l'opposé des prismes d'accrétion tectoniques des grands océans actuels où l'on a purement un décollement de la couverture sédimentaire de la lithosphère océanique sans implication de la croûte qu'elle soit continentale ou océanique); (3) un autre problème est l'absence, pendant la fermeture océanique, de magmatisme de subduction océanique dans l'ensemble de l'arc alpin. Le seul magmatisme de type marge active apparaît dans les Alpes à partir de l'Oligocène (massifs du Bergell, Biella, Traversiera, grès de Taveyannaz et du Champsaur), c'est-à-dire précisément, cela a été évoqué plus haut, à l'époque où tous les auteurs s'accordent pour considérer que l'on est en régime de collision continentale.

Par ailleurs, dès 1986, nous avions souligné que l'ensemble des unités métamorphiques HP des Alpes occidentales présente une même tendance d'évolution métamorphique, ainsi qu'une même affinité paléogéographique et une même cohérence structurale. Elles peuvent, de fait, toutes être considérées comme appartenant au même panneau en subduction, y compris l'ensemble du massif de Sesia [Fudral & Deville, 1986]. Cette interprétation a été largement reprise par la suite par de nombreux auteurs en commençant par Mattauer *et al.* [1987], et ce jusqu'à aujourd'hui, y compris par certains opposants les plus virulents de l'époque. Il n'existe aujourd'hui plus aucun argument solide permettant de rattacher Sesia à la marge apulienne, les seuls arguments basés sur la nature des socles très peu convaincants car il n'est pas possible de faire de la paléogéographie alpine avec des socles anté-alpins.

Dans les Alpes internes, au moment de leur enfouissement maximum (pics de pression), les unités schistes bleus et éclogitiques n'étaient pas dispersées dans le champ contrainte-température, mais elles s'alignaient sur un même trend [Deville, 1987; Deville, 1993] (Fig. 3.2), correspondant à un gradient extrêmement faible, caractéristique d'un régime thermique transitoire tel qu'il ne peut en exister que dans les panneaux en subduction. Par ailleurs, ces unités montrent des différences d'histoire d'enfouissement tout à fait considérables qui n'ont pas pu être acquises dans le petit volume de la ceinture HP des Alpes (cf. § 10). Les unités HP des Alpes internes ont donc manifestement acquis leur métamorphisme précoce dans un même panneau de subduction et n'ont été que, par la suite, rassemblées dans la ceinture de schistes bleus et d'éclogites (nous discuterons ce point au § 10).

Ainsi, en dépit des interprétations très variées qui ont été proposées pour les Alpes, il semble maintenant assez clair qu'il n'a existé qu'un seul panneau de subduction qui a impliqué de la croûte continentale et que celui-ci correspondait à l'ancienne bordure de l'ancienne marge nord-téthysienne (contrairement à l'essentiel du reste de la Téthys où c'est la marge sud qui est impliquée dans la subduction). L'interprétation que nous avions proposée [Deville *et al.*, 1992; Deville, 1993] considère que c'est la zone de croûte continentale très amincie de la marge européenne qui a été impliquée dans la subduction en raison de sa faible flottabilité. Ceci pourrait expliquer en partie comment les très hautes pressions précoces (jusqu'au développement de coésite et de diamant traduisant des conditions de subduction) se sont développées dans la croûte continentale nord-téthysienne. Ceci pourrait expliquer également comment les paragenèses caractérisant ces conditions Ultra Haute Pression se sont conservées en raison de l'écran thermique constitué par le panneau de lithosphère en subduction (nécessité d'enfouir très rapidement un matériel froid très épais). Le phénomène de subduction continentale s'est probablement bloqué à partir du moment où l'on a impliqué des domaines à croûte continentale épaisse à plus forte flottabilité (en l'occurrence le Briançonnais externe).

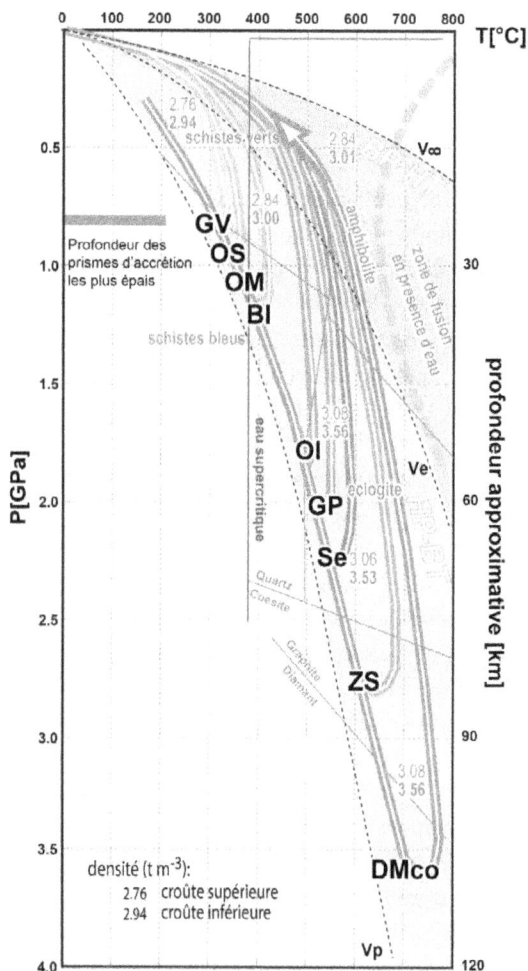

Figure 3.3 – Conditions P-T subies par certaines unités structurales majeures de Alpes occidentales [compilation d'après Chopin et al., 1991; Reineke et al., 1991, 1998; Deville, 1993; Le Bayon, 2006]. GV: Grand Vallon; OS: unités océaniques supérieures; OM: unités océaniques médianes; Unités océanique inférieures; BI: Briançonnais interne; GP: Grand Paradis; SE: Sesia; ZS: Zermatt-Saas; DMco: unité à coésite de Dora Maira; Ve: gradient géothermique moyen dans une croûte continentale stable, V∞: gradient rééquilibré dans une croûte continentale épaissie, Vp: gradient minimum en régime transitoire lié à la subduction.

ECAILLAGE DE LA LITHOSPHERE CONTINENTALE

Si la partie très amincie de la marge continentale européenne a été entraînée dans un processus de subduction continentale au cours du Paléogène, il n'en va pas de même de la lithosphère de la partie peu amincie de cette marge téthysienne qui a été préservée du métamorphisme HP. Cette partie peu amincie de la marge a été écaillée au moins à partir du Néogène et cette déformation conditionne en très grande partie la structure actuelle de la chaîne.

Structure lithosphérique

Malgré plus de deux siècles d'études régionales dans les Alpes, la structure globale de la chaîne restait méconnue jusqu'à la mise en œuvre de programmes de sismique grand angle et de sismique réflexion écoute longue, et notamment du programme ECORS-CROP dans les Alpes occidentales, au milieu des années 80. En effet, les études géologiques de surface étaient tout à fait impuissantes pour aborder le problème de la géométrie des corps crustaux et mantelliques dans une chaîne comme les Alpes. Il suffit pour s'en convaincre de consulter les coupes prévisionnelles qui ont précédé ces investigations géophysiques profondes dont les différentes versions sont, pour le moins, des plus variées. Si les données acquises dans le cadre du programme ECORS-CROP Alpes fournissent une image des grandes enveloppes qui constituent le prisme orogénique, pour autant elles peuvent donner lieux à des interprétations relativement variées [se référer notamment au mémoire 'Deep structure of the Alps' 1990; Mém. Soc. géol. Fr. 156, Mém. Soc. géol. Suisse 1, Vol. spec. Soc. Geol. It. 1; ou au mémoire 'The ECORS-CROP alpine seismic traverse'; Mém. Soc. géol. Fr. 170]. Pour une comparaison avec les Alpes suisse se référer à 'Deep structure of the Swiss Alps'; results of NRP 20, 1996. Pfiffner O.A., Lehner P., Heitzmann P., Mueller S., Steck A., Birkhaeuser. Basel, Switzerland].
En 1990, nous avons présenté une interprétation possible du transect ECORS-CROP Alpes occidentales, qui respecte au mieux les données

géophysiques et qui soit en accord avec les informations de surface [Tardy *et al.,*1990]. Cette interprétation privilégie une logique de couplage-découplage au sein de la lithosphère qui sera discutée au § 10. Un apport essentiel des données croisées de gravimétrie, magnétisme, réflexion grand angle et de sismique réflexion multitraces écoute longue ECORS-CROP Alpes est d'avoir montré que les Alpes occidentales correspondent à un prisme lithosphérique où la tectonique de chevauchement alpine a impliqué non seulement la croûte continentale, avec sa couverture sédimentaire, mais également, très probablement, le manteau supérieur lithosphérique sous-continental Européen et Apulien. En effet, il existe un faisceau d'arguments découlant des différentes méthodes géophysiques mises en œuvre pour considérer que le moho est plusieurs fois décalé sous les Alpes, limitant ainsi plusieurs corps mantelliques responsables de la grande anomalie gravimétrique et magnétique des Alpes, dite d'Ivrée [Ménard & Thouvenot, 1984; Thouvenot *et al.*, 1990, Nicolas *et al.*, 1990; Rey *et al.*, 1990; Guellec *et al.*, 1990; Tardy *et al.*, 1990; Roure *et al.*, 1990]. Les interprétations structurales qui impliquent uniquement du matériel crustal au sein du prisme orogénique ne sont pas en accord avec les résultats de réflexion grand angle, de gravimétrie et de magnétisme. Sous les zones internes, deux corps magnétiques principaux ont ainsi été distingués (le corps d'Ivrée principal et le corps d'Ivrée inférieur). Également, au sud-est de la ligne du Canavese, apparaissent plusieurs corps étagés en marches d'escalier s'approfondissant vers la plaine du Pô [Roure *et al.*, 1990] (Fig. 3.3).

Dans la chaîne des Alpes, la sismicité est très dispersée et relativement superficielle, ce qui nous renseigne peu quant à la structure de la lithosphère. En revanche, à partir des données acquises dans le cadre du programme ECORS-CROP Alpes, il est possible de compléter l'interprétation de la structure lithosphérique des Alpes en utilisant les indications tomographiques [Panza *et al.*, 1980; Baer, 1980; Bakuska & Plomerova, 1990; Waldhauser *et al.*, 2002; Lippitsch *et al.*, 2003; Panza *et al.*, 2003]. Ces données montrent l'existence d'une racine de manteau lithosphérique sous la plaine du Pô s'enfonçant à plus de 300 km de profondeur, avec rééquilibrage thermique partiel de la structure lithosphérique (Fig. 3.3). Ceci est en accord avec le fait que la structure de l'édifice alpin, détectable par des méthodes géophysiques, correspond à une structuration récente (structuration de l'Éocène à l'actuel). L'image générale de la chaîne à laquelle on aboutit est ainsi fondamentalement celle d'une structure avec une vergence générale vers le continent européen (globalement c'est la lithosphère européenne qui s'enfonce sous la lithosphère apulienne), mais avec des rétro-chevauchements vers le poinçon lithosphérique apulien.

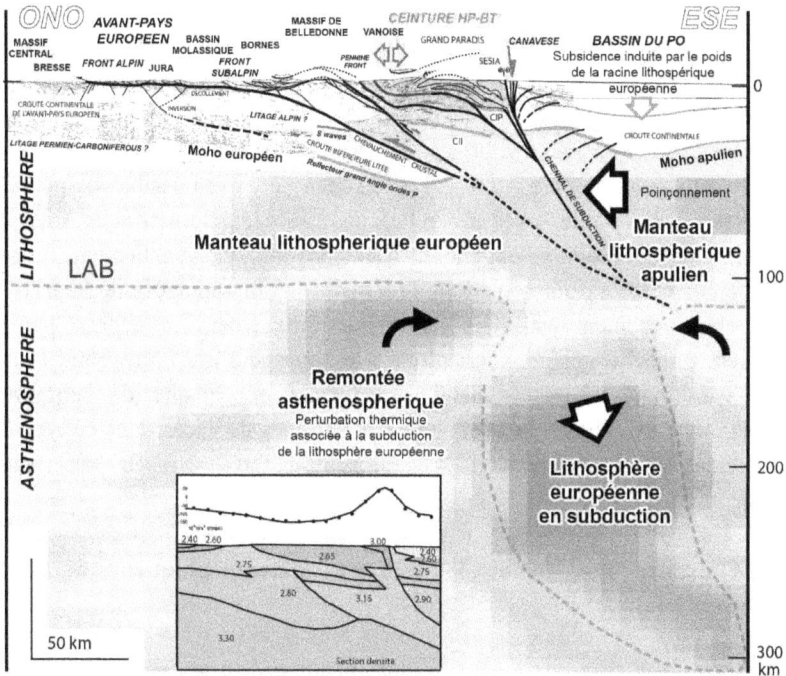

Figure 3.4 - Interprétation de la structure des Alpes occidentales basée sur les résultats de sismique réflexion verticale et grand angle [modifié et complété à partir de l'interprétation Deville, Fudral, Thouvennot, Tardy publiée dans Tardy *et al.*, 1990]. La structure mantellique est déduite d'une étude tomographique de variations de vitesse des ondes P [modifié à partir de Lippitsch *et al.*, 2003].

A grande échelle, il est possible de distinguer, dans ce prisme lithosphérique, deux grands types différents de systèmes de chevauchement: (1) Un premier type se caractérise par un décollement généralisé de la couverture sédimentaire par rapport au socle cristallin (la chaîne plissée de l'avant-pays européen). Il existe alors une surface "imposée par le bas" qui correspond au niveau de décollement et qui n'est déformée que par la flexure de la lithosphère de l'avant-pays et par des inversions légères. Les volumes déplacés à l'intérieur de ce type de système de chevauchement, en liaison avec le raccourcissement tectonique, sont transférés vers le haut au niveau d'anticlinaux de rampe créant des reliefs. L'équilibre isostatique est compensé à une échelle lithosphérique beaucoup plus vaste que la dimension des structures chevauchantes et se manifeste par subsidence flexurale à grande échelle de l'ensemble du système. (2) Un second type de système de chevauchement se caractérise par l'implication de la croûte continentale, voire du manteau supérieur.

Dans ce cas, les volumes transférés le long des surfaces de chevauchement étant énormes, il n'est, bien sûr, pas possible de générer des structures stables avec des reliefs d'ordre décakilométrique. Ainsi, la surcharge tectonique engendrée sur chaque chevauchement induit directement un enfouissement de la structure et la géométrie de la surface de chevauchement est alors elle-même directement influencée par la structure qu'elle génère. C'est alors la topographie qui correspond à une surface "imposée par le haut" directement dépendante de l'équilibre isostatique à l'échelle de la chaîne. Les volumes déplacés dans ce type de système de chevauchement sont alors transférés vers le bas (sous-charriage).

La bordure interne de la ceinture métamorphique: une faille lithosphérique ?

A l'est des zones internes des Alpes occidentales, la ligne du Canavese et la ligne insubrienne sont des faisceaux de failles redressées, très linéaires, matérialisés généralement par des dépressions. La faille du Canavese correspond à un accident tout à fait majeur de l'arc alpin puisqu'elle met en contact les unités à très fort métamorphisme HP-BT alpin de Sesia [15-16 kbar; Compagnoni *et al.*, 1977] avec la zone d'Ivrée qui ne montre pas d'évidence d'un tel métamorphisme alpin. Il y a donc eu une composante verticale pluridécakilométrique lors du jeu de cet accident. À l'est de cette zone de failles, la transition entre la faille du Canavese et la plaine du Pô se caractérise par un enfoncement très rapide du socle par l'intermédiaire du plusieurs paliers limités par des rétro-chevauchements à vergence sud-est [Roure *et al.*, 1990] impliquant, d'après les résultats de sismique grand angle, non seulement la croûte mais également le manteau supérieur apulien [Thouvenot *et al.*, 1990]. A nos yeux, le système des failles très redressées et très linéaire de la zone du Canavese ne correspond pas à des fronts de déformation ou des rétro-chevauchements crustaux. Pour autant ce système de failles majeures très raides fonctionne à la même époque que les grands chevauchements crustaux/lithosphériques. Ceci suggère qu'il un existe un domaine qui se surélève à l'aplomb du plan de subduction et qui est limité sur son bord interne par une faille normale lithosphérique [Mattauer *et al.*, 1987; interprétation Deville *et al.*, publiée dans Tardy *et al.*, 1990]. Un tel mécanisme a été modélisé expérimentalement [Chemenda *et al.*, 1995] et a été proposé pour d'autres chaînes [par ex. Malavieille & Chemenda, 1997; Mallavieille *et al.*, 2002]. On discutera de l'origine de ce type de structure au § 10.

Structure de la ceinture de schistes bleus et d'éclogites

Les zones internes des Alpes constituent, à l'échelle de la chaîne, un mince ensemble allochtone relativement pelliculaire [interprétation Deville *et al.*, publiée dans Tardy *et al.*, 1990]. À l'échelle du prisme orogénique, elles occupent en volume une place relativement mineure [Ménard & Molnard, 1988], même si à l'affleurement elles couvrent des surfaces très conséquentes. Elles représentent ainsi, en termes de volume, une part très faible de l'édifice alpin.

Dans l'interprétation structurale proposée ici (Fig. 3.4), le matériel crustal du prisme orogénique situé à l'ouest de la ligne du Canavese (affecté par un métamorphisme HP-BT) est constitué d'unités de l'ancienne marge nord-téthysienne européenne (Fig. 3.3) [cf. discussion dans Fudral & Deville, 1986; cf. également § 7]. Les unités de croûte continentale les plus métamorphiques correspondent aux massifs cristallins internes. Dans le détail, ces massifs sont constitués d'empilements de plis couchés où chaque unité montre une histoire P-T propre. Ces unités sont tectoniquement recouvertes par les unités océaniques et intimement plissées avec elles.

Dans cette interprétation, les unités de l'ancienne marge sud-téthysienne apulienne ne sont préservées, à l'ouest de la ligne du Canavese, que sous la forme de la nappe de la Dent Blanche. Ce n'est qu'à l'est du Canavese qu'elles ont été préservées de l'érosion. Le déséquilibre dans les volumes conservés respectifs de chacune des marges continentales est probablement en partie à attribuer à des processus d'érosion mais il est possible qu'il existait déjà initialement une dissymétrie importante dans la structure des deux paléomarges, avec une marge européenne très large et une marge apulienne plus restreinte.

Les unités océaniques téthysiennes sont représentées au sein des zones internes, dans la ceinture charriée HP-BT des Alpes occidentales. Elles apparaissent ainsi au cœur même du prisme orogénique recouvrant tectoniquement les massifs cristallins internes avec leur couverture. Elles correspondent à un empilement d'unités ayant subies des évolutions contrainte-température très variables et sont constituées à la fois de lambeau de lithosphère océanique et de métasédiments. Le haut de l'édifice structural des unités océaniques est plus riche en métasédiments et montre un métamorphisme plus modéré (schiste bleu) que les unités océaniques inférieures qui inclut des masses importantes de lithosphère océanique (notamment des péridotites serpentinisées) avec leurs couvertures et qui montre un métamorphisme éclogitique. Le contact schistes bleus-éclogites correspond généralement à une surface relativement simple à pendage ouest. Les unités océaniques supérieures (faciès schistes bleus) sont intimement déformées avec les unités d'origine continentale qui forment le domaine briançonnais interne (faciès schistes bleus également). Il a été montré que se contact ne résulte pas d'une simple mise en place de nappe, puis d'une phase de rétro-charriage comme cela était admis par le passé mais que l'on a affaire à un même continuum de déformations ductiles à l'origine d'une déformation à géométrie en flammes du contact unités continentales – unités océaniques, la déformation ayant lieu en conditions rétromorphiques (schistes verts) [Deville, 1987; 1990; Deville *et al.*, 1993].

On notera que les distinctions classiques en zones structurales alpines ont souvent plus un intérêt conventionnel qu'une réelle signification géodynamique précise. Par exemple, les unités purement océaniques ont généralement été incluses dans la zone des Schistes lustrés qui intègrent à la fois des unités océaniques et des unités de marge continentale. Également la distinction entre zones internes et zones externes est très formelle, puisque longitudinalement à l'axe des Alpes elle correspond à des distinctions entre des domaines paléogéographiques qui sont très variables latéralement.

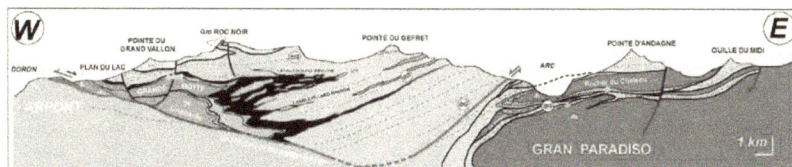

Figure 3.5A – Version colorisée de la coupe de la figure 83 dans Deville, 1987 (thèse) [publiée dans Deville, 1993, Geodinamica Acta]. Pz. Paléozoïque, T. Trias, L. Lias, Js. Jurassique sup., Cs. Crétacé sup., E. Éocène.

Processus d'extension au cœur de la chaine de collision

Postérieurement aux pics thermiques enregistrés dans les zones internes, l'édifice a ensuite progressivement été affecté par des processus d'extension, soit syn-métamorphe (en climat rétromorphique), soit post-métamorphe en climat cassant. Cette extension est manifestement propre à la partie la plus déformée du prisme orogénique (zones internes des Alpes) et n'affecte pas (ou très peu) les zones externes ou la plaine du Pô. Cette extension survient en plein contexte de convergence lithosphérique et au cœur du domaine de collision, alors qu'à la même époque (fin de l'Éocène à l'actuel), l'on enregistre des déformations compressives majeures dans les domaines les plus externes de l'arc alpin.

L'étape syn-métamorphe, aux endroits où elle a pu être observée (à savoir dans la ceinture HP, notamment au niveau du contact éclogite-schiste bleu), se caractérise par des cisaillements syn-métamorphes 'chauds' (faciès schiste vert), soustractifs (sauts dans la séquence métamorphique HP), à faible plongement externe (entre 10 et 45° globalement vers ouest). Cette géométrie qui est remarquablement constante à l'échelle de l'ensemble des Alpes occidentales est connue depuis longtemps et a été remarquablement illustrée, notamment dans la publication de Caby *et al.* [1978]. Ces plans

de discontinuité présentent donc l'aspect de méga-faille normale à pendage
occidental [Blake & Jayko, 1990; Ballèvre *et al.*, 1990].

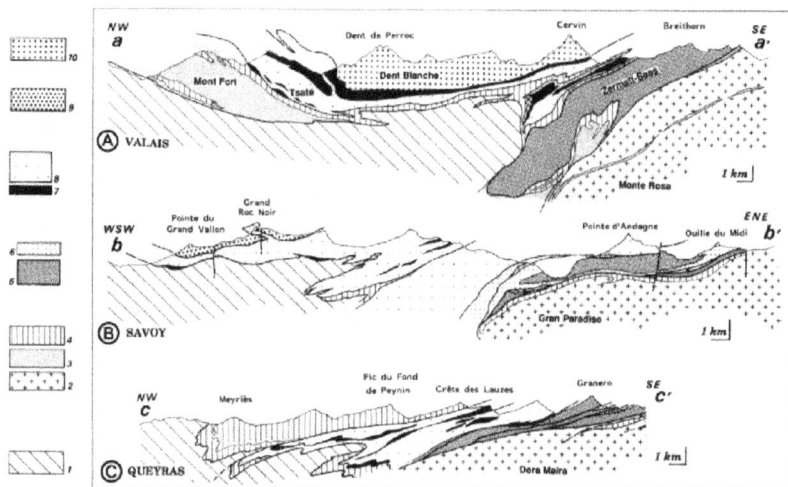

Figure 3.5B – Comparaison de diverses coupes illustrant la structure de la
ceinture HP-BT des Alpes occidentales [publiées dans Deville *et al.* Geol. Soc.
Am. Bull., 1992]. 1. Briançonnais, 2. Massifs cristallins internes, 3. Permo-
Carbonifère, 4. Schistes lustrés appartenant à la couverture de la marge
continentale téthysienne, 5. Lithosphère océanique téthysienne éclogitisée, 6.
Schistes lustrés formant la couverture de la lithosphère océanique éclogitisée,
7. Lithosphère océanique téthysienne schiste bleu, 8. Schistes lustrés formant
la couverture de la lithosphère océanique schiste bleu, 9. Métasédiments
maastrichtiens, 10. Dent Blanche.

Cependant affirmer qu'il s'agit de failles normales syn-métamorphes
n'exclut pas qu'il ne s'agisse en fait que de l'émergence interne de vastes
nappes gravitaires. Ces discontinuités peuvent ainsi très bien se brancher
en profondeur sur des systèmes de chevauchements à vergence externe
émergeants en surface vers l'ouest. C'est l'interprétation qui est suggérée
sur la coupe figure 3.3. Il est ainsi tout à fait possible qu'il s'agisse en fait
de la même famille d'accidents que le front de la ceinture haute pression
(front de la Vanoise sur le profil ECORS), ou encore que d'autres
cisaillement tardifs connus notamment en Vanoise (comme celui du dôme
de l'Arpont). S'il s'agit bien de nappes gravitaires, la signification des

failles soustractives visibles dans les unités métamorphiques est donc bien différente de simples failles normales développées en régime d'extension lithosphérique. Elles pourraient correspondre à des processus d'étalement gravitaire du prisme orogénique à l'Oligocène et être simplement limitées à la ceinture haute pression sans affecter pour autant d'autres portions du prisme lithosphérique (extension horizontale du prisme HP, perpendiculairement à l'axe de la chaîne, pendant la poursuite de la convergence lithosphérique).

L'étape post-métamorphisme. Depuis le 19ième siècle, des générations de géologues ont constaté l'existence de failles normales tardives caractérisant des événements récents d'extension dans les zones internes des chaînes de montagnes et en particuliers dans les Alpes. On a montré que la direction d'extension maximum était orientée perpendiculairement à l'axe de la chaîne [Deville, 1987]. Cette extension recoupe toutes les structures synmétamorphes. Elle est associée à la réutilisation de discontinuités préexistantes donnant lieu au jeu de failles listriques qui affectent l'édifice de nappe et génèrent ainsi des structures de type roll-over de foliation [Deville, 1993]. Cette tectonique en extension récente qui affecte les zones internes s'exprime jusqu'au front pennique et serait toujours active actuellement [Sue *et al.*, 1999; Sue & Tricart, 2003].

Le front pennique

Sur la sismique ECORS la partie frontale du domaine pennique se caractérise par deux superbes réflecteurs rectilignes plongeant vers l'est, jusque vers 6 s (t.d.) [cf. notamment Nicolas *et al.*, 1990; Mugnier *et al.*, 1990; Tardy, Deville *et al.*, 1990]. Ces réflecteurs correspondent manifestement à des accidents relativement tardifs par rapport à la structuration initiale des unités penniques frontales, puisqu'à l'affleurement certains chevauchements ne sont pas plans mais clairement plissés [interprétation Deville *et al.*, publiée dans Tardy *et al.*, 1990]. Toutefois, globalement, on peut considérer que l'accident le plus externe correspond au front pennique, et que l'accident le plus interne correspond au front de la zone houillère [interprétation Deville *et al.*, publiée dans Tardy *et al.*, 1990]. Il est possible que ces accidents correspondent à des chevauchements précoces qui ont été largement réactivés en faille normale [Sue *et al.*, 1999]. En effet, si l'on se réfère au métamorphisme des unités en présence, on s'aperçoit, par exemple, que la zone houillère est moins métamorphique que les unités de la zone des Brèches de Tarentaise (contact soustractif) [Mugnier & Marthelot, 1991]. Quoi qu'il en soit, nous avons montré que la tectonique cassante dans la région du front pennique, au moins dans la zone des brèches de Tarentaise se caractérise essentiellement par une tectonique décrochante [Deville *et al.*, 1991]. En profondeur, les deux réflecteurs bien marqués du front pennique se couchent progressivement sous Val d'Isère pour se greffer sur un ensemble de réflecteurs à plus faibles pendages qui peuvent correspondre à des duplexes de l'ancien socle des unités penniques externes.

L'écaillage de la croûte continentale de l'avant-pays

La croûte européenne autochtone est structurée de la manière suivante (Fig. 3.3): (1) immédiatement en avant du front alpin, il est possible d'identifier clairement les structures en extension principalement oligo-aquitanienne du graben de la Bresse [Bergerat *et al.*, 1990]. La partie inférieure de la croûte continentale dans ce secteur montre un litage très caractéristique. Il est probable que ce litage ait été acquis au cours du Permo-Carbonifère (ce litage est très régulier en base de croûte et il n'est pas impliqué dans la tectonique de chevauchement varisque) ; (2) le front alpin (*i.e.* le Mésozoïque du Jura) chevauche le Tertiaire de la Bresse (chevauchement visible en surface sur le Miocène terminal). Sous le niveau de décollement triasique du Jura, apparaissent préservées des bassins carbonifères (permiens *pro parte* ?). A l'aplomb de la haute chaîne du Jura, le niveau de décollement est manifestement lui-même déformé tardivement en relation avec un processus d'inversion récente d'un bassin tardi-hercynien [Guellec *et al.*, 1990; Philippe, 1994; Roure *et al.*, 1994; Philippe *et al.*, 1996]. En profondeur, la faille crustale responsable de cette inversion semble se coucher vers le sud-est et s'enraciner au niveau d'un épaississement de la croûte inférieure litée. Or, si l'on admet que le litage de cette partie de la croûte inférieure est antérieur aux déformations alpines, le déplacement sur cette faille que l'on est obligé d'invoquer pour justifier l'épaississement est beaucoup trop fort comparé au déplacement observé dans la partie superficielle de la croûte. Aussi, est-il légitime de se demander si le litage responsable de l'épaississement n'a pas été néoformé récemment pendant la tectonique alpine. On pourrait ainsi être en présence d'un chevauchement crustal en cours d'activation [Guellec *et al.*, 1990; Tardy *et al.*, 1990]. Cette hypothèse est argumentée également par l'existence d'un niveau d'atténuation des ondes S détecté par la sismique grand angle au sommet de cet épaississement de la croûte inférieure litée qui pourrait correspondre à une zone très ductile (zone de foliation active ?) [Thouvenot *et al.*, 1990]. Auquel cas, la partie supérieure du litage de la croûte dans ce secteur pourrait parfaitement être d'âge alpin. Les massifs cristallins externes constituent un ensemble d'écailles crustales (les plus externes des Alpes) qui chevauchent la croûte de l'avant-pays alpin. Il est admis, de manière assez unanime, que la mise en place de ces massifs a débuté à la fin de l'Oligocène ou au cours du Miocène inférieur et qu'elle se poursuit encore actuellement. D'après l'interprétation structurale privilégiée ici (Fig. 3.3), le plan de chevauchement des massifs cristallins externes (qui est visible sur la sismique ECORS) tend à se paralléliser en profondeur dans la croûte inférieure [Guellec *et al.*, 1990; Mugnier *et al.*, 1990; Tardy *et al.*, 1990]. Au niveau de la transvervale ECORS l'ensemble crustal qui correspond à l'affleurement aux massifs cristallins externes est en fait composite avec une partie externe (le rameau externe de Belledonne) et une partie interne constituée de duplex cristallins (le rameau interne de Belledonne).

La chaîne plissée d'avant-pays

Grâce à l'acquisition de nouvelles données géophysiques (acquises par l'IFP et CGG dans le cadre d'un projet financé par le Fond de Soutien aux Hydrocarbures) et grâce au retraitement de données géophysiques pétrolières anciennes, il a été possible de précisé la structure des chaînes subalpines [Deville *et al.*, 1992; 1993; 1994a, 1994b; Mascle *et al.*, 1996; Beck *et al.*, 1998; Philippe *et al.*, 1998; Deville & Chauvière, 2000; Deville & Sassi, 2006].

Nous avons notamment montré que le socle n'est pas impliqué dans les raccourcissements sous les chaines Subalpines, contrairement à ce qui était parfois envisagé précédemment, y compris à partir de l'interprétation de données géophysiques [Thouvenot & Ménard, 1988]. Nous avons aussi révélé l'ampleur de certains chevauchements, comme par exemple le front subalpin au niveau de la transversale de Chambéry qui montre une flèche de plus de 10 kilomètres [Deville & Chauvière, 2000], alors que certains auteurs contestaient même le simple fait qu'il s'agisse d'un chevauchement important [voir Gidon, 1988].

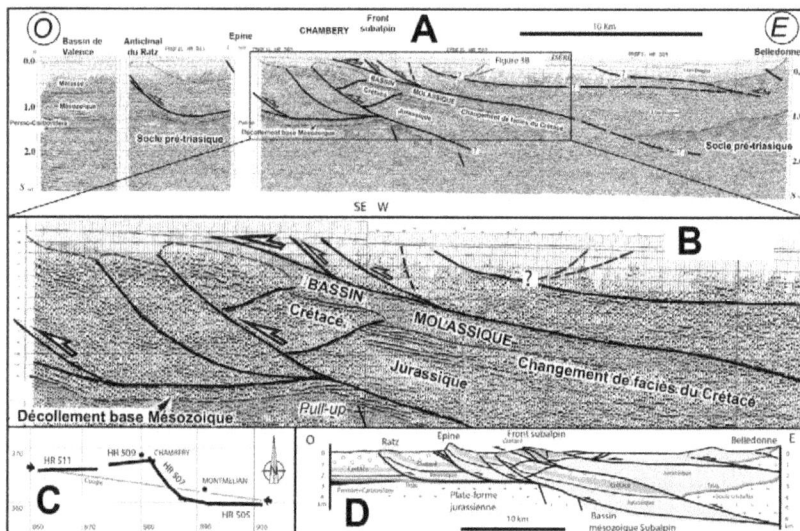

Figure 3.6 – Structure du front alpin sur la transversale de Chambéry [modifié d'après Deville & Chauvière, 2000]. On note l'enfoncement des séries crétacées sur plus de 10 kilomètres sous le front subalpin. On note également que le socle n'est pas impliqué dans la tectonique de chevauchement sous le front subalpin, l'Épine, et l'anticlinal du Ratz. Les ondulations visibles sur le profil en temps sont liées à des effets de vitesse (pull-up).

Des travaux menés dans l'ensemble de la chaîne d'avant-pays des Alpes occidentales ont également largement montré le rôle fondamental joué par l'héritage paléogéographique dans la structuration des fronts orogéniques et, nous le verrons plus loin au § 5, également quel a été le rôle des fluides dans cette structuration. Il a notamment été mis en évidence (à l'aide de méthodes d'équilibrage en coupe et en carte et de modélisations analogiques) le rôle essentiel de l'héritage joué par la nature des niveaux de

72

décollement et les variations initiales d'épaisseur de série dans les modes de propagation des déformations.

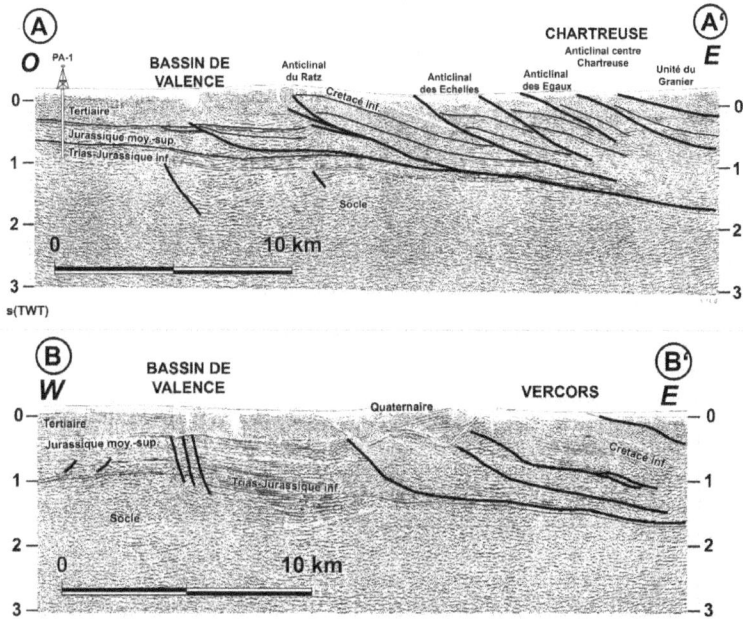

Figure 3.7 – Profils sismiques que nous avons acquis en 1991 au front des massifs de la Chartreuse et du Vercors (campagne IFP-CGG). On notera l'empilement d'unités particulièrement spectaculaire dans le massif de la Chartreuse. On notera aussi l'important remplissage quaternaire au nord NW du Vercors, conséquence d'un fort surcreusement glaciaire.

En effet, il est possible de caractériser différents processus de déformation contrôlés par le dispositif paléogéographique originel. Ainsi, pour un même raccourcissement global enregistré dans le front alpin (correspondant grossièrement au raccourcissement lié à la mise en place par écaillage crustal des massifs cristallins externes; c'est-à-dire entre 30 et 35 km), on observe des processus de déformation très différents selon les divers domaines paléogéographiques de l'avant-pays.

Il est ainsi possible de mettre en évidence le rôle joué par le coefficient de friction basale (μb) du niveau de décollement qui est particulièrement bien illustré si l'on compare, par exemple, la structure du Jura (domaine à faible coefficient de friction basale lié à l'existence d'un niveau de décollement triasique salifère) et la structure de la Chartreuse externe (domaine à forte friction basale sans présence de sel triasique) [Deville *et al.*, 1992; Deville *et al.*, 1993; Philippe *et al.*, 1996, 1998] (Fig. 3.6; cf. également § 4). En effet, entre ces deux ensembles du front alpin qui impliquent une série sédimentaire très similaire, si ce n'est dans la nature des niveaux de décollements (série de plate-forme de type jurassienne). On observe (Fig. 3.6):

(1) au niveau du Jura, un mince prisme tectonique (si α est la pente moyenne de la topographie du prisme et β la pente du décollement, $\alpha + \beta \approx 3°$), où la très faible friction basale du sel ont permis de propager très loin les contraintes et le décollement à travers l'avant-pays, selon un prisme de type Mohr-Coulomb quasi-idéal très mince;

(2) au niveau de la Chartreuse, un bel empilement d'écailles ('imbricated fan') constituant un prisme d'angle épais ($\alpha + \beta \approx 12°$) avec un très fort raccourcissement interne, dont le corollaire est une faible avancée du front alpin, lié au fait que le niveau de décollement n'est plus situé dans des évaporites et donc que la friction à la base du prisme est plus élevée.

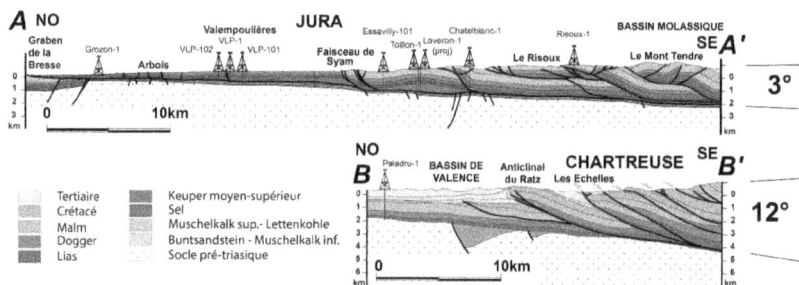

Figure 3.8 – Comparaison de la géométrie du front alpin entre le Jura et la Chartreuse (la coupe B-B' correspond au profil sismique de la figure 3.7A). La forme très mince du prisme du Jura est due à la nature salifère du niveau de décollement basal. Le prisme épais de la Chartreuse est liée à l'absence d'évaporites et une nature plus rugueuse du niveau de décollement [d'après Deville *et al.*, 1992, 1993, rapports IFP 54005 et 41568; Deville & Sassi, 2006, AAPG Bull.].

L'influence de l'épaisseur de la série décollée dans les mécanismes de déformation s'illustre, elle, remarquablement bien si l'on examine, par exemple, la structure du front alpin au niveau de la Chartreuse et du Vercors. En effet, entre ces deux massifs, on constate que se sont les variations d'épaisseur dans la série sédimentaire qui sont à l'origine des différences structurales du front alpin et non pas des différences de nature de niveau de décollement (plus forte propagation du front de déformation vers l'avant-pays dans le Vercors, liée à la plus forte épaisseur de série, et développement de plis en-échelons liés à l'obliquité des variations d'épaisseur par rapport aux directions de transport) [Deville *et al.*, 1992; Philippe *et al.*, 1998]. À cet égard, l'exemple du front des Alpes occidentales constitue un cas d'école, illustrant de manière remarquable comment les déformations d'un front de chaîne peuvent être influencées par le dispositif hérité, antérieur aux déformations compressives. Notamment, cet exemple souligne à quel point un même phénomène simple (l'activation d'un chevauchement crustal) peut induire des structures à la fois complexes et très variées, dans la couverture sédimentaire.

Mouvements verticaux péri-orogéniques

Les bassins flexuraux formés pendant la collision alpine sont actuellement superposés aux domaines de plate-forme des anciennes marges téthysiennes. Du fait de la vergence générale de la chaîne vers l'avant-pays européen, la lithosphère européenne étant globalement sous-charriée sous la lithosphère apulienne [Fig. 3.3], il est possible de distinguer un bassin flexural d'avant-pays côté européen, et un bassin flexural côté apulien ('arrière-pays'). Nous avons montré que bassin flexural européen (le bassin molassique alpin) se développe à partir du Chattien-Aquitanien et qu'il est associé à la mise en place du front pennique et des nappes des Préalpes, ceci de manière oblique sur les zones alpines actuelles (flexure bien exprimée au nord dans le bassin molassique suisse et en Savoie) [Deville *et al.*, 1994; Beck *et al.*, 1998; Deville & Sassi, 2006]. Le trait structural majeur de ce bassin d'avant-pays est qu'il est dans sa très grande majorité affecté par une tectonique de décollement de la couverture sédimentaire qui affecte le bassin molassique dès le Burdigalien [Deville *et al.*, 1994] (c'est-à-dire plus précocement que ce qui était précédemment admis), en liaison avec la mise en place des massifs cristallins externes et des zones internes sur la lithosphère de l'avant-pays européen. Le bassin flexural d'avant-pays des Alpes occidentales est principalement représenté par la chaîne plissée d'avant-pays (Jura, bassin molassique structuré, et chaînes subalpines) . Toutefois, au niveau de cette transversale, il est possible de considérer que la Bresse, postérieurement à l'extension oligo-aquitanienne, a eu valeur de domaine flexural passif (non-affecté par la tectonique de chevauchement) durant le dépôt des formations mio-pliocènes. Le bombement lithosphérique étant à rechercher actuellement, au-delà, au niveau du Morvan. D'une manière plus générale, à l'échelle de l'ensemble des Alpes, on peut considérer, par exemple, que le bassin de Valence a également eu valeur de domaine flexural passif au cours du Mio-Pliocène, ou encore que la Suisse orientale et la Bavière constituent des domaines du bassin flexural d'avant-pays alpin non-impliqués (ou très peu) dans la tectonique compressive alpine depuis l'Oligocène. La surrection récente du bassin de Valence (Miocène marin présent à plus de 600 m d'altitude) est un phénomène qui reste mal compris (peut-être simplement lié à l'érosion des Alpes et donc à une diminution de surcharge tectonique). Par opposition au bassin d'avant-pays européen, la flexuration de la lithosphère coté plaine du Pô, n'est pas seulement due à une surcharge tectonique puisqu'en l'occurrence la subsidence y est beaucoup plus forte que du côté européen, alors que la surcharge tectonique y est bien moindre. Il existe dans ce cas, manifestement une cause profonde à la subsidence de ce bassin qui est probablement à rechercher au niveau du poids créé par la racine lithosphérique froide qui attire le système vers le bas par simple flottabilité (Fig. 3.4). Toutefois, la surcharge tectonique due à la mise en place des unités frontales des Apennins contribue certainement à la subsidence de la plaine du Pô mais celle-ci n'en est manifestement pas la seule cause puisque la zone la plus subsidente de la plaine du Pô se situe à proximité des Alpes. D'une manière très générale, les grands mouvements verticaux des bassins d'avants–pays alpins sont aujourd'hui encore très mal compris et beaucoup de progrès sont certainement encore à faire en ce domaine.

4

MODÉLISATION ANALOGIQUE
Apports pour la compréhension structurale

PRÉSENTATION

Les interprétations structurales faites, notamment, à partir des données du terrain, des résultats de forages et des données de sismique réflexion amènent implicitement à formuler des hypothèses mécaniques qui peuvent, parfois, être facilement testées via des modèles physiques. Comme de nombreux auteurs avant nous [par ex. Malavieille, 1984], nous avons ainsi été menés au cours de diverses études à avoir recours à des expériences analogiques classiques (sable–poudre de verre–silicone), pour conforter les interprétations structurales proposées. Ces expériences ont été menées sous scanner X ce qui permet de suivre l'évolution interne du modèle sans le détruire [Colletta *et al.*, 1991]. Cette approche à été largement utilisée dans nos travaux sur la déformation des chaînes d'avant-pays (en particulier dans le front des Alpes). Ceci a notamment permis de mieux comprendre le rôle des hétérogénéités du socle et de l'épaisseur des séries sédimentaires dans la structuration des fronts d'orogènes convergents (cf. § 3; Fig. 4.1). Ceci a permis de révéler le rôle crucial des évaporites (représenté par la silicone dans les modèles) dans la déformation des avant-pays. C'est, par exemple, le cas de l'avant-pays alpin en particulier dans le Jura et le bassin molassique alpin où la déformation migre très loin dans l'avant-pays comparé à la Chartreuse et au Vercors (cf. § 3; Fig. 4.2). Ces travaux ont permis aussi de mieux comprendre le déplacement passif de vastes zones entières des avant-pays (comme par exemple le bassin molassique alpin) qui se déplacent passivement sans déformation alors des déformations sont spectaculaires plus à l'avant dans la chaîne (notamment pour l'exemple de la haute chaîne du Jura) (Fig. 4.2). Cette approche analogique nous a aussi aidé dans la compréhension de la déformation des grands prismes d'accrétion et nous présentons une illustration dans le paragraphe suivant.

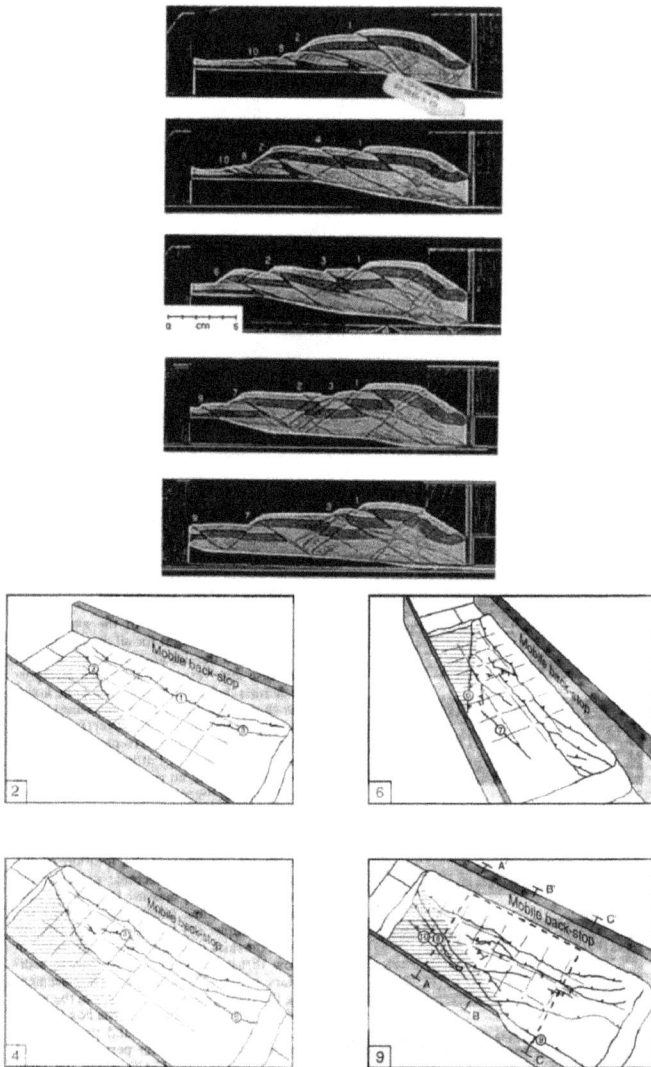

Figure 4.1 – Un exemple de modèle analogique sous scanner X réalisé dans le cadre de la thèse de Y. Philippe investiguant l'effet d'une marche de socle oblique par rapport au front compressif. Cette configuration s'applique assez bien à la transition entre le massif de la Chartreuse et le massif du Vercors [modifié d'après Philippe, Deville & Mascle, 1998, Geol. Soc. Spec. Publ.].

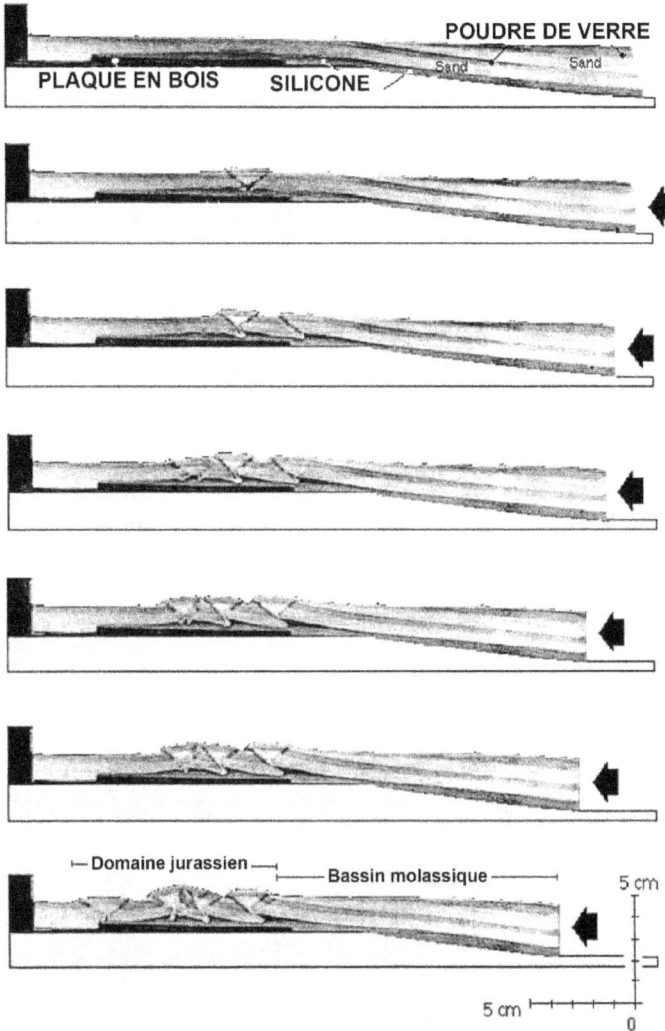

Figure 4.2 – Un exemple de modèle analogique sous scanner X réalisé dans le cadre de la thèse de Y. Philippe investigant l'effet d'un niveau de décollement ductile salifère sous une série sédimentaire d'épaisseur variable se réduisant vers l'avant-pays. Cette configuration s'applique assez bien à la déformation du bassin molassique alpin et de la chaîne du Jura [modifié d'après Philippe, Deville *et al.*, 1996, Peritethys memoir 2].

APPORT DE LA MODÉLISATION ANALOGIQUE POUR LA COMPREHENSION DE L'EVOLUTION DES PRISMES D'ACCRÉTION

Dans le front d'un prisme d'accrétion, nous verrons que si l'on examine les liens entre régime de pression et tectonique, on constate que le niveau de décollement est situé au sommet de la zone où apparaissent des surpressions significatives (cf. § 8). La surpression agit donc comme un facteur favorable à l'activation du niveau de décollement et la mobilisation sédimentaire n'intervient que lorsque l'on génère de très fortes surpressions en base du prisme (cf. § 8). On doit donc s'attendre à ce que la partie profonde du prisme, où règne un climat de surpression, ait un comportement mécanique différent de la partie supérieure du prisme et que ceci ait des conséquences majeures à l'échelle du prisme. Dans l'exemple de la Barbade, nous l'avons vu précédemment, la partie sud du prisme d'accrétion présente une grande largeur (jusqu'à 300 km) et une forte épaisseur (jusqu'à plus de 20 km). Cet édifice montre, de plus, une topographie relativement complexe, pour laquelle on distingue deux rides qui ont été mises en évidence depuis les premières études de reconnaissance (cf. § 2; Fig. 4.3), généralement désignées sous le terme de crête de la Barbade pour la ride occidentale qui émerge au niveau de l'île de la Barbade, et de ride de la Barbade pour la ride orientale. La ride occidentale est constituée essentiellement de formations paléogènes déformées précocement (au moins dès l'Éocène pour les turbidites du Scotland group), alors que la ride orientale est constituée majoritairement de formations néogènes déformées très récemment (au moins pour la partie frontale). Les deux rides sont séparées par le bassin de la Barbade qui constitue une dépression fermée, isolée au cœur du prisme d'accrétion. Ce dispositif a conduit les auteurs à distinguer deux prismes, un prisme occidental paléogène et un prisme oriental néogène [Mascle, 1998]. Pour autant, certains points demeurent mal compris. En particulier, le fait que l'individualisation en deux rides morphologiques ne s'acquière que très récemment, manifestement au cours du Plio-quaternaire, et que cette individualisation s'accompagne de phénomènes extensifs récents bien matérialisés, nous l'avons vu, par l'activité de failles normales notamment sur la crête de la Barbade et sur le bord occidental du Bassin de la Barbade (cf. § 2).

Hypothèses formulées sur la stratification rhéologique des mégaprismes d'accrétion

Il est possible d'envisager que le dispositif en deux rides soit lié au fait que la partie inférieure du prisme soit affectée, à grande échelle, par une déformation plastique intense, très dispersée, sans localisation de discontinuités majeures et donc macroscopiquement (à l'échelle sismique) assimilable à une déformation ductile. Ceci pourrait être en lien avec l'apparition des surpressions de fluides qui tendent à diminuer la résistance des roches en base du prisme et ainsi à développer une déformation beaucoup plus distribuée. En effet, dans le cas des mégaprismes d'accrétion (comme le cas du sud du prisme de la Barbade), on peut considérer que le modèle du prisme de Coulomb classique [Davies *et al.*, 1983; Lallemand *et al.*, 1994] ne s'applique plus et que la partie inférieure du prisme prend un comportement qui n'est plus simplement élasto-plastique de type mohr-Coulomb, mais que, à grande échelle au moins, la déformation peut être assimilée à un comportement de type visqueux. Soit, on a affaire ponctuellement à une déformation réellement ductile sans rupture (on connait ce type de comportement sur le terrain, par exemple dans certains affleurements visibles sur l'île de la Barbade [Deville et al., 2006], soit il s'agit d'un problème de facteur d'échelle dû au fait que la déformation qui peut être fragile est très intense et peut, de fait, être assimiler à grande échelle comme macroscopiquement ductile. Nous n'aborderons pas ce point ici mais l'on peut toutefois mentionner que l'étude récente de vastes affleurements (bassin de Parras, Mexique) a montré assez bien qu'il existe une évolution à la fois spatiale et temporelle du comportement des argiles en surpression avec localement des évidences de déformations réellement ductiles et une évolution progressive de ductile à cassant au cours du temps. Pour ce qui est du front du prisme de la Barbade, nous avons montré [Deville *et al.*, 2003a] qu'il existe une corrélation entre la pente moyenne du prisme et l'apparition du volcanisme de boue que l'on peut corréler avec les fortes surpressions en profondeur (front du prisme: pente moyenne de 2.5°, zone du volcanisme de boue: pente moyenne de 0.5° au plus). Ce changement d'angle moyen peut être aussi relié à un changement de propriétés rhéologiques en profondeur.

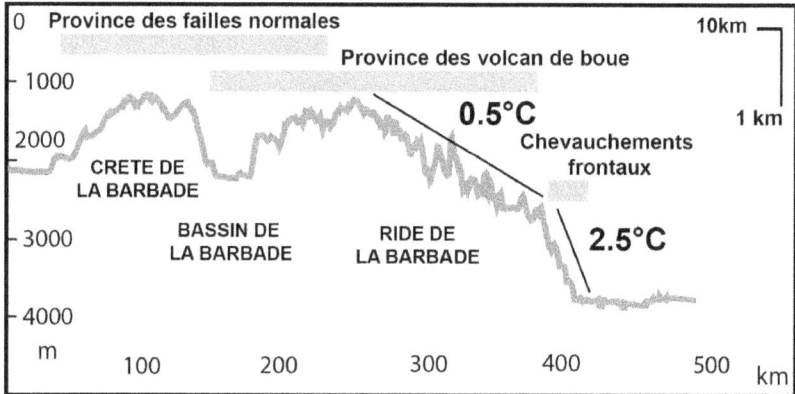

Figure 4.3 – Profil bathymétrique à travers le sud du prisme d'accrétion de la Barbade [modifié d'après Deville et al., 2003a, Profil Fig. 2.2].

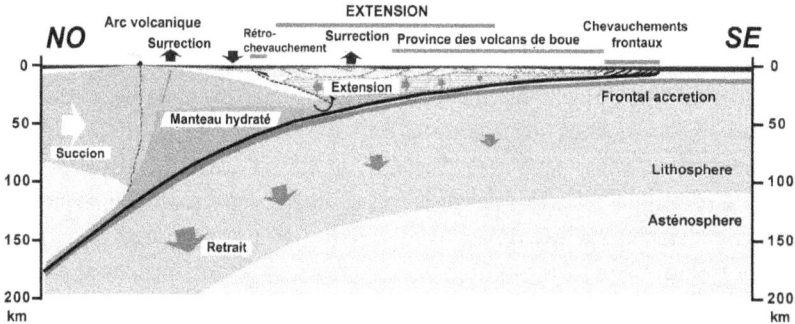

Figure 4.4 – Coupe géologique schématique à travers le prisme d'accrétion de la Barbade (Profil Fig. 2.2).

Apport de la modélisation analogique

Afin de mieux comprendre les relations topographie-rhéologie, nous avons effectué une série de modélisations analogiques très simples, en prenant un modèle de prisme à rhéologie stratifiée avec deux domaines, une partie inférieure ductile matérialisée par de la silicone, et une supérieure cassante matérialisée par du sable (Fig. 4.5). Le dimensionnement du prisme étant globalement respecté (réduction de 1 / 1700 000). Nous avons fait varier la vitesse de convergence d'une expérience à l'autre mais avec une vitesse de convergence constante au cours du temps lors d'une même expérience.

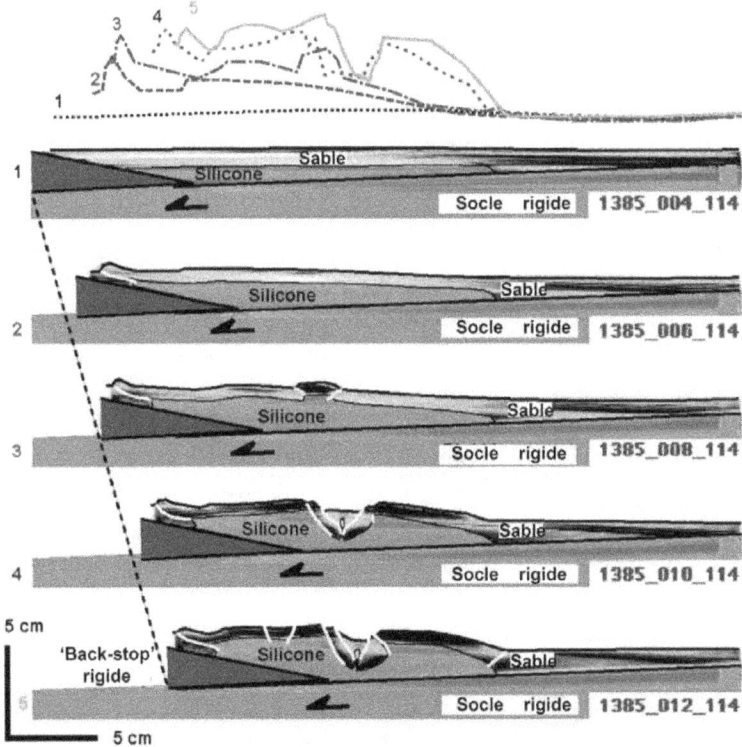

Figure 4.5 - Différents stades d'évolution d'une modélisation analogique effectuée sous scanner X, simulant la dynamique à grande échelle du prisme d'accrétion de la Barbade. Ce modèle permet d'illustrer de manière extrêmement simple par analogie avec un modèle réduit comment dans un contexte purement compressif, avec une vitesse de convergence constante, il est possible de développer des bassins isolés sur le prisme et limités en partie par des failles normales. On notera la coexistence de failles normales et de failles inverses dans la dépression centrale et dans la partie interne du prisme. On notera également les variations de pendage de la topographie dans la zone frontale du prisme d'accrétion.

Quelle que soit la vitesse adoptée, nous avons effectivement obtenu, dans tous les cas, une forme de prisme avec deux rides principales et une dépression centrale (Fig. 4.5). On notera aussi que, dans toutes les expériences, nous avons obtenu une déformation précoce importante sur le rétrochevauchement à l'arrière du prisme. Pour obtenir des structures extensives analogues à celles observées dans la réalité, il a fallu adopter une vitesse de convergence relativement faible (1mm/h; Fig. 4.5). Dans ce cas, on obtient une dépression centrale localisée au cœur du prisme et bordée en partie de failles normales mais où coexistent également des failles inverses sur la bordure externe. Il est possible que des structures de ce type existent effectivement dans la réalité sur la bordure est du Bassin de la Barbade qui est relativement complexe et très différente de la bordure ouest Fig. 4.6). On notera aussi que l'apparition de structures extensives à l'aplomb du prisme, coïncide avec une brusque avancée du front tectonique ce qui est aussi le cas pour le sud Barbade (Fig. 4.5). De fait, il existe une bonne analogie entre le modèle et la réalité et il parait ainsi justifier de proposer que l'individualisation morphologique récente en deux rides distinctes dans un mégaprisme comme celui de la Barbade puisse simplement être liée à un problème rhéologique avec un comportement très déformable de la base de prisme(quelle qu'en soit l'origine). Le modèle rend compte également des changements d'angle de topographie du front du prisme en liaison avec le changement de comportement en profondeur.

Figure 4.6 – Comparaison de la modélisation analogique avec un profil sismique réel dans le bassin de la Barbade et dans la partie interne du prisme de la Barbade. On notera la similitude qui existe dans la localisation des failles normales et des failles inverses et la similitude de la géométrie des structures en extension au cœur de la zone de convergence.

5

HISTOIRE THERMIQUE
Outils de calibration

PRESENTATION

Après avoir abordé les aspects structuraux dans les prismes orogéniques, nous nous sommes intéressés aux problèmes de thermicité à grande échelle. En effet, la connaissance de l'histoire thermique des roches est importante pour la reconstitution de l'histoire de la terre que ce soit pour la recherche fondamentale destinée à la connaissance générale ou pour celle nécessaire à l'exploration et la production des ressources minérales ou d'énergie. En manière de dynamique des prismes orogénique et plus particulièrement dans les chaînes de collision, beaucoup de facteurs sont susceptibles d'influencer l'histoire thermique, comme par exemple l'évolution cinématique (notamment les dimensions des unités chevauchantes *versus* les vitesses de chevauchements), mais aussi l'érosion, l'épaississement de la croûte radiogénique, la dynamique des fluides, l'évolution du flux thermique imposé à la base du système, les variations de la température de surface, ...

De fait, dans les systèmes de chevauchement des fronts de chaînes de montagne, on rencontre des roches qui peuvent avoir subi des évolutions thermiques particulièrement contrastées parfois à des distances très faibles les unes des autres. Reconstituer l'évolution des températures au cours du temps est ainsi un problème difficile qui demande une démarche de calibration des processus couplée à une démarche de modélisation numérique. Ces aspects sont en particulier tout à fait cruciaux en ce qui concerne les problèmes d'exploration pétrolière dans les fronts de chaînes de montagnes ('foothills' des géologues pétroliers) pour bien définir les problèmes de maturation des roches riches en matière organique et de chronologie de la maturation et de la migration par rapport au développement des pièges structuraux. Nous avons ainsi travaillé à la fois sur les outils de calibrations et sur la modélisation.

En matière de calibration, nous avons dans un premier temps appliqué des méthodes classiques de pyrolyse Rock-Eval pour déterminer la maturité de la matière organique. En particulier, en collaboration avec divers collègues géochimistes de l'IFP, notamment E. Lafargue, nous avons, au cours des années 90 testé les possibilités et précisé les limites d'utilisation du Rock-Eval 6 qui permet de mesurer des T_{max} pour des plus hautes maturités que les versions précédentes du Rock-Eval, notamment le classique Rock-Eval 2 (le T_{max} correspond à la température du pic de craquage du kérogène qui représente un index de maturité de la matière organique, le T_{max} est donc différent de la température maximum subie par les roches). Une part importante de ces applications a été réalisée dans l'avant-pays des Alpes occidentales où nous avons comparé les résultats obtenus avec les données disponibles (notamment la réflectance de la vitrinite). Les résultats principaux ont été publiés dans un article de synthèse au bulletin de l'AAPG [Deville & Sassi, 2006]. Nous en montrerons un aperçu ci-dessous.

Par ailleurs, ayant constaté, les limitations des méthodes classiques de calibration des maturités qui s'intéressent aux transformations de la partie kérogène de la matière organique, nous nous sommes aussi intéressé aux méthodes qui considèrent les transformations structurales, non pas du kérogène, mais de la partie résiduelle de la matière organique. Dans cet esprit, nous avons eu une collaboration avec des collègues de l'ENS Paris (O. Beyssac et B. Goffé) dans le cadre d'une thèse financée par l'IFP (Thèse d'A. Lahfid). Dans ce cadre, nous avons contribué au développement d'une nouvelle méthodologie pour étendre la possibilité de thermométrie par spectroscopie Raman dans la gamme de température 180-300°C, c'est-à-dire le domaine de transition entre la diagenèse et le métamorphisme. Auparavant, la thermométrie par spectrométrie Raman ne s'appliquait qu'au delà de 300°C [Beyssac, 2002].

POSSIBILITÉS ET LIMITES DES MÉTHODES DE PYROLYSE

Au cours de diverses études, nous avons constaté que les résultats de Rock-Eval montrent une très bonne cohérence avec les résultats des autres méthodes disponibles (notamment la réflectance de la vitrinite mais aussi les inclusions fluides, la cristallinité de l'illite et la pétrographie), ce qui permet de bien définir les zones d'isomaturité.

Par exemple, dans les Alpes externes, ceci a permis notamment de montrer un contraste très spectaculaire concernant l'histoire thermique des chaînes subalpines qui n'était pas connu auparavant (Fig. 5.1). En effet, on constate que le nord de la chaîne subalpine (le massif des Bornes et le nord du massif de Bauges) a dans son ensemble subi des conditions thermiques plus élevées que la partie sud des unités subalpines (les massifs de la Chartreuse et du Vercors).

Notamment, le Tertiaire est dans la fenêtre à gaz dans le massif des Bornes, alors qu'il est immature en Chartreuse et dans le Vercors. Ce contraste de maturité a été interprété comme lié à la mise en place de la nappe des Préalpes, de manière oblique aux zones paléogéographiques, uniquement sur la partie nord des unités subalpines (massifs des Bornes et des Bauges), et ceci avant la déformation des unités subalpines; la nappe des Préalpes étant aujourd'hui très largement érodée [cf. Discussion dans Deville & Sassi, 2006].

Ces résultats permettent aussi d'illustrer que les taux d'érosion varient de manière spectaculaire le long du front alpin avec plus de 4 km de matériel des klippes des Préalpes érodé au-dessus des Bornes, et près de 10 km de sédiments érodés dans la partie interne des Bornes [Deville & Sassi, 2006].

Les méthodes de pyrolyse Rock-Eval ont également permis de montrer un plissement et des décalages dans les fenêtres de maturité qui impliquent que le pic de température a été atteint avant la déformation dans le nord des unités subalpines. En particulier, le long du profil ECORS-Alpes (qui était pourtant une zone qui avait été plus particulièrement étudiée), nous avons mis en évidence, avec les résultats Rock-Eval, des sauts de maturité qui correspondent à des chevauchements qui n'étaient pas connus et dont on a pu quantifier les rejets de manière assez précise, ceci dans des domaines de maturité de la matière organique relativement élevés (Fig. 5.2)

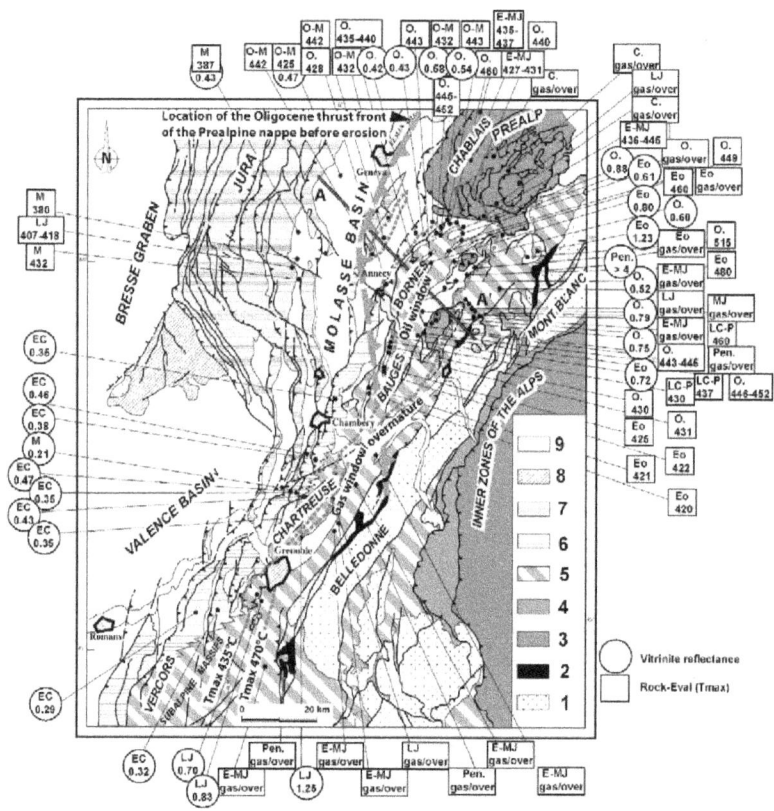

Figure 5.1 - Carte de maturité d'après les données analytiques de surface [modifiée d'après Deville & Sassi, 2006, AAPG bull.]. 1. Socle cristallin; 2. Bassins permo-carbonifères; 3. Zones internes des Alpes; 4. Zone ultra-dauphinoise; 5. Couverture mesozoique subalpine; 6. Couverture mésozoïque pré-subalpine; 7. Couverture mesozoique du Jura; 8. Couverture mesozoique autochtone; 9. Flyschs et molasses oligocène-Miocène inf.; 10. Molasse miocène-pliocène. Compilation de données propres et de données préalablement publiées dans Kubler *et al.* (1979), Gorin *et al.* (1990), Gorin *et al.* (1989), Schegg (1992), Moss (1992). Cercles: vitrinite reflectance (%), Carrés: Rock-Eval (T$_{max}$; °C). gas/over: fenêtre à gaz à overmature.Pen. Carbonifère; E-MJ. Jurassique inf.-moy.; LJ. Jurassique sup.; EC. Crétacé inf.; LC-P. Cretacé sup.; Eo. Éocène; O. Oligocène; O-M. Oligocène sup.-Miocène inf.; M. Miocène. On notera en particulier la mise en place oblique de la nappe des Préalpes sur les unités tectoniques et les domaines paléographiques du front alpin (Tertiaire très mature, dans la fenêtre à gaz, au nord des chaînes subalpines, et immature au sud).

88

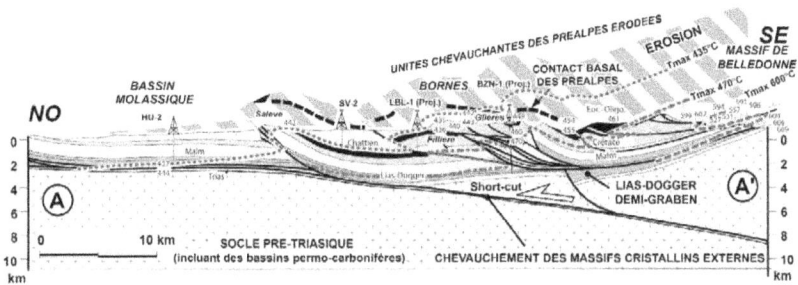

Figure 5.2 - Distribution des fenêtres de maturité à travers le massif des Bornes. Cette figure illustre que le pic thermique a été acquis avant la déformation en plis et chevauchement (fenêtres de maturité déformées) [d'après Deville & Sassi, 2006, AAPG bull.].

En ce qui concerne les limites des méthodes de pyrolyse, on sait que pour les charbons il est possible d'utiliser les T_{max} jusqu'à 700°C [Lafargue *et al.*, 1998]. En revanche, pour des roches pauvres en matière organique comme les formations du Lias-Dogger que nous avons étudiées dans les Alpes, on atteint les limites de la méthode pour des valeurs de T_{max} de 600°C maximum. D'après les simulations numériques effectuées, sur l'exemple alpin, croisées avec les résultats de la spectroscopie Raman cela correspond à des valeurs de température réelles maximum de l'ordre de 250-270°C.

SPECTROSCOPIE RAMAN: UN OUTIL DE CALIBRATION DES HAUTES MATURITÉS

Si les méthodes de pyrolyse Rock-Eval montraient certaines limites, il était intéressant de trouver d'autres méthodes permettant de calibrer l'histoire thermique des roches riches en matière organique pour des domaines de maturité très élevés. En effet, d'un point de vue purement fondamental, il existait un manque assez criant, dans les outils de paléo-thermométrie, entre le monde de la diagenèse et le monde du métamorphisme. D'un point de vue appliqué, cet 'espace' devient pourtant de plus en plus stratégique puisque l'industrie pétrolière explore de plus en plus les domaines à gaz associés à conditions thermiques de plus en plus élevées et donc des roches mères de plus en plus matures.

Ainsi, le but des travaux de thèse d'A. Lahfid (promus par l'IFP), était d'établir une nouvelle méthode efficace de mesure des paléo-températures des roches en étendant vers des températures 'pétrolières' le domaine d'application du géothermomètre RSCM [Beyssac *et al.*, 2002], c'est-à-dire vers des températures moins élevées que celles investiguées précédemment (> 300°C). L'objectif de ce géothermomètre basé sur l'évolution structurale de la matière organique résiduelle était donc de faire le lien entre le domaine de la diagenèse et le domaine du métamorphisme et donc de s'intéresser grossièrement à la gamme de température comprise entre 180 et 300°C. Afin de définir une corrélation entre les degrés de maturité de la matière organique et les températures correspondantes de transformation, trois objectifs ont été visés pendant les travaux de cette thèse. La première préoccupation était de définir des points de calibration. Pour ceci, nous avons sélectionné des échantillons qui proviennent principalement de chaînes de montagne (nappes helvétiques suisses et complexe franciscain de Californie). Les pics de températures de ces échantillons ont été estimés par des méthodes indépendantes (réflectance de la vitrinite, inclusions fluides, cristallinité de l'illite et pétrographie; Fig. 5.3) [Lahfid *et al.*, 2010]. Le second point de passage était d'établir un protocole de mesure, par microspectroscopie Raman, pour caractériser la structure des matériaux carbonés désordonnés (puissance du laser, le nombre d'analyses par échantillon, temps d'acquisition…). Le troisième objectif concerne les procédures de décomposition des spectres Raman et de leur bonne correspondance avec la mesure (fitting).

Une nouvelle procédure de décomposition de spectres Raman a été proposée: l'utilisation du profil lorentzien pour les principales bandes (D1, D2, D3, D4 et G) permet d'obtenir un bon fitting pour les spectres Raman des carbones désordonnés. Cette procédure a permis de définir un paramètre de quantification pour la gamme 200-330°C. Il s'agit du paramètre de quantification RA qui est le rapport entre les aires des bandes de défaut D1 et D4 et les aires des autres bandes: d'ordre G et de défaut D2 et D3 (Fig. 5.4) [Lahfid *et al.*, 2010].

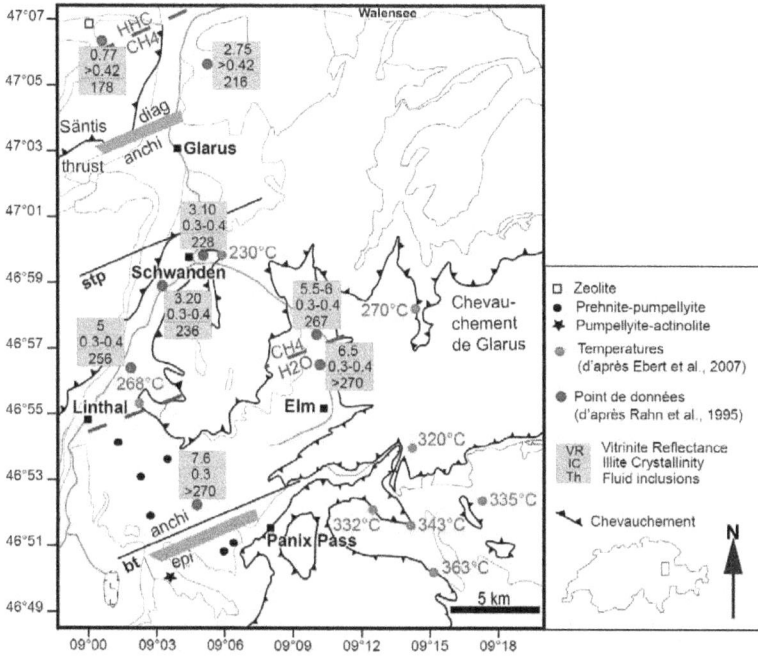

Figure 5.3 – Compilation des données disponibles sur le pic thermique des Alpes de Glarus, d'après Rahn et al. (1995), Frey and Robinson (1999) and Ebert et al. (2007). Les transitions diagenèse/anchizone et anchizone/epizone sont figurées par des bandes grises. Les isogrades Stilpnomelane-in (stp) et biotite-in (bt) sont représentés par des lignes continues. Les limites HHC/CH4 et CH4/H2O basées sur les données inclusions fluides sont représentées par des lignes pointillées. Points rouges: pics de température (Ebert et al. 2007) [d'après Lahfid, Beyssac, Deville, Chopin, Goffé, Terra Nova, 2010].

L'étude et l'analyse des roches provenant de zones à gradient géologique différent de point de vue métamorphisme (gradient normal pour les nappes helvétiques suisses et gradient haute pression – basse température pour le complexe franciscain), avec des lithologies variées et probablement des précurseurs différents, tendent à montrer qu'il n'existe pas d'effet ni du précurseur, ni de la lithologie, ni de la pression et aussi que l'effet de temps est négligeable, ce qui permet d'utiliser ce thermomètre quel que soit le contexte géologique [Lahfid *et al.*, 2010].

Ainsi, ce travail de thèse a permis de mettre à disposition un outil précieux, facile d'utilisation, permettant de calibrer des paléo-températures maximum sur quasiment n'importe quel type de séries sédimentaires, puisque qu'il suffit de disposer de roches avec des plages de matière organique visibles en lame mince de quelques micromètres de dimensions.

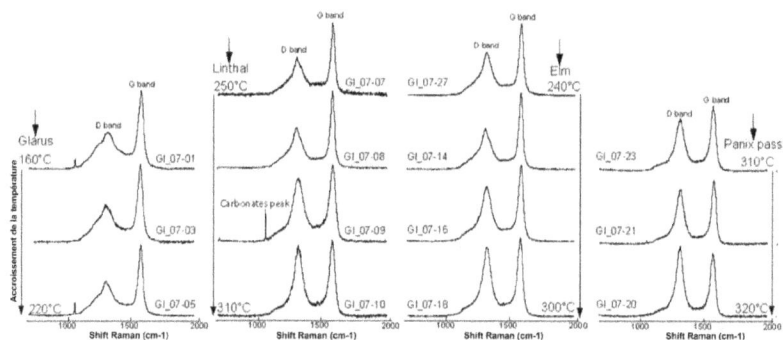

Figure 5.4 – Caractérisation de spectres Raman de la matière organique pour 4 sites représentatifs dans les Alpes de Glarus (Glarus, Linthal, Elm, Panix Pass; voir localisation sur la figure précédente) [modifié d'après Lahfid, Beyssac, Deville, Chopin, Goffé, Terra Nova, 2010].

6

Modélisation numérique
Applications sur des cas réels

Presentation

Les modèles numériques sont des outils précieux d'intégration de données et de compréhension des processus géologiques. Ces modèles prennent une place de plus en plus cruciale à la fois dans une démarche purement académique, pour la compréhension des processus, mais aussi dans la recherche appliquée et le monde industriel, en particulier en ce qui concerne les problèmes d'exploration pétrolière en zones complexes.

En matière de modélisation, notre contribution a été de participer aux premières études de cas de divers modèles développés par l'IFP et par ce moyen de contribuer à diverses mises au point, améliorations et validations, en confrontant les résultats des modèles avec des données réelles. Nous avons notamment participé aux premières études de cas du modèle THRUSTPACK, dont le but était de modéliser l'évolution des températures dans les fronts de chaînes en 2D (collaboration avec W. Sassi et H. Devoitine). Ce logiciel utilise pour partie les principes d'un logiciel prototype de modélisation cinématique 2D forward nommé CICERON [Endignoux & Mugnier, 1990; Endignoux & Wolf, 1990]. Ce logiciel permet également, à partir de l'histoire thermique modélisée, de reconstituer numériquement l'évolution de la maturité des roches mères, dans une démarche d'évaluation pétrolière. Nous présentons ici brièvement quelques résultats obtenus dans le front des Alpes occidentales [Deville & Sassi, 2006] mais d'autres cas ont été étudiés (notamment un travail important sur le front subandin péruvien et dans le front du prisme de la Barbade). Nous avons aussi participé aux premières études de cas du modèle CERES qui permet de modéliser la migration des fluides dans des systèmes tectoniquement complexes (en collaboration avec F. Schneider et des stagiaires de DEA). Nous avons également contribué aux premières applications du modèle de simulation stratigraphique DIONISOS dans des domaines tectoniquement mobiles (en collaboration avec D. Granjeon et Y. Callec). Dans les lignes suivantes nous monterons quelques exemples de ces études d'application sur des cas réels.

COUPLAGE CINÉMATIQUE-THERMIQUE-MATURATION

Pendant les années 90, en collaboration avec W. Sassi et H. Devoitine, on a activement collaboré aux premières études de cas et à l'amélioration du modèle THRUSTPACK qui permet à la fois de modéliser la déformation d'un système de chevauchements, la thermicité du système et la maturation des roches mères. Nous avons aussi, dans ce cadre, contribué à diverses approches théoriques pour la compréhension des régimes thermiques dans les systèmes chevauchants. D'une manière générale, dans les systèmes de chevauchement de front de chaîne de montagnes, on a pu montrer qu'il existait généralement peu de différence dans les résultats de modélisation si l'on effectuait les calculs de transfert thermique en mode transitoire ou en mode permanent ($\partial T / \partial t = 0$)(Fig. 6.1). Ce qui signifie que pour des dimensions d'unités chevauchantes et des vitesses de chevauchement réalistes telles qu'on les observe dans les fronts orogéniques, on peut considérer que l'on est généralement proche de l'équilibre thermique (régime permanent). Il faut réellement être en présence d'unités chevauchantes très épaisses (ordre de la dizaine de kilomètre d'épaisseur) et des vitesses de chevauchement très fortes (de l'ordre du cm/an) pour développer un réel régime transitoire (nous aborderons à nouveau ce point au § 10). Également, il faut être en présence de taux de sédimentation très forts pour développer un effet de blanketting susceptible de générer un réel régime transitoire. Ainsi, si dans les fronts de chaînes, on se situe généralement proche de l'équilibre thermique ceci indique que les chevauchements n'ont pas de réelle efficacité en matière de transfert de chaleur. En revanche, les chevauchements induisent de réels effets thermiques associés à l'épaississement tectonique et à la réorganisation des conductivités des roches pendant la déformation (Fig. 6.2). Également, la création du relief associé au front de déformation est susceptible de perturber la thermicité dans les domaines environnants et notamment de réchauffer les avant-pays à l'avant des fronts compressifs.

Sur divers chantiers et notamment sur l'exemple du front des Alpes occidentales, on a pu ainsi montrer que des évolutions thermiques très contrastées coexistaient dans des régions relativement proches. En termes de systèmes pétroliers, ces travaux ont permis de mettre en évidence qu'il n'existe pas de schéma unique de chronologie de maturation des roches mères par rapport à la structuration des pièges. On peut avoir maturation avant la déformation, maturation pendant la flexuration du bassin d'avant-pays, maturation pendant et après la déformation chevauchante.

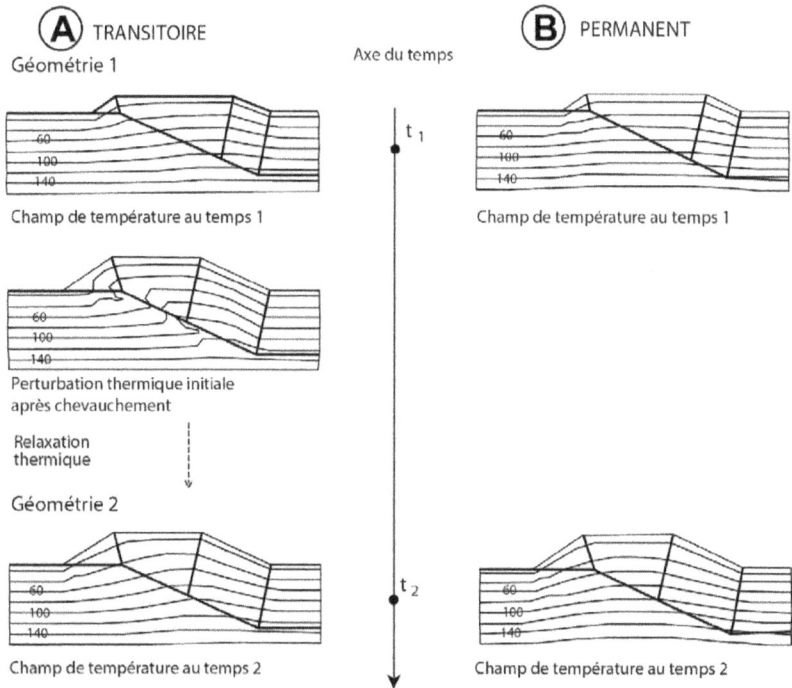

Figure 6.1 – Exemple théorique de calcul de l'évolution de la température pour un incrément de déformation en mode transitoire (A) comparé avec le résultat en mode permanent (B) [modifié d'après Deville & Sassi, 2006, AAPG Bull.].

Par exemple, dans les Alpes, l'écart de la zone d'influence des nappes préalpines, les modélisations numériques montrent des différences spectaculaires dans la maturation des roches mères par rapport à la déformation, ceci dans une zone très réduite. Selon la zone considérée, la maturation a été atteint soit précocement avant la tectonique compressive (essentiel du Vercors), soit pendant le dépôt de séries flexurales et syntectoniques (Bassin molassique), soit enfin pendant la déformation (essentiel de la Chartreuse) [Deville & Sassi, 2006].

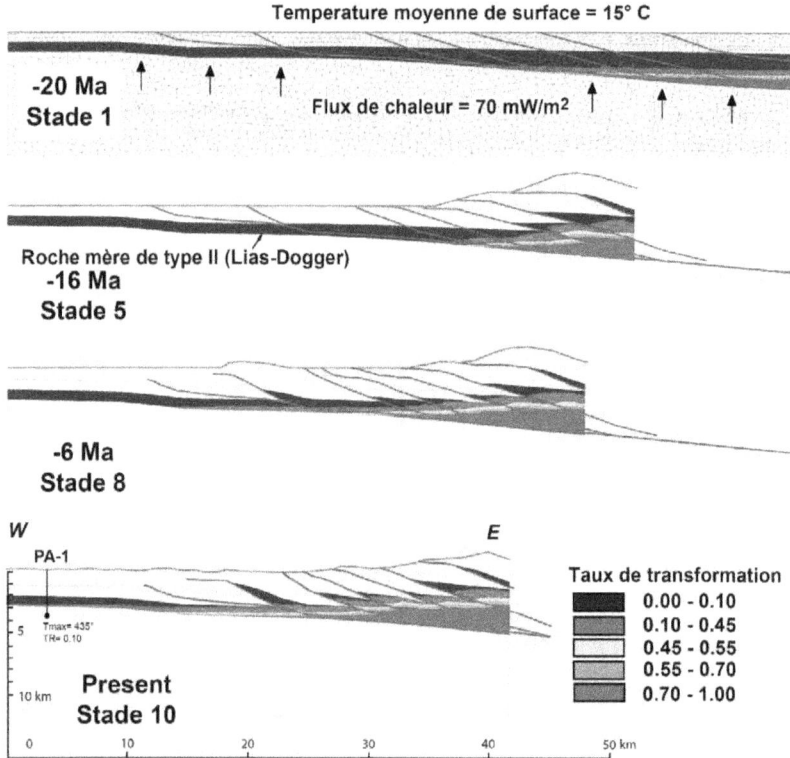

Figure 6.2 – Exemple de modélisation de la maturité de la matière organique (ici pour l'intervalle Lias-Dogger) le long de la transversale de la Chartreuse. On notera sur cette exemple que la maturité s'acquière pendant la tectonique compressive par épaississement tectonique [modifié d'après Deville & Sassi, 2006, AAPG Bull.].

MODÉLISATION DE LA MIGRATION EN TECTONIQUE COMPLEXE

On a également participé aux premières études de cas du modèle CERES dont la vocation est de simuler les champs de pression et la circulation des fluides dans des domaines de tectonique complexe [Schneider *et al.*, 2002]. En particulier, nous avons contribué à une simulation de la dynamique des fluides sur le front du prisme de la Barbade. L'intérêt majeur de cette étude était de pouvoir être très bien calé à partir du jeu de données de référence fourni par les résultats des forages DSDP et ODP (données de température, de pression, données de lithologie et pétrophysiques, âge, évidence de migration de fluides,...). L'essentiel des résultats a été consigné dans les rapports de DEA de C. Decalf [1999] et S.-H. Guerlais [2000]. Grâce aux données de calibration et à la modélisation, il a ainsi été possible de proposer un modèle de champ de surpression et de circulation des fluides (Fig. 6.3).

Par exemple, les résultats les plus notables de ces travaux sur la zone des forages DSDP-ODP, montrent que l'on a une composante principalement verticale des mouvement de fluides au sein du prisme d'accrétion avec des migrations qui sont limitées à chaque unité structurale et des surpressions bien exprimées sous chaque chevauchement. En revanche, sous le décollement, on obtient une migration longue distance, à composante principalement stratiforme et avec les excès de pression les plus importants. On notera aussi que les résultats de modélisation calés sur les données suggèrent des migrations modérées au niveau du décollement mais au contraire mieux exprimées dans les horizons perméables situés sous le décollement.

Dans la zone des forages DSDP et ODP, où le prisme est très mince, l'origine des surpressions est principalement à relier aux mouvements chevauchant, ce qui n'est pas le cas dans la partie plus grasse du prisme d'accrétion où la sédimentation contribue largement à la genèse des surpressions (nous reviendrons sur ces aspects plus loin au chapitre 8) [voir également Deville *et al.*, 2010].

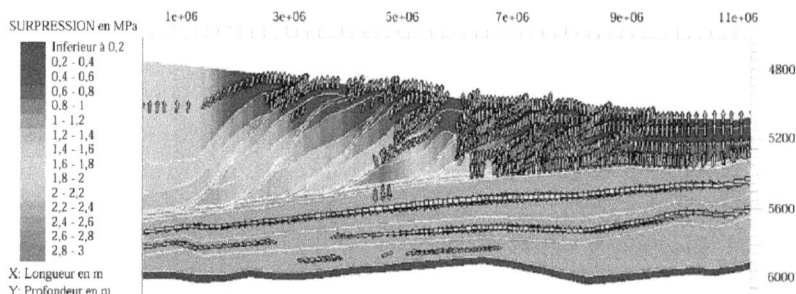

Figure 6.3 – Exemple de modélisation de la migration des fluides en zone tectoniquement complexe: le cas du front du prisme d'accrétion de la Barbade [DEA de S.-H. Guerlais, 2000].

MODÉLISATION DE LA SÉDIMENTATION EN DOMAINE TECTONIQUEMENT MOBILE

On a aussi contribué à utiliser les outils de modélisation stratigraphique pour une meilleure compréhension de la distribution et les faciès des sédiments dans les domaines dont le soubassement se déforme pendant la sédimentation. En particulier, une étude assez complète à été faite dans le cadre du post-doc de Y. Callec à l'IFP, concernant notamment une modélisation numérique du système turbiditique Orénoque en utilisant le modèle stratigraphique forward Dionisos, qui vise à reconstruire l'évolution de la topographie d'un bassin sédimentaire et à quantifier la géométrie et la nature des dépôts [Granjeon & Joseph, 1999]. Cette étude a notamment permis de mieux comprendre divers aspects atypiques du système turbidique de l'Orénoque, notamment le fait que contrairement aux deltas classiques, on n'a pas ici un système canyon-chenaux-lobes mais un système chenaux-canyon-lobes. Les résultats de cette modélisation montrent que l'organisation du système turbiditique est principalement contrôlée par la morphologie du fond marin, elle-même contrôlée par la tectonique. La subsidence active de la plate-forme de l'Orénoque permet d'expliquer l'absence d'érosion sur le bord de la plateforme et le système multisources sur le talus (Fig. 6.4). La tectonique active qui affecte le soubassement permet d'expliquer les cheminements complexes (avec des abandons et des avulsions) et les processus d'érosion qui apparaissent en eaux profondes au delà de 2000 m de tranche d'eau. La géométrie du soubassement, contrôlée par la tectonique, permet d'expliquer le caractère convergent du système dans la plaine abyssale. Le modèle permet également d'expliquer le dépôt de sédiments sableux principalement dans la plaine abyssale pendant le dernier maximum glaciaire et le fait que le système est très peu actif dans la plaine abyssale depuis 10 ka ce qui est en bon accord avec des résultats de carottages qui montrent une sédimentation superficielle hémipélagiques dans les carottes de la plaine abyssale témoignant d'une phase d'inactivité du système turbiditique profond pendant la période récente, corrélée avec le stockage actuel de sédiments sableux en amont, sur la plate-forme.

Plus spectaculaire encore, la modélisation a permis de prédire 'a priori' ce que nous avons pu confirmer 'a posteriori' pendant la campagne ANTIPLAC: a savoir que le système turbidique de l'Orénoque chemine très largement dans la plaine abyssale atlantique pour rejoindre le Vidal Mid-Ocean Channel, conflue avec les apports de l'Amazone et vient nourrir notamment le bassin situé au nord de la ride de Barracuda pour finir sa course finalement dans la fosse de Puerto-Rico, c'est-à-dire un cheminement de l'ordre de 3000 km depuis la côte du delta de l'Orénoque (Fig. 6.4; cf. § 2).

A) **Système de bas niveau : 115 ka – 20 ka**

Bathymétrie exprimée en m and le débit d'eau en m3/s à 20 000 ans (bas niveau marin).

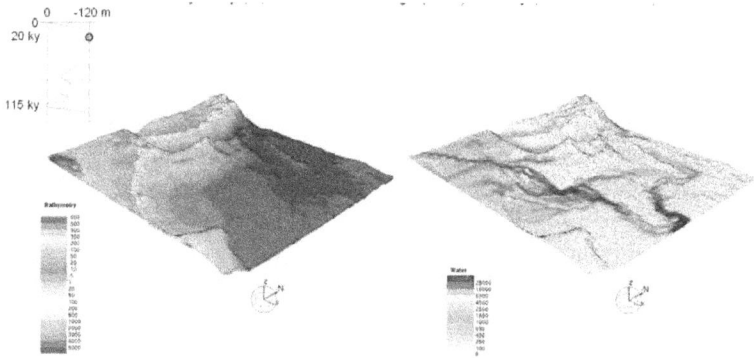

B) **Système de haut niveau : 20 ka – 0 ka**

Bathymétrie exprimée en m and le débit d'eau en m3/s actuel (haut niveau marin)

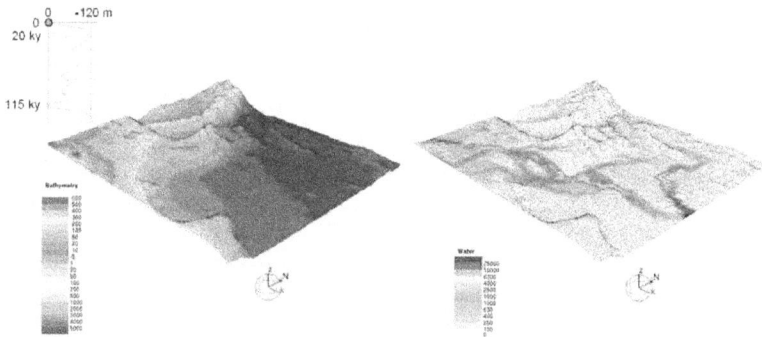

Figure 6.4 – Comparaison de résultats de modélisation DIONISOS à 20 000 ans (minimum glaciaire), et l'Actuel (maximum glaciaire) [Callec et al., rapport IFP]. Pendant la période de bas niveau marin la plate-forme de l'Orénoque alimente directement un réseau multiple de chenaux turbiditiques entraînant des dépôts turbiditiques très distaux jusqu'au nord de la ride de Barracuda. Pendant la période de haut niveau marin les dépôts s'enregistrent essentiellement sur la plate-forme et le flux d'eau se dissipe induisant un ralentissement de l'activité du système profond du système profond.

7

Régimes de pression
Connaissances et lacunes

Problématique & Démarche

Une des petites faiblesses de la géologie structurale est d'avoir souvent considéré le sous-sol avant tout par sa fraction solide et d'avoir souvent négligé le rôle des fluides. Or, dans les grands prismes orogéniques, il existe des interactions fortes entre l'activité tectonique et la dynamique des fluides. En particulier, les fluides jouent un rôle crucial dans l'évolution des grands prismes d'accrétion, tel celui de la Barbade, où sont impliqués des volumes considérables de sédiments à dominante argileuse, gorgés d'eau en surpression, qui se déforment à des vitesses élevées. Dans ces prismes, il existe notamment un certain paradoxe dans le comportement des fluides, puisque l'on assiste à la fois à des migrations de fluides importantes, parfois spectaculaires, depuis la profondeur vers la surface, alors que conjointement l'essentiel des domaines profonds est caractérisé par des conditions de surpression témoignant d'une rétention importante des fluides. Nous nous sommes ainsi attachés à tenter de comprendre comment ceci s'intègre de manière cohérente et comment, dans les grands prismes d'accrétion, la dynamique des fluides conditionne l'activation des décollements et des chevauchements, la mobilisation des sédiments à l'intérieur du prisme, ainsi que la structuration à grande échelle et la topographie du prisme.

Pour définir un schéma cohérent des relations déformation - dynamique des fluides, un préalable est de bien comprendre les mécanismes de génération des surpressions qui sont le moteur principal de la dynamique des fluides dans les grands prismes orogéniques et qui agissent directement sur les propriétés mécaniques des roches et donc, bien sûr, sur les déformations. En particulier, en problème récurrent, auquel on a été souvent confronté au cours des deux dernières décennies, est que si les modèles numériques de bassin gérant les fluides étaient assez efficaces pour simuler les processus de maturation et de migration des hydrocarbures, ils étaient, en revanche, assez peu performants pour prédire les pressions de manière fiable, ceci simplement parce que l'on avait une connaissance finalement assez partielle des processus en jeu. Les travaux en la matière étaient de fait relativement limités et en aucun cas exhaustifs [par ex. Luo & Vasseur, 1992; Osborne & Swarbrick, 1997; Grauls, 1998; Swarbrick & Osborne, 1998]. Ainsi, il est paru important de bien identifier et de tenter de mieux hiérarchiser les causes de surpression, ceci en particulier dans les grands prismes orogéniques qui nous ont plus particulièrement intéressés [cf. discussions dans Deville *et al.*, 2003a & b, 2006, 2010].

Au cours de diverses études, nous avons été mené à travailler, avec un regard géologique généraliste, pour contribuer à une meilleure compréhension des processus générateurs de surpression, en tentant de pondérer les effets des différents processus les uns par rapport aux autres et en tentant d'évaluer si certains aspects n'avaient pas été sous-estimés ou purement et simplement oubliés. En particulier, nous avons essayé de mieux comprendre dans quelle mesure les contraintes et les déformations du bâti géologique peuvent influencer les régimes de pression. Ce point avait toujours été négligé dans les approches de modélisation alors que l'on savait parfaitement qu'il existe un effet réel sur la distribution du régime de pression en fonction du contexte tectonique [Grauls, 1998]. Les contraintes conditionnent aussi les seuils de fracturation hydraulique naturelle et donc limitent l'ampleur des surpressions. Un autre aspect important dont les modèles faisaient l'impasse correspond aux problèmes de diagenèse. Pour d'autres aspects, même s'ils avaient été en partie abordés, on estimait assez mal leur rôle comme générateur de surpression. Enfin, un aspect qui était très mal contraint correspond au rôle du temps dans la concurrence entre divers processus. Nous résumons, dans ce chapitre, une brève revue des principaux résultats de ces investigations.

GÉNÉRATION DES SURPRESSIONS

Les conditions de surpression se rencontrent, en profondeur, dans de nombreux bassins sédimentaires impliquant des sédiments de très faible perméabilité. Elles sont généralement associées à la présence de couvertures argileuses ou de roches très cimentées dont les perméabilités très faibles et dont l'épaisseur freine l'échappement efficace du fluide vers la surface [Hedberg, 1974; Heppard *et al.*, 1998; Van Rensbergen *et al.*, 1999; Morley & Guerin, 1996]. L'état de surpression caractérise un fluide interstitiel dont la pression est supérieure à celle d'un fluide à l'état hydrostatique (*i.e.* libre de circuler et de s'équilibrer en pression avec l'atmosphère)[1]. L'état de sous-pression caractérise un fluide dont la pression est inférieure à celle d'un fluide à l'état hydrostatique. C'est, nous en verrons plus loin un exemple dans les Alpes, quelque chose qui est commun dans les avant-pays des chaînes de montagne. Selon les cas, la colonne de fluide correspond à des eaux plus ou moins salées (donc plus ou moins denses), ou localement à des hydrocarbures liquides ou gazeux légers, voire à de la boue pouvant être relativement dense. La notion de gradient hydrostatique est donc bien sûr en partie relative mais, en moyenne, on peut considérer que les gradients hydrostatiques sont voisins 10.2 kPa/m.

Les conditions de surpression correspondent à un état transitoire, instable, de pression du fluide qui aura toujours tendance à évoluer vers un état permanent, d'équilibre, correspondant aux conditions de pression hydrostatique. La surpression est donc typiquement un phénomène dynamique, transitoire dépendant de la concurrence entre les mécanismes antagonistes de génération et de dissipation. Aucune roche ne peut

---

[1] De nombreux d'auteurs académiques caractérisent l'état de surpression d'un fluide à partir du rapport λ (pression de fluide / pression lithostatique). En pratique, les contraintes appliquées aux solides dans le sous-sol n'étant pas isotropes, la pression lithostatique est de fait mal définie physiquement et elle n'est pas mesurable directement. Il est plus facile de caractériser un état anormal de pression de fluide par rapport à régime hydrostatique. Ainsi, dans le monde industriel notamment, on caractérise généralement l'état de pression d'un fluide à partir du rapport suivant (densité de boue équivalente),

$$D = \frac{P_p - \rho_w gz}{P_h - \rho_w gz}$$

P_p étant la pression de fluide, P_h la pression hydrostatique à la profondeur h sous le sol, ρ_w la densité du fluide, g l'accélération de la pesanteur, et z la profondeur du sol sous le sommet de l'hydrosphère (valeur négative si le relief est positif). L'excès de pression est donné par $P_p - P_h$. Si l'on considère une densité moyenne de fluide de 1.02 g/cm^3, alors D < 1.02 caractérise une sous-pression et D > 1.02 caractérise une surpression. Si l'on considère la pression dite lithostatique comme équivalente à la contrainte verticale ($\sigma_v = \rho_s$ g z), alors, pour une pile sédimentaire de densité moyenne de 2.3 g/cm^3, on s'approche des conditions dites lithostatiques lorsque D tend vers 2.3.

préserver une surpression indéfiniment car aucune roche n'est parfaitement imperméable [Deming, 1994; Neuzil, 1994; Osborne & Swarbrick, 1997].

On peut distinguer deux grands types de mécanismes successibles de générer des surpressions [Osborne & Swarbrick, 1997; Grauls, 1998; Swarbrick & Osborne, 1998; Swarbrick *et al.*, 2002]. Certains sont responsables d'une réduction (mécanique, chimique ou thermodynamique) du volume poreux du solide qui provoque la compression du fluide, d'autres sont responsables d'une augmentation directe de la pression de fluide interstitiel (soit par la modification de la nature du fluide, soit par une charge hydraulique). Mais, nous l'avons dit plus haut, un autre point tout à fait essentiel est que l'apparition de la surpression dépend de la concurrence entre, (1) la vitesse de génération des pressions, et (2) la vitesse d'expulsion des fluides. Les mécanismes successibles de favoriser la rétention des fluides sont donc au moins aussi importants dans la genèse des surpressions que les mécanismes générateurs. La prévision et la quantification des surpressions imposent donc de mieux connaître à la fois les mécanismes de génération et les mécanismes de rétention des surpressions.

Mécanismes de génération des surpressions

Rôle du solide

Lorsque l'on applique une contrainte mécanique à un sédiment chargé en fluide, le réseau poreux de la matrice solide qui contient le fluide tend à se réduire. C'est le phénomène de compaction mécanique initialement décrit par Von Terzaghi [1923]. Le fluide est alors mobilisé et tend à être expulsé du sédiment. La surpression se développe lorsque des difficultés à expulser le fluide apparaissent.

Les contraintes sont alors seulement partiellement supportées par la matrice solide (c'est ce que l'on appelle les contraintes effectives) mais ces contraintes sont également supportées par le fluide et ainsi la pression du fluide augmente[2]. A l'échelle des temps géologiques, contrairement à ce

---

[2] De manière simplifiée, quelle que soit la nature des roches et leur loi de compaction, la réduction mécanique du volume poreux dépend de la contrainte effective moyenne appliquée à la roche. La contrainte effective moyenne (σ') dans une roche correspond à la différence entre

qui est généralement admis [voir par exemple Secor, 1965; Hobbs, 1976; Lorenz *et al.*, 1991; Coscove 1995; Grauls, 1998], plus la part de la pression de fluide augmente, plus l'ellipsoïde des contraintes aura tendance à devenir isotrope [Tingay *et al.*, 2003] (cf. § 8). Les contraintes résultent de l'enfouissement d'une roche sous l'effet de la sédimentation ou de la mise en place d'un chevauchement et de l'effet des forces horizontales [cf. par exemple Moore & Vrolijk, 1992; Smith & Wiltschko, 1996; Wang *et al.*, 1990].

Le poids des sédiments, par déséquilibre de compaction lié à la charge sédimentaire est depuis longtemps reconnu comme le principal mécanisme de génération de surpression dans de nombreux bassins à forts taux de sédimentation (Golfe du Mexique, delta du Niger, delta du Nil,...). Le développement de surpression s'accompagne généralement par un défaut de compaction. Ce phénomène est généralement désigné sous le terme de "déséquilibre de compaction" car les sédiments affectés montrent souvent une porosité anormalement élevée par rapport à leur enfouissement (sous-compaction).

L'épaississement tectonique par compaction sous charge verticale peut également être liée à la mise en place des chevauchements [Smith & Wiltschko, 1996; Wang *et al.*, 1990] et l'incorporation des sédiments sous un prisme d'accrétion [Moore & Vrolijk, 1992]. Ce phénomène est plus

---

la contrainte totale $\sigma = (\sigma_v + \sigma_{hmax} + \sigma_{hmin}) / 3$ et la pression de fluide (P_p), $\sigma' = \sigma - \alpha P_p$, où, pour la résistance à la fracture et à la friction, on considère généralement $\alpha \sim 1$.

Avec un couplage contraintes/pression de fluide à l'échelle géologique, on tend vers une distribution des contraintes effectives du type,

$\sigma_v' = \sigma_v (1 - P_p / \sigma)$, $\sigma_{hmax}' = \sigma_{hmax} (1 - P_p / \sigma)$, $\sigma_{hmin}' = \sigma_{hmin} (1 - P_p / \sigma)$ (cf. infra).

Par exemple, si l'on considère une loi empirique de compaction, simple et classique, de type Athy [1913] explorée par de nombreux auteurs [cf. notamment Skleton, Aplin], la diminution du volume poreux à la profondeur z en fonction de la contrainte effective est donné par,

$$C(z) = \phi^\circ \left[1 - e^{-\frac{c\sigma'}{\rho g}} \right]$$

c étant un paramètre de calage sans signification physique.

Pour une même lithologie, plus σ' sera grande, plus la réduction du volume sera importante. En compression σ_{hmax} et σ_{hmin} sont supérieures à σ_v ($= \rho_m gz$) alors qu'en extension σ_{hmax} et σ_{hmin} sont inférieures à σ_v. Donc, à une même profondeur, la contrainte effective totale sera plus forte en compression qu'en extension (Fig. 4.2). La compression est donc plus favorable que l'extension pour générer une surpression liée aux conditions mécaniques ce qui s'accorde parfaitement avec les résultats de leak-off tests dans l'ensemble des bassins du monde [Grauls, 1998].

marqué dans les prismes d'accrétion sous-marins que dans les chaînes émergées où les roches généralement plus anciennes ont déjà été partiellement consolidées avant la tectonique.

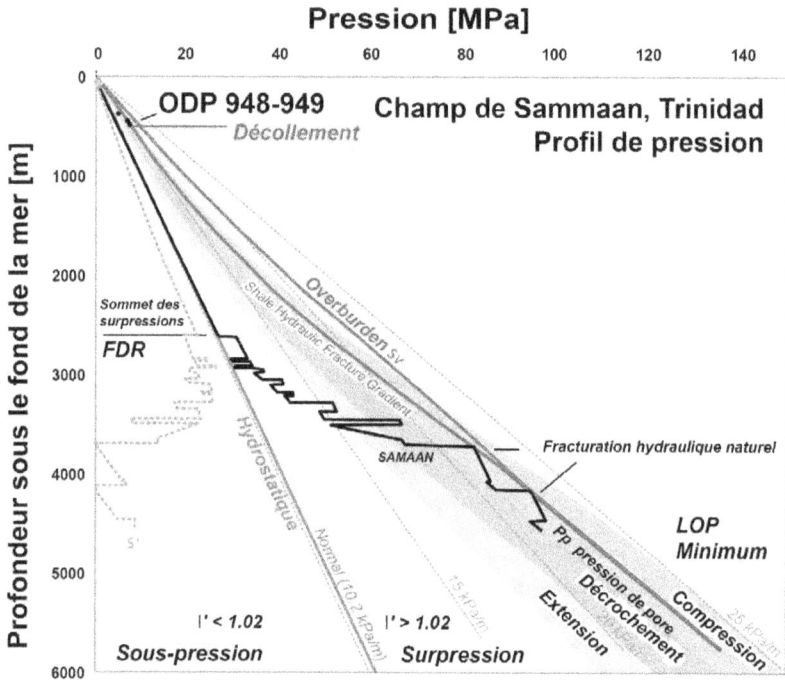

Figure 7.1 - Un exemple de profil de pression dans l'anticlinal de Samaan de l'offshore oriental de Trinidad (extension marine du Southern Range de Trinidad) [modifié d'après Deville *et al.*, 2010, Basin Research]. La courbe mesurée est d'après Heppard *et al.* [1998], elle est comparée aux mesures de pression réalisées au front du prisme de la Barbade sur les sites 948 et 949. FDR: profondeur de retention des fluides.

Les contraintes horizontales, notamment par compression latérale sont également génératrices de surpression. Le processus est en fait exactement le même que dans le cas la compaction verticale, la disposition de l'ellipsoïde des contraintes est simplement différente [Balen & Cloetingh, 1995]. Dans les bassins sédimentaires, ce mécanisme a été jusqu'à présent très mal quantifié et en général on ne connait pas les valeurs exactes ou même relatives des contraintes principales. Dans les prismes d'accrétion, la compaction liée aux contraintes horizontales (LPS) a été souvent considérée comme un mécanisme secondaire au regard du poids des sédiments [Ge & Garven, 1992; Moore & Vrolijk, 1992; Platt, 1990] ce qui n'est pas forcément exact. Yassir & Addis [2002] et Yassir [1998] ont montré que la distribution globale des surpressions se corrèle assez bien avec les zones compressives. De manière très élémentaire, on peut montrer qu'il est plus facile de réduire mécaniquement le volume poreux en compression qu'en extension[1]. Les contextes en compression permettent également une meilleure rétention des fluides que les contextes en extension (cf.infra).

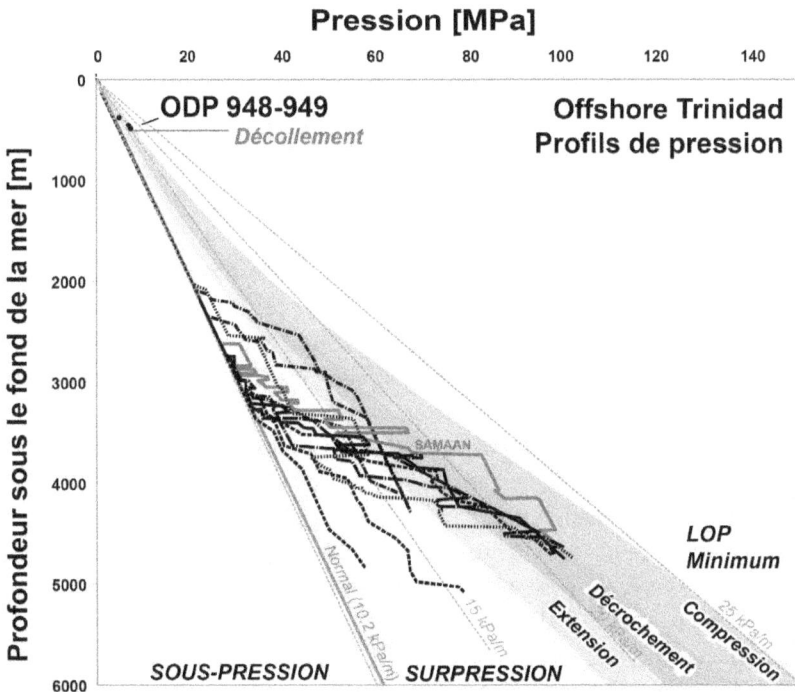

Figure 7.2 - Cumul des profils de pression mesurés dans l'offshore de Trinidad (extension orientale du Southern Range) [Les données sont d'après Heppard *et al.* [1998]. Sont également montrés les domaines de minimum 'leak-off pressure' (LOP) en fonction du contexte tectonique [global, d'après Grauls, 1998].

Rôle des fluides

Chargement hydraulique et eustatisme. La mise en charge est un phénomène classique en hydrologie de subsurface. Elle a lieu lorsqu'un aquifère, confiné verticalement par une couche de très faible perméabilité, est rechargé latéralement à partir d'une zone de surface plus élevée (principe du château d'eau ou du puits artésien). La charge hydraulique ne peut cependant pas excéder l'altitude de la zone de recharge. Les surpressions admissibles sont donc bien inférieures à celles rencontrées dans les bassins profonds et il est peu probable que les zones de fortes pressions soient directement connectées au système hydrogéologique de surface. Inversement, une chute brutale du niveau marin peut avoir un effet de génération de surpression dans les sédiments (notamment les sédiments peu profonds) si la pression tend à se rééquilibrer plus lentement que la chute eustatique.

Osmose et effet capillaire. Les variations de salinité dans les sédiments peuvent produire une pression osmotique qui est maintenue aussi longtemps que le contraste de salinité existe [Jones, 1968; Neuzil, 2000]. Lorsque des sédiments profonds renferment des eaux interstitielles de salinité différentes, l' eau va tendre à diffuser par osmose à travers les sédiments depuis les zones à faible salinité vers les zones à forte salinité, alors que les anions ne pourront pas diffuser facilement (rétention électrique)[3]. Ce phénomène peut notamment exister lorsque des eaux relativement douces sont expulsées par déshydratation des argiles. Ainsi, à travers un corps semi-perméable idéal, à 100°C, une différence de salinité de 10 g/l peut induire une pression de l'ordre de 500 kPa. Si l'on suppose que cette température est atteinte vers 5000 m, cela correspond à un excès de pression de l'ordre de 1%. L'osmose peut donc être considérée comme un phénomène très mineur en terme de génération des surpressions, ceci d'autant plus que l'on se situe à grande profondeur. Il en est de même des

---

[3] La pression osmotique qui en résulte obéit à une relation de la même forme que la loi des gaz parfaits,

$$P_{osmotic} = \frac{nRT}{V}$$

effets capillaires qui demeurent très faibles au regard des surpressions observées à grande profondeur.

La flottabilité des hydrocarbures. Il s'agit d'un processus très classique de développement de surpression dans les pièges pétroliers, particulièrement dans le cas d'accumulations de gaz. Dans ce cas, le gradient de pression est faible dans la colonne d'hydrocarbures qui est mise en charge par les aquifères sous-jacents (c'est d'ailleurs un moyen très classique pour déterminer les hauteurs des colonnes d'hydrocarbures).

Transmission latérale. La transmission latérale est un processus important de surpression dans les prismes orogéniques. La connectivité des strates à fortes perméabilités permet dans de nombreux cas de redistribuer très rapidement les fluides et les pressions [Tunkay *et al.*, 2000; Yardley & Swarbrick, 2000; Borge, 2002]. Ainsi, notamment, dans un prisme d'accrétion, les pressions générées sous les bassins piggyback auront tendance à être transmises latéralement vers les axes anticlinaux. Dans le cas de couches perméables isolées dans un environnement imperméable, on a tendance à homogénéiser les pressions dans l'ensemble de la couche dans un climat de surpression mais avec, dans la cellule de pression, un gradient faible de type hydrostatique (la pression moyenne correspondant à ce que l'on appelle généralement le centroïde). Ceci est un processus tout à fait essentiel de genèses de surpression localisées au niveau des axes anticlinaux, très efficace dans les systèmes de chevauchements.

Fracturation hydraulique. La surpression ne peut pas excéder le seuil de fracturation hydraulique des niveaux couvertures peu perméables (formations argileuses). En effet, quand la contrainte effective minimum devient négative et dépasse le seuil de rupture en traction, alors on fracture la roche. Ainsi, en soit, il s'agit d'un phénomène qui aura tendance à limiter le développement des surpressions mais c'est aussi un phénomène qui est très efficace pour transmettre rapidement des excès de pression depuis la profondeur vers les domaines plus superficiels. Ceci permettra d'induire des surpressions à proximité des conduits de migration, plus haut, dans la pile sédimentaire. En régime compressif, la fracturation hydraulique tend à devenir subhorizontale. Elle sera donc alors efficace pour accentuer les connectivités hydrauliques et transmettre les pressions latéralement sur des distances importantes (cf. item précédent).

Effets thermiques

Déshydratation minérale. Les argiles sont des minéraux hydratés, notamment la smectite. Au cours de la diagenèse, il convient de distinguer déshydratation et transformation minérale (notamment déshydratation de la smectite et transformation smectite-illite). La déshydratation de la smectite liée à l'augmentation de température est souvent citée comme source de fluide et cause possible de surpression, l'eau libre étant dans une phase moins compacte que dans le minéral [Bekins *et al.,* 1994; Bekins *et al.,* 1995; Moore & Vrolijk, 1992; Osborne & Swarbrick, 1997; Swarbrick *et al.,* 2002]. Osborne & Swarbrick [1997] ont estimé l'augmentation maximum de volume globale à 4% ce qui est somme toute modéré et ne peut produire des surpressions appréciables que dans le cas de sédiments très imperméables. La déshydratation de la smectite est donc certainement une source de fluide (eau "douces" à faibles teneurs en chlorures) mais, en raison de la faible expansion volumique (quelques % au plus), on considère classiquement que ce phénomène n'est pas susceptible en soit de produire des surpressions très fortes.

Transformations minérales. Au cours de son enfouissement, avec l'augmentation de température, la smectite se transforme en illite en incorporant du K, parfois de l'Al, et en relâchant de la silice, divers ions (Na^{2+}, Ca^{2+}, Mg^{2+}, $Fe^{2+ / 3+}$, ...) et ici encore de l'eau[4]. La source de potassium et d'aluminum peut ainsi être un facteur limitant à la transformation. Les changements de volume impliqués dans la transformation smectite-illite dépendent du type de réaction qui se produit et varient de manière positive ou négative, de + 4% à -8% selon Osborne et Swarbrick [1997]. Les surpressions générées sont du même ordre de grandeur que l'expansion thermique, par exemple, mais en revanche, nous le verrons plus loin, le phénomène est capable d'initier des processus de rétention très importants.

---

[4] Réactions du type: *Smectite + (K, Al) + [X] → Illite + SiO₂ + [Y] + H₂O*

Dilatation thermique. L'eau se dilate légèrement avec l'augmentation de la température. Depuis Luo et Vasseur [1992], on considère que cette contribution par augmentation de volume de l'eau dans la genèse des surpressions est assez négligeable. En effet, la variation de volume associée à une augmentation de température de l'ordre de 10°C est estimée à 0.4% [Osborne & Swarbrick, 1997]. Ceci est très faible et ne peut conduire à une surpression que dans le cas de perméabilités extrêmement faibles. D'autant plus, que l'augmentation de température diminue la viscosité du fluide et favorise son échappement (cf. infra) et, d'autant plus, qu'il est très difficile de produire des élévations rapides de température dans les zones en surpression des bassins sédimentaires non volcaniques (phénomène extrêmement long). Ainsi, par exemple, en considérant un gradient géothermique élevé de 40°/km, un taux de sédimentation très fort de 2 km/Ma, un sédiment subit une augmentation de température de 40° en 500 000 ans et une dilatation de 3.3%/Ma. Osborne et Swarbrick [1997] ont montré que cela aboutit à des surpressions extrêmement faibles (0.7 Mpa), même si l'on considère une barrière de perméabilité très efficace, de l'ordre de 10^{-21} m^2. Les saumures et les hydrocarbures étant plus compressibles que l'eau sont encore moins susceptibles de générer des surpressions.

Craquage des hydrocarbures. Avec le craquage thermique des roches mères, le kérogène se transforme en divers produits (huile, gaz et résidus). Cette transformation est associée à une augmentation de volume (les hydrocarbures étant moins denses que la matière organique solide dont ils sont issus). Le craquage du kérogène en huiles produit une augmentation globale de volume variant entre 25% [Meissner, 1978], et 50% [Ungerer *et al.*, 1983] selon les auteurs. La génération de gaz est encore plus efficace et on peut la considérer comme le second mécanisme générateur de surpressions après le déséquilibre de compaction. Elle peut être à l'origine d'une augmentation de volume global de plus de 100% [Swarbrick *et al.*, 2002]. Dans de nombreux bassins, la distribution des surpressions coïncide avec les parties les plus profondes où le craquage secondaire peut se produire [Buhrig, 1989; Holm, 1998].

Mécanismes de rétention des fluides

Pour créer des surpressions, il n'est pas tout de disposer d'éléments générateurs, encore faut-il que les sédiments puissent contenir l'échappement des fluides. Le développement des surpressions de fluide (et par là même le déséquilibre de compaction) commence à la profondeur où les phénomènes de rétention deviennent suffisamment efficaces pour freiner l'expulsion normale des fluides. C'est ce que l'on désigne généralement comme la FRD (« Fluid Retention Depth ») ou profondeur de rétention des fluides [Swarbrick *et al.*, 2002]. Pour permettre une rétention, il est nécessaire de prévenir un échappement efficace de fluide (flux de type darcéen). La loi de Darcy [1856] indique que le flux de fluide qui peut s'échapper d'une pile sédimentaire est directement proportionnel à la perméabilité du milieu traversé et inversement proportionnel à la viscosité du fluide[5]. Ce flux dépend également du gradient de pression non hydrostatique et donc, pour une surpression donnée, de la distance à traverser par les fluides dans la pile sédimentaire pour s'échapper vers la surface. Tant que le flux de fluide peut contrebalancer les mécanismes générateurs de pression, on ne génère pas d'excès de pression. Pour permettre une rétention du fluide et conserver ainsi un excès de pression, on doit donc avoir affaire à des roches peu perméables, et/ou à des épaisseurs de série peu perméables très épaisses et/ou à des fluides très visqueux. Au-delà du seuil d'apparition des surpressions, celles-ci peuvent croître tant que les mécanismes générateurs de pression sont actifs, ceci jusqu'à un nouveau seuil qui correspond aux conditions de fracturation hydraulique qui tendront à limiter et réguler l'excès de pression.

---

[5] La loi de Darcy simplifiée (1856) dans un milieu poreux envahit par un fluide s'exprime de la manière suivante,

$$q = -\frac{K}{\eta}\left[\vec{\nabla}P - \rho_w \vec{g}\right]$$

K étant la perméabilité, η la viscosité du fluide, $\vec{\nabla}P$ le gradient de pression, $\rho_w \vec{g}$ la composante hydrostatique du gradient de pression.

Effets mécaniques

Plus la perméabilité du sédiment est faible, plus l'expulsion du fluide est lente et plus les pressions générées sont également lentes à se dissiper. L'écoulement dépend ainsi de la perméabilité globale de la formation (pores et fractures). La rétention est efficace dans les sédiments peu perméables et/ou très compressibles (argiles) et dans les milieux non fracturés ou avec des fractures colmatées. En soit, nous l'avons vu ci-dessus, la compaction mécanique est un processus générateur de surpression mais c'est également un mécanisme qui tend à réduire la perméabilité des sédiments et donc à favoriser l'apparition de surpression. Par exemple, les prismes d'accrétion qui incorporent des sédiments de faible perméabilité (cas de la Barbade) sont plus favorables à générer des surpressions que ceux où les sédiments sont plus sableux et perméables [Moore *et al.*, 1990]. Dans le premier cas, l'expulsion des fluides se focalise dans des zones de fractures. Dans le second, la circulation des fluides est plus facile et dépend des propriétés pétrophysiques du milieu. Dans tous les cas le comportement hydromécanique des failles et des fractures est tout à fait essentiel pour permettre ou non rétention efficace et donc permettre la surpression.

Effets thermiques

Diagenèse. Les processus de diagenèse sont efficaces pour permettre une réduction du volume poreux et ainsi une réduction de la perméabilité des sédiments. Notamment, en milieu à dominante argileuse, nous l'avons vu plus haut, avec une source de potassium et/ou d'aluminum, la particularité de la réaction smectite-illite est qu'elle induit une précipitation de silice et des ponts d'illite entre les grains qui vont ainsi réduire la perméabilité. Cette réaction libère également des ions qui peuvent précipiter et diminuer la perméabilité des sédiments (cimentation et "compaction" chimique). C'est finalement de cette façon (par rétention des fluides) que la diagenèse joue un rôle très significatif dans la génération des surpressions (et non pas par l'expulsion des fluides qu'elle provoque).

S'il existe un couplage entre l'augmentation de température et la transformation smectite-illite, donc, implicitement, il doit exister un couplage entre augmentation de température et développement des surpressions. Dans de nombreux bassins sédimentaires, on constate, en effet, que cette transformation se produit indépendamment de l'âge et de la profondeur du sédiment et qu'elle intervient progressivement dans l'intervalle 60°-120°C. Cet intervalle coïncide en général à la fenêtre de développement des surpressions (rétention des fluides entre 60° et 120°C et maximum de surpression au-delà de 120°C [Bjorkum & Nadeau, 1998].

Changements de phase. Dans les zones de grands fonds marins, la tranche supérieure des sédiments se situe dans la zone de stabilité des hydrates de gaz (notamment des hydrates de méthane, parfois avec des quantités variables et généralement faibles en C2+, *i.e.* éthane, propane, butane). Donc, au cours de leur migration vers la surface, les hydrocarbures dissous et les gaz hydrocarbures libres, en réagissant avec l'eau interstitielle, sont susceptibles de changer de phase et de précipiter sous forme d'hydrates de gaz. Or, la présence d'hydrate de gaz envahissant le réseau poreux tend à réduire les propriétés de perméabilité des sédiments et donc influe sur le développement des surpressions (ralentissement de la vitesse d'échappement des fluides). Le changement de phase s'accompagne d'une augmentation de volume. Plus on se trouve par grands fonds, plus la zone de stabilité est importante, et plus la tranche sédimentaire dont la perméabilité va tendre à diminuer en raison de la précipitation d'hydrate sera épaisse. Ces divers processus ont ainsi tendance à favoriser le développement de surpressions dans la partie supérieure de la pile sédimentaire. Cependant, du fait de la relative faible profondeur des domaines concernés, la surpression ne peut être très importante du fait que on atteint relativement rapidement les conditions de fracturation hydraulique (ceci d'autant plus lorsque l'on piège du gaz sous la zone de stabilité des hydrates de gaz). En pratique, ce phénomène semble plutôt tendre à une focalisation des chemins d'expulsion des fluides soit par des conduits localisés (matérialisés par des pock-mark ou volcan de boue en surface), soit dans des systèmes de fractures hydrauliques.

Viscosité des fluides. La viscosité des fluides intervient dans les processus de rétention, par exemple quand le système poreux est envahi d'huiles lourdes. Les saumures ont également une viscosité plus forte que l'eau douce. Toutefois, la viscosité des fluides tend à diminuer avec la température et donc avec la profondeur[6]. La viscosité seule favorisera donc plutôt l'apparition de surpression dans les zones peu profondes. En pratique, les effets conjugués et antagonistes d'expansion thermique de l'eau et d'augmentation de la viscosité avec la profondeur semblent en fait globalement se contrebalancer et donc la température n'aurait pas d'effet direct sur la genèse des surpressions, si ce n'est par les phénomènes de diagenèse (cf. supra).

Distance de migration

L'enfouissement est aussi un facteur favorisant la préservation des surpressions. En effet, le flux de fluide qui peut s'échapper de la roche dépend du gradient de pression non hydrostatique. Donc, pour un même excès de pression, le flux sera d'autant plus faible que la distance de parcours du fluide vers la surface sera forte, le chemin le plus efficace étant en fait rarement vertical. D'une manière globale, dans l'ensemble des bassins sédimentaires forés sur la planète, il est frappant de constater que l'on rencontre systématiquement des surpressions de fluide en profondeur et, dans plus de 80% des cas, la pression de fluide s'approche des conditions de fracturation hydraulique au-delà de 3000 m [Grauls, 1998].

Bilan: Génération *vs* Rétention

Une meilleure prédiction des phénomènes de surpression, passe par une meilleure compréhension des interactions entre les phénomènes concurrents de génération et de rétention et aussi par une meilleure connaissance de la cinétique relative entre chacun des facteurs et, à cet égard, quelques points méritent d'être soulignés:

---

[6] Dans le cas des fluides dit newtoniens ou linéaires, pour lesquels le coefficient de viscosité dynamique ne dépend que de la température et de la pression (cas de l'eau et des hydrocarbures), la viscosité dynamique varie en fonction de la température suivant la loi de Guzman-Andrade de type exponentiel: $\eta = A \exp (B/T)$, avec T en Kelvin.

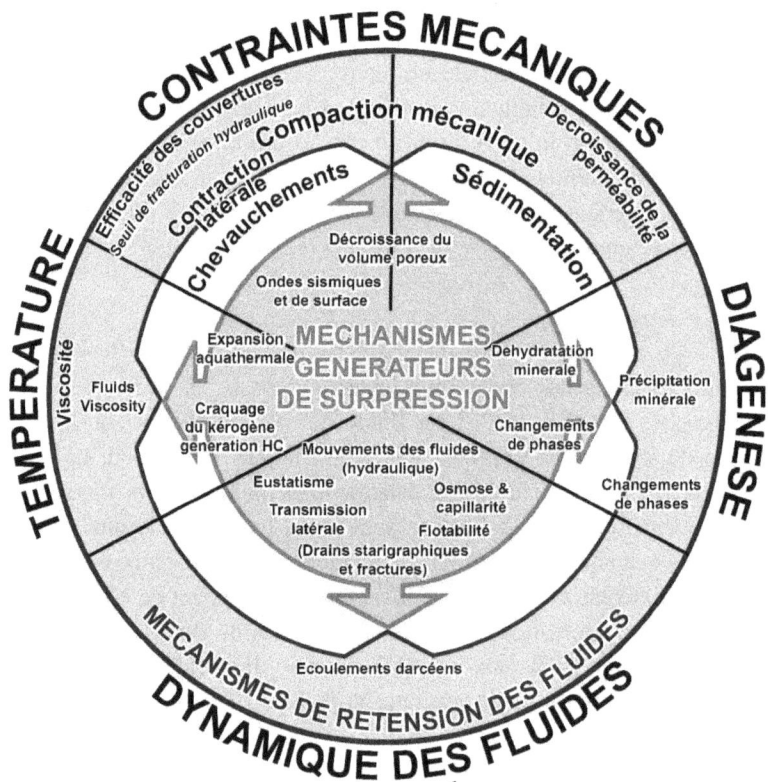

Figure 7.3 – Figure schématique résumant les différents facteurs générateurs de surpression.

Le temps est ici tout à fait essentiel dans ce phénomène dynamique. Ainsi, dans les prismes orogéniques, les vitesses de déformation, en particulier les vitesses de chevauchement, sont tout à fait cruciales dans la genèse des surpressions. Dans le cas des prismes d'accrétion, les vitesses de déformation sont généralement supérieures aux vitesses de migration des fluides en dehors des zones fracturées (cf. infra) et donc la déformation contrôle de manière drastique le régime de pression qui dépend directement de la vitesse à laquelle se développent les contraintes (contraintes tectoniques et charge associée aux chevauchements), qui elles-mêmes influent sur la transmission latérale des pressions sur de longues distances (cf. infra), contrôlent le régime thermique, le craquage des hydrocarbures, la diagenèse et la régulation des surpressions par des phénomènes de fracturation hydraulique. Ainsi, on doit insister sur le fait que les progrès dans la gestion des fluides en modélisation de bassin, en particulier en zone tectoniquement complexe, passeront, certes, par le développement numérique direct mais aussi et par une meilleure maitrise des données d'entrée. Ceci nous impose donc de meilleures calibrations et en particulier une meilleure faculté à déterminer la chronologie des phénomènes (importance de la datation et des diverses méthodes de chronologie) et une meilleure calibration de l'historique en température qui conditionne la diagenèse et le craquage des hydrocarbures (importance des géothermomètres et baromètres).

Les processus hydromécaniques. Dans les grands bassins sédimentaires (dont les fronts de chaîne), les aspects mécaniques en général et plus particulièrement le comportement des failles et des fractures et le développement des drains créés par fracturation hydraulique restent des aspects assez mal contraints. Les seuils de fracturation hydraulique varient en fonction des conditions mécaniques et donc une approche mécanique dans la compréhension des surpressions n'est pas contournable. Un point clé correspond notamment aux conditions de fracturation subhorizontale en régime de contrainte compressif qui ont des effets considérables (nous reviendrons là-dessus plus loin) en termes de distribution des surpressions (relâchement des surpressions par endroits mais accroissement des surpressions à d'autres endroits). Le comportement hydromécanique des failles et des fractures est aussi susceptible d'évoluer dans le temps, notamment, nous le verrons plus loin, avec des cycles de type endommagement-remédiation. On reste de fait assez mécréants sur les aspects fonctionnement continu-discontinu des migrations de fluides dans les failles et fractures ainsi que sur l'évolution dynamique de leurs perméabilités qui évoluent de manière différente à leur environnement. Nous le verrons à la fin de ce travail, les perspectives de recherche dans le domaine sont encore très vastes.

La diagenèse. Il faut souligner les lacunes qui persistent, nous l'avons vu brièvement plus haut, concernant la compréhension de la compaction et de la diagenèse. Ces phénomènes sont complexes vis-à-vis des surpressions dans la mesure où ils peuvent agir tantôt comme générateur, tantôt comme rétenteur, leur efficacité est aussi très dépendante de la vitesse à laquelle se produisent les phénomènes. Une bonne compréhension des processus de génération des surpressions pour permettre leur modélisation et leur prédiction passera donc par une meilleure compréhension des processus de diagenèse.

8

DYNAMIQUE DES FLUIDES
Données et interprétation

PROBLÉMATIQUE

Nous l'avons évoqué plus haut, le bâti structural contrôle directement la dynamique des fluides mais les fluides peuvent aussi contrôler la déformation: il existe à l'évidence des processus d'interaction fluides – déformation. Or, beaucoup d'incertitudes subsistent concernant ces mécanismes d'interaction. Dans les prismes orogéniques de nombreuses données de calibration ont été données par des observations de surface et les résultats de forages scientifiques ou industriels. Également, de nombreuses approches théoriques et de modélisation analogiques et numériques ont été proposées.

Pour autant, aujourd'hui encore, on connait finalement assez mal les processus individuels en jeu, notamment en ce qui concerne l'influence des fluides sur l'activité des décollements et des chevauchements. On connait aussi très mal la chaîne de processus et d'interactions en jeu.

Simplement à titre d'exemple, il y a moins de 20 ans, on connaissait assez mal les mouvements des fluides à grande échelle au sein des prismes orogéniques. Plus précisément, on ne savait pas bien quel rôle pouvait jouer les décollements en termes de compartimentation des circulations de fluides: on considérait généralement qu'il s'agissait d'un drain mais pouvait-on avoir des échanges de fluides entre le prisme et les horizons situés sous le décollement ? Cette question récurrente restait souvent sans réponse alors qu'elle était particulièrement cruciale en termes de définition des potentiels pétroliers par exemple.

On connaissait aussi très mal la compartimentation des cellules de pression: pouvait-on avoir des migrations longue distance au sein même des prismes orogéniques ou les cellules de pression étaient-elles limitées aux unités tectoniques. La question se posait, par exemple pour la Barbade, où l'on avait des indices de gaz supposés comme thermogéniques qui circulent dans les failles de la zone frontale alors que tout concorde pour affirmer que la manière organique y est immature. On connaissait aussi assez mal l'ampleur des migrations de fluides sous le décollement. Une question cruciale était notamment: quels sont les ordres de grandeur des vitesses de migration des fluides par rapport aux vitesses de déformation ?

Nous nous sommes ainsi efforcés de mieux comprendre les conditions dans lesquelles les fluides agissent sur la déformation. Pour ce faire nous avons notamment exploité les résultats de mesures physiques sur des forages disponibles (nous montrerons ici quelques exemples caractéristiques). Nous nous sommes aussi efforcés de préciser les schémas de migration des fluides par des investigations de terrain et des campagnes en mer au cours desquelles nous avons réalisé des mesures de flux thermique essentiellement pour caractériser et quantifier les flux de fluides. Nous avons également eu recours à des méthodes d'inversion destinées à déterminer les flux thermiques à partir de l'épaisseur de zone la stabilité des gaz hydrates bien matérialisés par de très beaux réflecteurs dans la partie sud du prisme de la Barbade. Enfin nous avons eu recours à la mise en œuvre des techniques de modélisation numérique de la migration des fluides en zones complexes (cf. § 6).

DECOLLEMENT ET DYNAMIQUE DES FLUIDES

Tectonique de décollement: Fluides actifs & fluides passifs

Dans les zones compressives où les décollements sont localisés dans des horizons ductiles par nature (notamment dans des niveaux évaporitiques), les fluides ne jouent pas de rôle spécifique pour l'activité des décollements mais, en revanche, en l'absence d'évaporites, les fluides jouent un rôle tout à fait crucial [Hubbert & Rubey, 1959; Davis *et al.,* 1983; Dahlen, 1984; Mourgue & Cobbold, 2006].

Par exemple, nous l'avons vu plus haut, le décollement du front alpin, au niveau du Jura, est localisé dans les évaporites du Trias (principalement dans le Keuper et localement dans la Lettenkohle; Fig. 8.1). Or, sous le Jura, on constate non seulement qu'il n'existe nulle part de conditions de surpression de fluide dans la couverture post-paléozoïque mais, qu'au contraire, on se place partout en conditions de sous-pression, y compris sous le décollement salifère (Fig. 8.1). En effet, dans ce secteur, les régimes de pression de fluide entre les formations situées sous le niveau de décollement salifère triasique et celles situées au-dessus sont totalement déconnectés (Fig. 8.1). Sous le sel (dans le Buntsandstein et le Muschelkalk), non seulement les fluides ne sont pas en surpression mais les pressions sont équilibrées à un niveau hydrostatique situé autour de 200 m équivalent à l'altitude moyenne du front du Jura. Il existe donc manifestement des connections entre les aquifères infrasalifères et l'atmosphère.

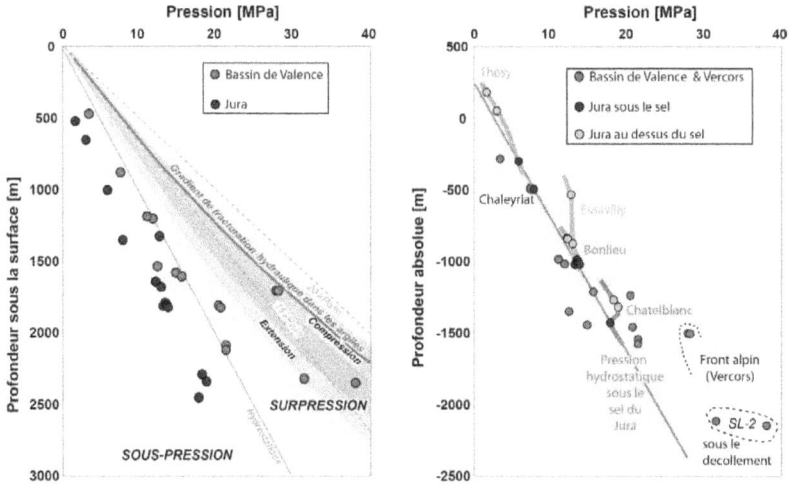

Figure 8.1 - Un exemple de profil de pression dans le front des Alpes occidentales. Le diagramme de gauche présente les données de pression en fonction de la profondeur sous la surface du sol. Le diagramme de droite présente les données en profondeur par rapport au niveau de la mer [d'après Deville *et al.*, rapport IFP 41568, 1994].

Au-dessus du sel, les pressions sont équilibrées à des niveaux variables selon les secteurs (dépendant des conditions locales de l'hydrodynamisme), sans pour autant correspondre à un climat de surpression. Cette compartimentation entre aquifères situés sous et dessus le décollement salifère est localement à l'origine de gradients inverses de pression bien exprimés notamment sur le forage de Chatelblanc (Fig. 8.1). Ainsi typiquement, sur cet exemple jurassien, les fluides sont parfaitement passifs et inopérants pour l'activité du décollement. En revanche, si l'on prend l'exemple situé immédiatement au sud, dans le bassin de Valence (nord de la province à CO_2 du Sud-Est de la France) et le front de la Chartreuse et du Vercors, l'on atteint clairement des conditions de surpression, au delà de 1500 m de profondeur, au sein de la série Mésozoïque (Fig. 8.1). Les surpressions sont même très significatives sous le front du Vercors (cf. forage SL-2). Dans ce cas, il n'existe pas de matériaux ductiles salifères à la base de la série sédimentaire et les fluides jouent manifestement un rôle crucial pour l'activité du décollement. En effet, entre le Jura et Vercors, on observe que le niveau de décollement remonte en série pour se positionner au sein des formations liasiques précisément dans les niveaux où ont été mesurées les plus fortes pressions.

Activation des décollements, couplage contraintes - pression de fluide

Le géologue structuraliste se pose souvent la question: pourquoi décolle-t-on dans un niveau argileux plutôt que dans un autre et pourquoi latéralement change-t-on de niveau de décollement alors que la lithologie ne change pas ? Et notamment, un point sur lequel nous n'avons pas travaillé directement mais auquel, malgré tout, nous avons été confronté de manière très récurrente concerne les problèmes de couplage contrainte – pression de fluide. Dans les régions tectoniquement actives mais sans excès de pression significatif une augmentation instantanée de pression de fluide (en cours d'un forage par exemple) tendra vers le seuil de rupture et il est possible dans ce cas de réactiver ou de créer des failles (Fig. 8.2A). On connaît des cas (que nous ne citerons pas...) ou des forages ont initiés des séismes relativement importants. C'est le schéma très classique développé par de très nombreux auteurs [voir par exemple Secor, 1965; Hobbs, 1976; Lorenz *et al.*, 1991; Coscove 1995; Grauls, 1998]. Or, dans un schéma de ce type, la rupture est atteinte pour des conditions de pression de fluide finalement relativement modérées par rapport aux contraintes appliquées au solide, ce qui n'est pas en accord avec les données de pression qui s'approchent de la contrainte minimum dans les zones de décollement. En pratique, on sait depuis longtemps, qu'un décollement correspond à une ou des interfaces à faible coefficient de friction entre deux niveaux fragiles. La surface de glissement peut être initiée par un excès de pression de fluide dans certains horizons permettant de réduire les frottements sur certaines interfaces [Hubbert & Rubey, 1959]. Le rôle des fluides est donc essentiel. Lorsque l'excès de pression de fluide est très fort, il est également capable de produire une rupture hydraulique des roches qui va favoriser l'activité d'un décollement et d'un système de chevauchements.

En fait, de manière naturelle, dans les régions tectoniquement actives avec un excès de pression significatif, les contraintes tendent, au cours des temps géologiques, à être portées progressivement à la fois par le solide mais aussi par le fluide (c'est d'ailleurs pourquoi on obtient des phénomènes de sous-compaction; cf. § 4). Dans ce cas, bien sûr, la part du fluide est supportée de manière isotrope (les cercles de Mohr tendent à se réduire; Fig. 8.2B) et, au contraire, il devient difficile de créer des fractures en dehors d'un très fort excès de pression. Bien que la pression de fluide augmente, on reste sous le seuil de rupture (Fig. 8.2B) jusqu'à ce que l'on atteigne des domaines où la pression de fluide avoisine la contrainte moyenne. On tend ainsi vers un couplage contraintes/pression de fluide qui est effectivement observé dans la nature, ceci est assez bien documenté par exemple dans l'offshore Brunei [cf. Tingay *et al.*, 2003; Hillis *et al.*, 2003]. De manière conjointe, les roches tendent à avoir une cohésion plus faible et peuvent localement tendre vers un comportement plastique dans un contexte de faible contrainte effective moyenne. On tend ainsi vers un comportement rhéologique qui s'apparente finalement à celui des roches argileuses superficielles peu consolidées. La rupture n'est atteinte que lorsque la pression de fluide dépasse la contrainte minimum (conditions de fractures ouvertes) et crée un phénomène de type fracturation hydraulique naturelle. C'est effectivement ce type de conditions que l'on observe au niveau d'une zone de décollement dans des sédiments en surpression où les décollements se matérialisent par des fractures ouvertes injectés de fluides, souvent associées à des précipitations de calcite en masse. Même dans le cas de déplacements latéraux importants, on constate alors de manière généralisée des phénomènes d'ouverture des plans de glissement [pour le cas de la Barbade voir par exemple Brown *et al.*, 1990; Moore *et al.*, 1990].

Le paradoxe: surpression *vs* circulation de fluides

Le modèle très classique du prisme de Coulomb [Davis *et al.*, 1983; Dahlen *et al.*, 1984] suppose que les décollements situés dans des formations argileuses correspondent à des zones où les fluides ont une pression élevée, proche de la pression lithostatique, permettant d'expliquer le faible coefficient de friction basal.

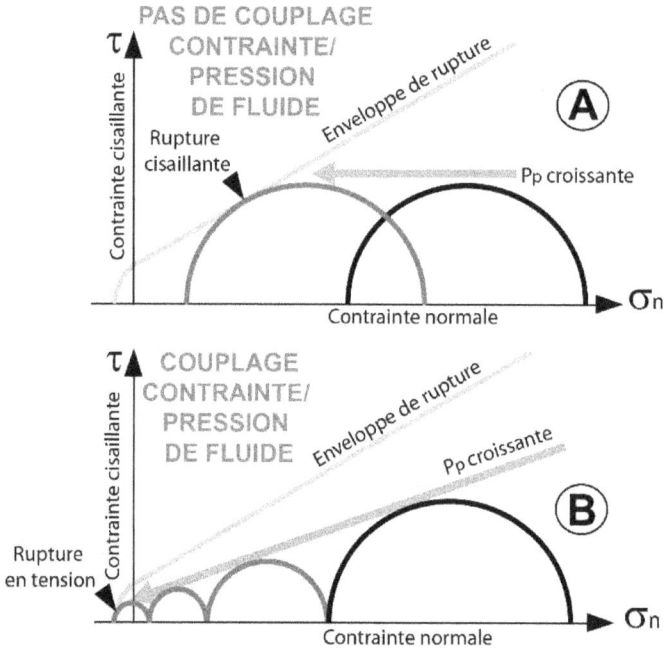

Figure 8.2 – Figure montrant l'effet du couplage contrainte - pression de fluide au cours du temps. **A.** Modèle conventionnel où les contraintes sont indépendantes de la pression de fluide, applicable pour une surpression instantanée (par exemple anthropique, dans un forage). **B.** Modèle avec un couplage contrainte - pression de fluide, régime vers lequel on tend à l'échelle des temps géologiques[7].

---

[7] La contrainte effective moyenne $\sigma' = \sigma - P_p$ (avec $\sigma = (\sigma_v + \sigma_{hmax} + \sigma_{hmin}) / 3$) est identique dans les deux cas mais dans le cas A sans couplage, on a $\sigma_v' = \sigma_v - P_p$, $\sigma_{hmax}' = \sigma_{hmax} - P_p$, $\sigma_{hmin}' = \sigma_{hmin} - P_p$,
alors que dans le cas B, avec un couplage contraintes/pression de fluide on tend vers,
$\sigma_v' = \sigma_v(1 - P_p / \sigma)$, $\sigma_{hmax}' = \sigma_{hmax}(1 - P_p / \sigma)$, $\sigma_{hmin}' = \sigma_{hmin}(1 - P_p / \sigma)$.

L'étude directe du régime de pression de fluide dans les décollements est en pratique très difficile. Les études aujourd'hui disponibles ont toutes été réalisées dans la partie distale et très jeune du décollement qui n'est clairement pas très représentative du décollement pleinement développé de la partie grasse des prismes d'accrétions. Aussi, pour des raisons de sécurité, que ce soit dans le monde académique ou dans le monde pétrolier, on a toujours évité de forer dans les zones de très haute pression. A la suite de diverses études dans les prismes d'accrétion débutées dans les années 80, l'hypothèse que des injections de fluide soient transmises le long des décollements vers la plaine abyssale est devenu un paradigme pour de nombreux auteurs [Westbrook & Smith, 1983; Gieskes *et al.*, 1990; Le Pichon *et al.*, 1990; Screaton *et al.*, 1990; Kastner *et al.*, 1991; Henry & Le Pichon, 1991; Bekins *et al.*, 1994, 1995; Karig & Morgan, 1994; Martin *et al.*, 1996; Henry *et al.*, 1996; Screaton et Ge, 1997; Saffer & Bekins, 1999]. On admet généralement que le décollement est une zone un peu plus perméable ($\sim 10^{-13}$ m^2) que le reste du prisme ($\sim 10^{-17}$ m^2) qui est marquée par des épisodes transitoires de flux de fluides (révélés en particulier par des traceurs chimiques) et ce serait durant ces épisodes intermittents que le décollement atteindrait le faible coefficient de friction nécessaire au glissement [cf. par ex. Henry, 2000; Saffer & Bekins, 2000]. On est ainsi naturellement amené à se poser la question: comment le décollement peut-il être à la fois une zone de surpression qui par nature caractérise une rétention de fluide et un drain pour les fluides ?

Les données sur l'exemple du prisme de la Barbade

Dans un prisme sous-marin comme celui de la Barbade, les indications concernant la dynamique des fluides proviennent, soit de données géophysiques, soit directement de données de forage (géochimie et mesures physiques), soit d'indications en fond de mer déduites d'observation par submersible, de carottage et de mesures de flux thermique.

Géochimie

Des anomalies géochimiques liées à des circulations de fluides ont été observées dans les plans de chevauchement du front du prisme, dans les forages ODP. Ces anomalies correspondent essentiellement à de faibles concentrations en chlorures, une composition isotopique de l'oxygène qui suggère qu'une partie de l'eau provient de smectites et à un enrichissement en méthane de l'eau interstitielle (site 672/948) [Gieskes *et al.*, 1990; Moore & Vrolijk, 1992]. Les anomalies en chlorure sont classiquement considérées comme une dilution de l'eau interstitielle par de l'eau douce liée à la déshydratation des argiles et les teneurs élevées en méthane comme le reflet de migrations de fluides chargés en méthane thermogénique, issus de la partie interne du prisme [Blanc *et al.*, 1988; Gieskes *et al.*, 1990; Kastner *et al.*, 1997]. Nous le verrons plus loin, il faut toutefois souligner que si des circulations de fluides semblent avérées à partir des anomalies géochimiques, le niveau de décollement ne correspond pas forcément, pour autant, à la zone où la circulation de fluide est la plus rapide. Par ailleurs, l'origine des fluides est en fait très mal connue. La plupart des auteurs considère que le méthane est d'origine thermogénique mais ceci n'a jamais été démontré réellement. L'absence de C2+ ne plaide pas pour une origine thermogénique et faute d'analyses isotopiques fiables ou d'analyses gaz rares, il n'est pas facile de préciser cette origine. Les seules données isotopiques disponibles correspondent à des analyses de gaz adsorbé, résiduel, sur des échantillons composites [Vrolijk *et al.*, 1990]. Une interprétation alternative pour l'origine initiale du méthane étant donné les valeurs relativement lourdes de $\delta^{13}CH_4$ (-23 à -32‰) est que celui-ci ait en partie une origine abiotique (par réactions de type Fischer-Tropsch) à partir de réactions entre CO_2 et H_2 dissous ce dernier pouvant dériver de processus d'altération du manteau de la lithosphère océanique par l'eau de mer (cf. infra § 8). Les faibles chlorinités ne sont pas forcément caractéristiques d'une origine relativement profonde associée à la transformation des argiles. Il est possible, par exemple, que la dilution de l'eau interstitielle et les teneurs en méthane dissous soient simplement liées à la déstabilisation d'hydrates de gaz piégés dans les sédiments, lors de la surrection liée à la tectonique de chevauchement et à l'accrétion au front du prisme. Il convient probablement de garder un œil critique quant à l'origine des fluides, notamment du méthane, et des études nouvelles sur les fluides circulant à la base du prisme devraient être envisagées.

Sismique

Dans la zone des forages DSDP/ODP le décollement montre, en sismique, une forte anomalie d'amplitude négative qui a été interprétée comme liée à des phénomènes de dilatance au niveau du décollement en liaison avec le développement de surpression [Shipley *et al.,* 1994; Bangs *et al.,* 1996, 1999]. Sur la Barbade, latéralement, cette anomalie disparaît (notamment vers le sud) et le niveau de décollement n'est de fait plus matérialisé directement en sismique, alors que les surpressions sont manifestement présentes partout à la base du prisme d'accrétion. Une solution alternative, suggérée initialement par Pierre Henry [com. personnelle], pourrait être, tout simplement, que cette anomalie de vitesse dans la zone des forages DSDP/ODP soit liée à la nature très peu dense des roches considérées (abondance de silice amorphe entre autre dans des niveaux argileux à radiolaires peu diagénétisés). Il est assez classique de constater ce type d'anomalie de vitesse en liaison avec des horizons de silice amorphe [cf. par exemple Roaldset *et al.*, 1998; Thyberg *et al.*, 1999]. Nous avons pu le constater pendant une campagne en mer à l'avant du prisme (campagne ANTIPLAC), le Miocène inférieur est en fait un réflecteur très bien marqué au front du prisme mais aussi très largement répandu dans la plaine abyssale à l'est.

Mesures physiques

D'après le monitoring effectué sur les puits 948 et 949 lors du leg 156, il apparaît que l'excès de pression de fluide dans la zone des forages DSDP/ODP Barbade est relativement modéré (inférieur à la pression lithostatique) [Foucher *et al.*, 1997; Henry, 2000]. Mais il faut noter qu'étant donné les faibles profondeurs où se développent ces surpressions (configuration assez rare), on se situe proche des conditions de fracturation hydraulique dans les horizons argileux (Fig. 7.1).

Même si l'on admet que les circulations de fluides dans la zone de décollement sont épisodiques [Labaume *et al.*, 1997; Henry, 2000], elles sont en tous cas suffisamment modérées pour que les profils de température obtenus restent quasi-linéaires et qu'aucune anomalie de température ne soit observée au niveau du décollement. En effet, le front du prisme au niveau des sites de forage ODP (vers 15° 30') montre des gradients constants et des flux thermiques globalement constants avec la profondeur, de 87 mW/m^2 au site 948 [Foucher *et al.,* 1997] et d'environ 100 mW/m^2 au site 949 [Becker *et al.,* 1997], cohérents avec la fourchette des valeurs de flux mesurés en surface (85 $\pm$ 20 mW/m^2) dans la zone [Foucher *et al.,* 1990]. Ceci suggère que les transports de fluides au niveau des failles sont suffisamment modérés pour ne pas avoir d'effet significatif en terme de transport de chaleur par convection (diffusion de chaleur purement conductive dans le prisme).

Conjointement, les mesures de température indiquent des flux thermiques anormalement élevés au sein du prisme par rapport aux valeurs théoriques auxquelles on s'attend vu l'âge de la lithosphère océanique dans le secteur. En effet, dans l'Atlantique, pour les portions de lithosphère océanique d'âge compris entre 65 et 100 Ma, on devrait s'attendre à des valeurs comprises entre 45 et 60 mW/m^2 [Parsons & Sclater, 1977; Stein & Stein, 1994]. Or, la plupart des mesures effectuées au front du prisme d'accrétion révèlent des valeurs supérieures à 60 mW/m^2. D'une manière plus générale, à partir des résultats fourni par les forages DSDP-ODP et les campagnes de flux de chaleur, on peut noter, qu'il existe plusieurs zones dans la plaine abyssale à l'avant du prisme d'accrétion, qui montrent des valeurs extrêmement variables (entre 30 et 120 mW/m^2) [Foucher *et al.,* 1990; Langseth *et al.,* 1990; Henry *et al.,* 1990, 1996; Le Pichon *et al.,* 1990; Deville *et al.,* 2006]. Dans certaines zones, le flux de chaleur atteint des valeurs élevées dépassant 100 mW/m^2 [Foucher *et al.,* 1990; Langseth *et al.,* 1990; Deville *et al.,* 2006]. Ces valeurs élevées pourraient correspondre à l'émergence de migrations de fluides longue distance issus de dessous le prisme ("squeezees"), soit le long d'horizons perméables dans la pile sédimentaire, soit au sein de la croûte océanique fracturée [Fisher & Becker, 1995; Henry *et al.,* 1996; Lance *et al.,* 1998; Henry, 2000; Guerlais, 2000; Deville *et al.,* 2010]. Il faut aussi souligner que manifestement, les sorties de fluides dans la plaine abyssale sont contrôlées par la position des zones de fracture dans la lithosphère océanique [Henry *et al.,* 1996; Lance *et al.,* 1998; Sumner & Westbrook, 2001] et donc manifestement par le dispositif sous-jacent au niveau de décollement. Ces évidences de circulations de fluide dans la plaine abyssale sont très ponctuelles comparées aux circulations internes au prisme (cf. infra) mais quand elles existent elles impliquent des flux de fluide très importants caractérisés par des anomalies thermiques très élevées [Henry *et al.*, 1996].

Il est aussi possible que la lithosphère soit localement anormalement chaude, notamment vers les rides de Barracuda et de Tiburon (limite de plaque complexe Amérique du Nord-Amérique du Sud). Cela pourrait, par exemple, être lié à un réchauffement thermique pendant l'activité extensive qui s'enregistre notamment dans le secteur au cours de l'Éocène et de l'Oligocène, comme en témoignent l'activité de failles normales actives à cette époque [Deville *et al.*, 2003a] (Fig. 2.7).

Au sud de la zone des forages ODP, dans le secteur du profil CEPM CRV 05 (vers 12° 20'), le front du prisme montre des valeurs de flux élevées (70 $\pm$ 5 mW/m^2) au niveau des chevauchements frontaux du prisme comparé aux valeurs de flux plus modérées (55 $\pm$ 5 mW/m^2), à l'avant du front et dans les cœurs de plis. Ceci met clairement en évidence la circulation de fluides chauds dans les surfaces de chevauchement dans ce secteur [Foucher *et al.*, 1990] (Fig. 8.1). Cependant, on sait depuis longtemps que les chevauchements tendent toujours à focaliser les fluides pour un simple problème de géométrie mais cela ne veut pas dire pour autant que les plans de chevauchement soient plus perméables que les domaines environnants.

DYNAMIQUE DES FLUIDES À L'INTÉRIEUR D'UN PRISME D'ACCRÉTION

Au cœur du prisme de la Barbade, les mesures de flux disponibles soulignent un régime thermique très hétérogène, particulièrement dans les zones riches en volcans de boue. Sur certains volcans de boue, ainsi que sur certains anticlinaux, on note des flux élevés (> 100 mW/m^2) témoignant de l'échappement important de fluides chauds comparés aux flux relativement faibles des secteurs environnants (autour de 30-40 mW/m^2) [Deville *et al.*, 2006]. Il est donc facile de montrer que les flux de fluides impliqués sont, ici plus forts que ceux en vigueur au niveau du décollement où il n'existe pas d'anomalie thermique. Les données disponibles suggèrent, de plus, que ces flux sont variables à des échelles de temps humaines.

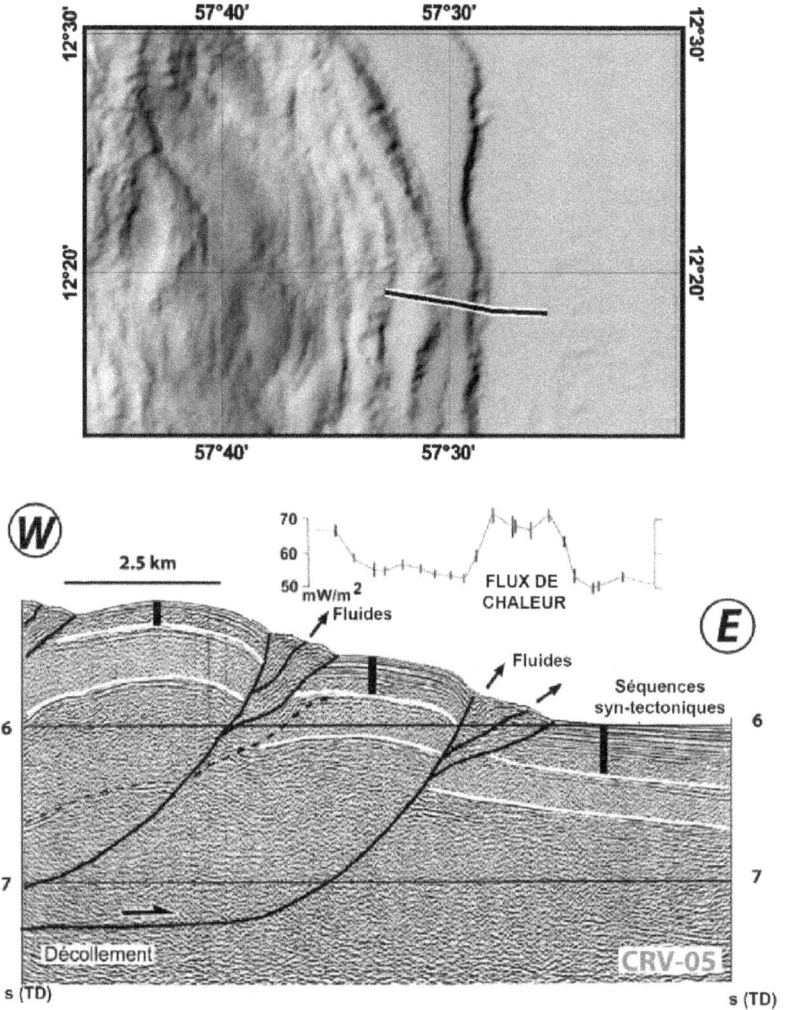

Figure 8.3 – Exemple d'anomalies thermiques liées à des sorties de fluides dans les plans de chevauchements, au front du prisme d'accrétion de la Barbade [Profil CEPM CRV-05, Mesures de flux d'après Foucher *et al.*, 1990; bathymétrie EM12 d'après les acquisitions de la campagne CARAMBA, modifié d'après Deville *et al.*, 2003, AAPG Mem. 79].

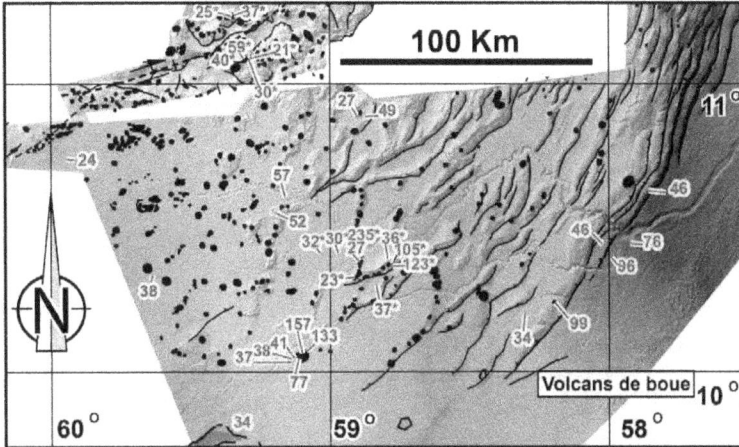

Figure 8.4A – Carte des valeurs de flux thermiques mesurées dans le sud du prisme d'accrétion de la Barbade [modifié d'après Deville *et al.*, 2006, Tectonophysics].

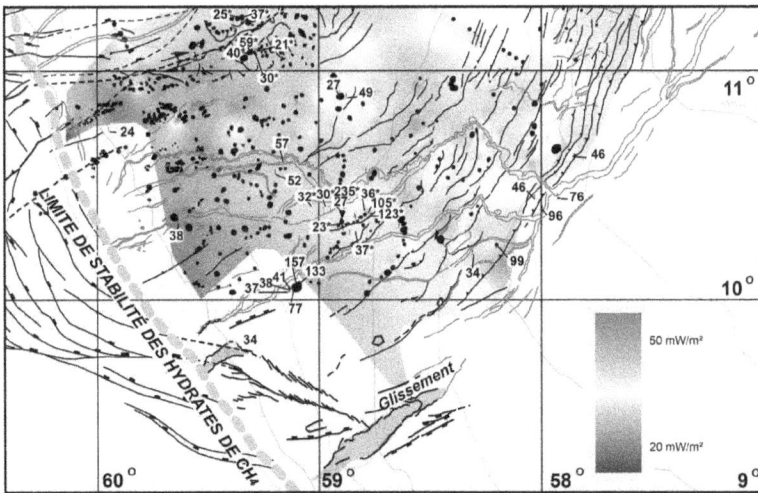

Figure 8.4B – Carte de flux thermiques dans le sud du prisme d'accrétion de la Barbade déduite d'une intégration entre les valeurs mesurées directement en fond de mer et l'épaisseur de la Zone de stabilité des hydrates de gaz (d'après la position des BSRs sur les profils sismiques).

131

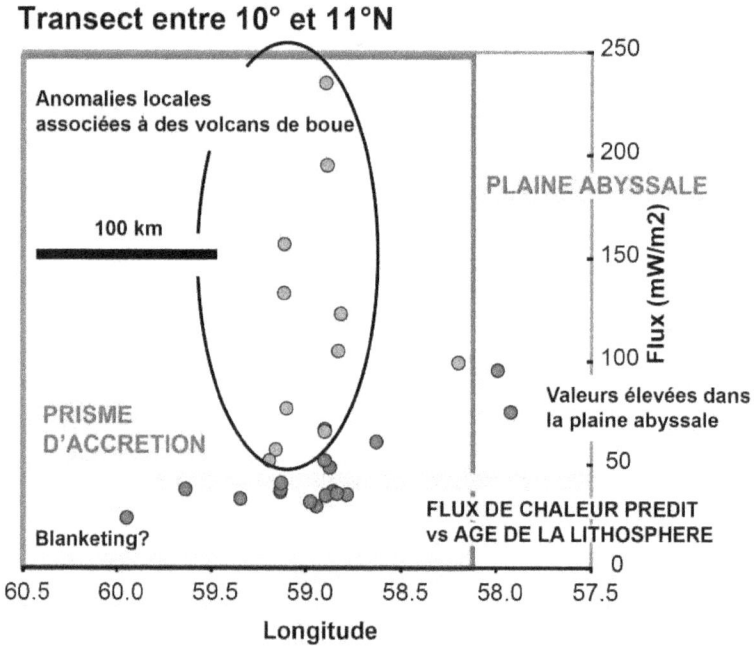

Figure 8.5 – Flux thermiques mesurés dans le sud du prisme d'accrétion de la Barbade. En rouge sont figurées les mesures effectuées hors des volcans de boue, en orange les mesures faites sur des volcans de boue. Les flux thermique mesurés sur les volcans de boue dépassent localement 4 fois la valeur de flux des zones environnantes [Deville *et al.*, 2010, Basin Research].

On peut notamment souligner qu'une valeur de flux de chaleur de 230 mW/m^2 a été mesurée en 1993 sur un volcan de boue [données d'après Foucher, publiée dans Gonthier *et al.*, 1994], tandis que le flux de chaleur que nous avons mesuré au même emplacement, était seulement 38 mW/m^2 en 2002 (c'est-à-dire de la valeur background régional dans les secteurs environnants) [Deville *et al.*, 2006]. Bien qu'il y ait toujours une incertitude (quelques dizaines de mètres) sur l'emplacement précis des carottages, cela suggère que l'anomalie enregistrée en 1993 correspond un événement thermique qui a été atténué sur une période relativement courte (à l'échelle humaine), car si cette anomalie était pérenne, elle affecterait un domaine bien plus large que le volcan de boue lui-même, il ne s'agit donc pas simplement d'un problème de précision du positionnement du carottage.

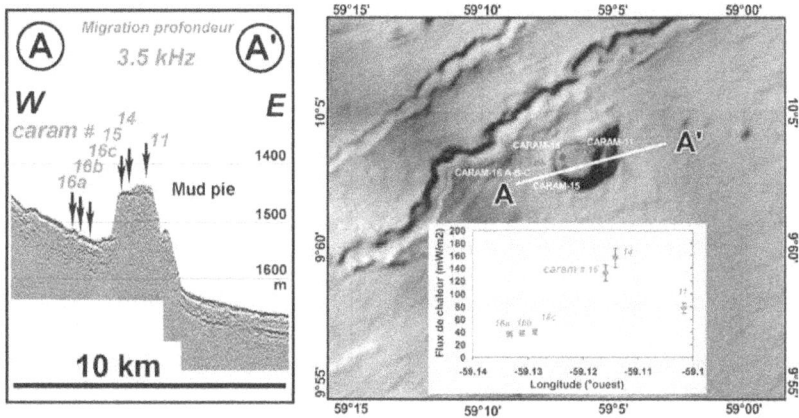

Figure 8.6 - Un exemple d'anomalie thermique mesurée au sommet d'un volcan de boue ("mud-pie") dans la partie la plus méridionale du prisme d'accrétion de la Barbade. Le flux thermique important mesuré au sommet de cette structure est quatre fois supérieur à celui mesuré dans les sédiments environnants [modifié d'après Deville *et al.*, Basin Research, 2010].

Également, à proximité de certains volcans de boue actifs, la position des BSRs est nettement plus haute que dans les zones environnantes, suggérant que le domaine de stabilité d'hydrate du gaz dans ces secteurs est limité aux niveaux peu profonds (Fig. 8.6) [Deville *et al.*, 2003a; 2006]. Ces anomalies de position des BSRs sont probablement liées à des circulations importantes de fluides relativement chauds dans les conduits des volcans de boue.

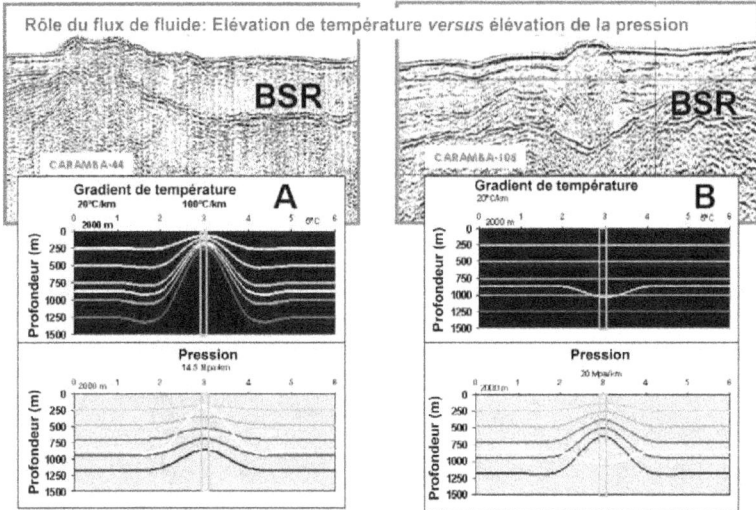

Figure 8.7 – Anomalies thermiques sur des volcans de boue mises en évidence indirectement à partir des géométries des BSRs. Cas **A**: On observe une remontée du BSR à proximité du volcan de boue probablement liée à un amenuisement de la zone de stabilité des hydrates de gaz associée à un réchauffement par des circulations de fluides d'origine profonde. Cas **B**: On observe une déflection (en temps) du BSR à proximité du volcan de boue liée soit à de faibles vitesses sismiques dans les matériaux intrusifs qui pourrait être liée soit à de fortes concentrations en gaz accumulées en profondeur, soit à des surpressions en périphérie du conduit du volcan de boue. Les profils de température et pression sont des modèles théoriques sur lesquels est figuré en blanc la position de la limite de phase hydrate de gaz / gaz libre qui en découle.

LE RÔLE DES FLUIDES SUR L'ÉVOLUTION D'UN PRISME D'ACCRÉTION: UNE APPROCHE PAR LA MODÉLISATION

A partir de l'intégration des données disponibles, grâce aux résultats des 4 legs DSDP/ODP dans la partie du nord du front du prisme de la Barbade (porosité, perméabilité, conductivité thermique, température et pression), et en parallèle avec une étude similaire publiée à la même époque par Henry

[2000], nous avons réalisé une étude de modélisation de la migration des fluides à l'aide du logiciel de CÉRÈS [Schneider *et al.*, 2002] dans le nord du prisme de la Barbade [Guerlais, 2000; Deville *et al.*, 2010] (Fig. 8.8). Cette étude de modélisation intégrée cinématique-thermique-migration des fluides, a révélé que l'origine des surpressions dans le nord du prisme est essentiellement tectonique (liée à l'activité des chevauchements) [Guerlais, 2000; Deville *et al.*, 2010] (Fig. 8.8). En effet, les vitesses de circulation des fluides obtenues par la modélisation sont trop faibles pour générer un transport notable de chaleur par convection. L'origine des flux thermiques élevés est à rechercher en dessous des zones traversées par les forages, donc clairement sous le décollement, soit parce qu'il existe de fortes circulations de fluides à la base de la couverture sédimentaire ou dans la croûte océanique, soit parce que l'on a des flux anormalement élevés par rapport à l'âge de la lithosphère océanique (cf. ci-dessus). L'absence de mesure de pression et de température suffisamment profondes dans les sédiments sous-charriés sous le prisme ne permet pas de lever cette incertitude. En intégrant les résultats recueillis dans la partie du nord du prisme de la Barbade (sites DSDP-ODP), un modèle semblable a été réalisé dans la partie la plus épaisse au sud du prisme de la Barbade (Fig. 8.9). De la comparaison de ces deux modèles, il apparaît que, si dans la partie du nord du prisme, les conditions de surpression sont directement associées à l'épaississement tectonique du prisme d'accrétion, en revanche, dans la partie sud du prisme, les conditions de surpression sont principalement associées aux forts taux de sédimentation et pour une part mineure à l'épaississement tectonique. Dans ces deux modèles, cependant, l'excès de pression le plus fort dans le prisme se développe près du décollement et est accentué en dessous des chevauchements (Fig. 8.8). Cette approche simple par la modélisation montre aussi que le développement du prisme tend à induire des migrations fluides stratiformes importantes vers la plaine abyssale dans les sédiments situés au-dessous du décollement. Aussi, on peut souligner que les conditions d'excès de pression maximum sont atteintes loin du front tectonique dans la plaine abyssal (Fig. 8.8). Dans ce contexte tectonique compressif, on s'attend à ce que la fracturation hydraulique soit sub-horizontale et elle pourrait être à l'origine de l'initiation du décollement dans l'avant-pays du prisme (proto-décollement) [Moore, 1988; 1998 et de nombreux autres auteurs].

La modélisation suggère également que les cellules de migration dans le prisme se développent individuellement dans chaque unité tectonique et qu'aucune migration fluide significative dans le prisme n'est issue de domaines situés sous le décollement. Des migrations de fluides longue distance dans le prisme tectonique lui-même semblent de fait très improbables. Par ailleurs, la partie du sud du prisme de la Barbade, qui est caractérisée par des forts taux de sédimentation, est la zone où l'on s'attend à ce que la haute pression soit généralisée dans le cœur du prisme d'accrétion. C'est aussi le secteur où le volcanisme de boue est le plus développé.

Le cercle vertueux de propagation d'un décollement

Suivant en partie les interprétations de divers auteurs, notamment Moore *et al.* [1988; 1998], Moore & Vrolijk [1992], complétées par nos propres résultats, nous avons suggéré qu'il existe, au front d'un prisme tectonique, une réaction en chaîne qui va entraîner la propagation d'un décollement [Deville *et al.*, 2010] (Fig. 8.8). En effet, dès que l'on crée une charge tectonique, celle-ci va tendre (1) à générer des surpressions dans et sous le prisme; (2) les surpressions vont tendre à induire des migrations de fluides stratiformes vers l'avant-pays dans les horizons perméables situés sous le prisme (mais pas forcément au niveau du décollement, cela peut-être bien plus profond) et à transmettre les hautes pressions et, ainsi, générer des excès de pression importants à l'avant du prisme; (3) l'excès de pression, quand il est suffisamment important dans l'avant-pays peut atteindre les conditions de fracturation hydraulique (qui a lieu alors dans des plans stratiformes en climat compressif, la contrainte minimum étant sub-verticale); (4) ceci permet l'initiation de la zone de décollement (proto-décollement); (5) le décollement activé, il va permettre le développement de chevauchements imbriqués, qui vont contribuer à l'épaississement tectonique du prisme et ainsi entretenir le cycle de propagation du décollement. Un point important, nous semble-t-il, dans ce mécanisme, qui n'a jamais été réellement été investigué auparavant, est que l'excès de pression maximum (condition du seuil de rupture) n'est pas nécessairement situé au niveau du décollement à l'aplomb du prisme d'accrétion mais peut se faire loin dans l'avant-pays dans la zone du proto-décollement. A nos yeux, ce qui permet de développer ces conditions et, ainsi, d'activer le décollement, c'est le fait que les horizons perméables situés nettement sous le décollement peuvent transmettre les surpressions assez loin dans l'avant-pays. Lorsque que l'on atteint le seuil de rupture hydraulique, ceci génère une fracturation stratiforme qui initie le décollement et entretient des migrations longue distance depuis des zones situées sous le prisme, vers l'avant-pays.

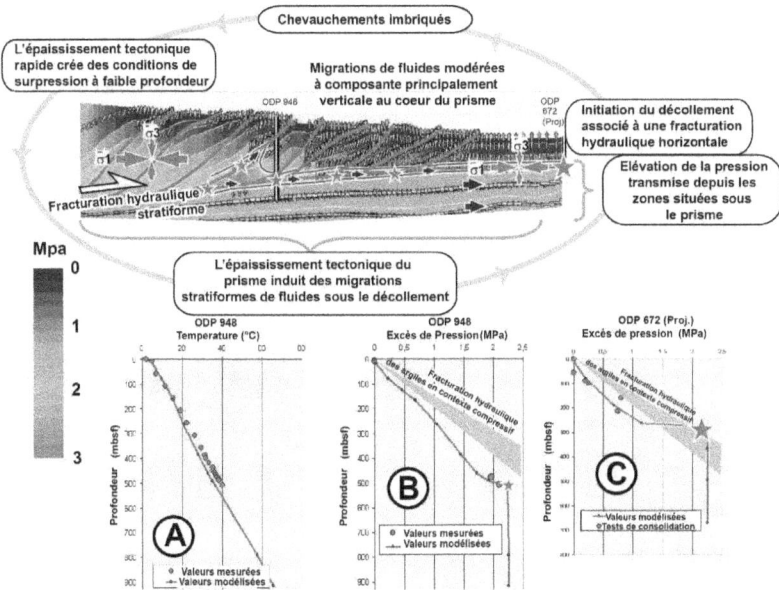

Figure 8.8 – Résultat d'un modèle de simulation de la migration des fluides dans le nord du prisme d'accrétion de la Barbade (zone des forages DSDP/ODP, modélisation avec le logiciel CERES modifié d'après Guerlais, 2000, DEA). Dans ce secteur, des surpressions relativement importantes apparaissent proche du niveau de décollement et en dessous. La surpression est ici directement associée à l'épaississement tectonique rapide. Le modèle suggère que des migrations longue distance se développent sous le prisme alors qu'au sein du prisme la migration est limitée à chaque unité tectoniques (barre de couleur: excès de pression). A. Comparaison des températures mesurées et modélisées sur le site ODP 948, B. Comparaison des pressions mesurées et modélisées sur le site ODP 948, comparaison des pressions déduites des tests de consolidation et la modélisation sur le site ODP 672 [modifié d'après Deville *et al.*, 2010, Basin Research].

Cette vision tempère, à notre avis, l'importance de la migration des fluides au niveau du plan de décollement lui-même mais réévalue le rôle crucial des migrations de fluides sous le prisme dans la série non décollée. En effet, les migrations au niveau du décollement lui-même sont relativement modérées par rapport à celles en vigueur au dessus et en dessous du décollement. Le décollement est une zone ou l'on n'observe pas ou peu d'anomalies thermiques liées à des migrations de fluides alors que de telles anomalies sont évidentes dans la plaine abyssale et au cœur du prisme. Ceci illustre bien finalement l'aspect modéré des migrations de fluides dans le décollement comparé à ce qui se passe au dessus et en dessous. Également, à grande échelle, la zone de décollement agit essentiellement comme un écran aux migrations de fluides majeures et il semble peu probable que l'on puisse échanger des fluides entre des domaines situés dessus et dessous le décollement.

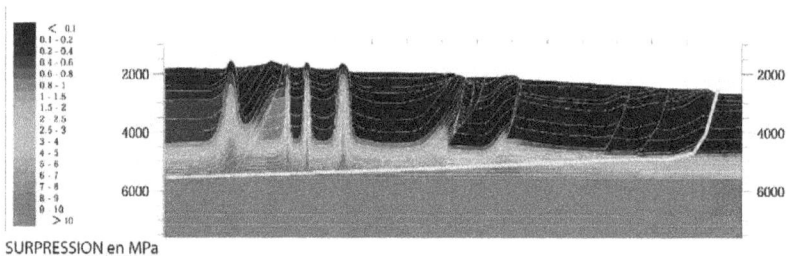

Figure 8.9 – Résultat d'une simulation du régime de pression dans le sud du prisme d'accrétion de la Barbade. Les surpressions apparaissent plus profondément que dans le nord du prisme d'accrétion et elles sont ici principalement influencées par les forts taux de sédimentation liés aux dépôts de l'Orénoque [Deville *et al.*, 2010, Basin Research].

Vitesses de migration des fluides *vs* Vitesses de déformation

Nous venons de le voir, les modélisations de migration des fluides effectuées dans le prisme de la Barbade font apparaître des vitesses de migration très variables selon les domaines considérés. Les prismes d'accrétion sont constitués en majeure partie de matériel argileux récent (gorgé d'eau) avec des intercalations turbiditiques sableuses (excellents drains), l'ensemble se déformant à des vitesses très importantes. Ceci a pour conséquence de générer localement des flux de fluides tout à fait considérables, bien souvent plus élevés que dans les provinces pétrolières classiques. Beaucoup de ces conduits avec de forts flux de fluides sont connectés avec la surface (à la fois dans le prisme et en dessous). Ceci est suggéré, en particulier, par la modélisation qui montre assez clairement que les vitesses importantes de migration de fluides n'apparaissent qu'à partir du moment où il existe une communication directe vers la surface.

D'un point de vue perspective pétrolière, ces circulations majeures de fluides peuvent ainsi nous renseigner sur la nature des fluides qui circulent en profondeur (gros indices de surface) mais ils peuvent aussi être très préjudiciables à l'accumulation des hydrocarbures en profondeur (fuites potentielles). Dans ce cas, il paraît difficile d'envisager que l'on puisse avoir des accumulations d'hydrocarbures en profondeur avec un système de migration rapide, à moins d'imaginer des chemins de migration complexes avec des pièges en siphon mais où les hydrocarbures risquent d'être balayés par l'eau. Si l'on s'écarte des cellules de migration rapide, il est possible de rechercher des domaines de migration plus lente et plus favorable à l'accumulation et à la préservation des hydrocarbures. Dans ce cas, on est confronté à un autre problème qui est que dans les zones préservées, à l'abri des grands conduits vers la surface, les vitesses de migrations de fluides sont lentes (vitesses classiques dans un environnement turbiditique à dominante argileuse de l'ordre de la dizaine de m/Ma). En revanche, les vitesses de déformations dans les prismes d'accrétion sont, elles, très rapides puisqu'elles sont de l'ordre de plusieurs centimètres par an à l'échelle du prisme (*i.e.* globalement un ordre de grandeur plus rapide que les vitesses de déformations classiques dans les foothills à terre), et de l'ordre du mm/an sur les structures les plus actives (par exemple les plis du front du prisme). C'est-à-dire un ou deux ordres de grandeur plus rapides que la vitesse de migration des fluides. Il est donc absolument nécessaire de trouver des structures relativement pérennes pour envisager qu'elles aient été alimentées.

9

MOBILISATION SÉDIMENTAIRE
Approche intégrée pluridisciplinaire

PRÉSENTATION

Dans les régions tectoniquement mobiles avec de fortes épaisseurs sédimentaires riches en argile, comme les prismes d'accrétion mais aussi, par exemple, les systèmes de décollements gravitaires dans les grands deltas sous-marins, la mobilisation des sédiments en subsurface est un phénomène très répandu à l'origine de divers types de structures. Le rôle des fluides est à l'évidence tout à fait essentiel dans ces processus de mobilisation. Dans les orogènes convergents, ces processus interviennent préférentiellement dans les prismes d'accrétion sous-marins et dans une moindre mesure dans les chaînes de collision où l'on a affaire, en général, à des roches déjà consolidées avant la déformation. Ces phénomènes sont généralement décrits à travers une gamme de termes génériques, souvent conventionnels, mais sans réel préjugé concernant les processus en vigueur (volcans de boue, argiles mobiles, diapirs d'argile, diapirs de boue, ride de boue, argilocinèse...). De manière commune, ces termes résultent directement de l'interprétation de zones sourdes sur les données sismiques et peuvent être utilisés de manières très variables selon les auteurs. Il règne, de fait, une très grande confusion sémantique en la matière ce qui est le reflet de la mauvaise compréhension que l'on a de ces phénomènes. De fait, si les évidences de surface sont généralement relativement bien décrites, il existait une méconnaissance très grande concernant l'origine et les mécanismes de ces phénomènes. Les auteurs considèrent généralement simplement qu'il existait en profondeur des zones de sédiments boueux, sous-compactés, qui par effet de pression et de gravité remontaient vers la surface pour créer les volcans de boue. Nous verrons que nos travaux contredisent significativement cette vision.

Ainsi, nous avons été amené à essayer de mieux comprendre ces phénomènes de mobilisation sédimentaire pendant plus d'une dizaine d'années et, ce, sur différents chantiers (principalement sur le chantier terre-mer Barbade-Trinidad, mais aussi en Sicile, en Azerbaïdjan, au Makran pakistanais, delta du Nil). Ces travaux ont été menés différents terrains de jeu, à la fois en terre et en mer, et notamment au cours de plusieurs campagnes en mer dans le sud-est Caraïbes, le delta du Nil etl'offshore pakistanais. Pour tenter au mieux de comprendre ces phénomènes nous avons adopté une approche intégrée, pluridisciplinaire, en collaboration avec de nombreux collègues, qui a couvert diverses approches telles que: acquisitions de terrain à terre et en mer, acquisitions géophysiques, pétrographie , micropaléontologie, géochimie des fluides, mesures thermiques, séismicité, modélisation numérique. Ce sont ces approches multiples qui nous ont permis de dénouer progressivement certaines ficelles qui constituaient ce casse-tête complexe. Nous verrons ainsi que les travaux effectués à ce jour nous poussent à faire une distinction forte en ce qui concerne le comportement des fluides dans les processus de mobilisation selon que l'on a affaire à des volcans de boue (donc des mobilisations de sédiments liquéfiés), ou à des mouvements de matériel toujours stratifiés. Pour le cas des sédiments liquéfiés, nous verrons comment l'approche pluridisciplinaire adoptée nous a permis de mieux cerner la chaîne de réactions qui intervient dans les processus de volcanisme sédimentaire.

SYSTEMES DE VOLCANS DE BOUE

Le phénomène de mobilisation sédimentaire le plus classique est le volcanisme de boue. Il est connu depuis l'antiquité et il correspond en surface à l'expulsion de boue (eau et particules minérales solides) et de gaz. Des milliers de volcans de boue ont été découverts sur la planète, en plus grand nombre en mer que sur terre [voir Higgins & Saunders, 1974; Guliyiev & Feizullayev, 1998; Milkov, 2000; Dimitrov, 2002; Kopf, 2002, Deville & Prinzhofer, 2003 pour divers inventaires]. La plupart de ces volcans de boue a déjà été identifiée à terre mais on estime que plusieurs dizaines de milliers de structures de ce type puissent exister dans les océans, l'essentiel restant probablement encore à découvrir. Les volcans de boue se développent notamment dans les orogènes convergents comme celui de la Barbade [Biju-Duval *et al.*, 1982; Westbrook & Smith, 1983; Brown & Westbrook, 1987; 1988; Brown, 1990; Langseth *et al.*, 1988; Le Pichon *et al.*, 1990; Henry *et al.*, 1990, 1996; Griboulard *et al.*, 1991; Lance *et al.*, 1998; Sumner & Westbrook, 2001; Deville *et al.*, 2003; 2006; 2010], Trinidad [Higgins & Saunders, 1974; Dia *et al.*, 1999; Castrec-Rouelle *et al.*, 2002; Deville *et al.*, 2003; 2010], le nord Venezuela [Jacome *et al.*, 2003; Duerto & McClay, 2010], la Colombie [Vernette *et al.*, 1992], le Panama [Breen *et al.*, 1988; Reed *et al.*, 1990], le Costa Rica [Shipley *et al.*, 1990; Kahn *et al.*, 1996], la fosse du Pérou-Chili, Offshore ouest-USA [Orange *et al.*, 1999] et ouest-Canada, la mer de Beaufort [Hovland & Judd, 1988], la fosse des Aléoutiennes [Von Huene, 1972], la mer d'Alboran [Perrez-Belzuz *et al.*, 1997], la ride méditerranéenne [Camerlenghi *et al.*, 1992, Kopf & Behrmann, 2000; Kopf *et al.*, 2001], la Mer Noire [Ivanov et al., 1996; Konyukhov *et al.*, 1990; Woodside *et al.*, 1997], l'Ukraine dans la péninsule de Kerch [Shnukov *et al.*, 1992], les Apennins et la Sicile [Martinelli, 1999], l'arc de Calabre [Praeg *et al.*, 2009], l'Azerbaïdjan et le bassin sud-Caspienne [Hovland *et al.*, 1997; Cooper, 2001; Planke *et al.*, 2003; Stewart & Davies, 2006], les îles d'Andaman, Bornéo [Tongkul, 1989], le prisme du Makran [Delisle *et al.*, 2001; Wiedicke *et al.*, 2001; Ellouz *et al.*, 2007a & b], la province du Xinjiang en Chine [Xie *et al.*, 2001], la Nouvelle-Zélande [Stoneley, 1965; Ridd, 1970], l'Indonésie [Barber *et al.*, 1986], la Papouasie-Nouvelle Guinée [Bayliss *et al.*, 1997], Taiwan [Shih, 1967; Yassir, 1987; Chih-Hsien *et al.*, 2009], le Japon [Kobayashi, 1992; Ogawa & Kobayashi, 1993], Sakaline, la mer de Bering [Geodekyan *et al.*, 1985] et probablement beaucoup d'autre endroits peu connus notamment en mer profonde. Les volcans de boue sont également largement présents dans les marges passives dans les grands systèmes deltaïques comme le Niger [Damuth, 1994; Cohen & McClay, 1996; Graue, 2000], le Nil [Loncke *et al.*, 2004; Dupré *et al.*, 2007], le Golfe du Mexique [Bernard *et al.*, 1976; Neurauter & Roberts, 1994; Sassen *et al.*, 2003], les fans de l'Indus et du Bengale [Collier & White, 1990], la mer de Norvège notamment au site

142

d'Aakon Mosby [Vogt *et al.*, 1997; Bogdanov *et al.*, 1999; Hjelstuen *et al.*, 1999], la zone de Storegga, l'offshore est-USA [Schmuck & Paull, 1993], l'offshore Baffin [Woodworth-Lynas, 1983], etc. Ils sont également présents dans certaines zones d'activité hydrothermale [Pitt & Hutchinson, 1982], en périphérie de l'Etna area en Sicile [Etiope *et al.*, 2002], Salton Sea en Californie, les Wrangel Mountains d'Alaska [Sorey *et al.*, 2000], ...

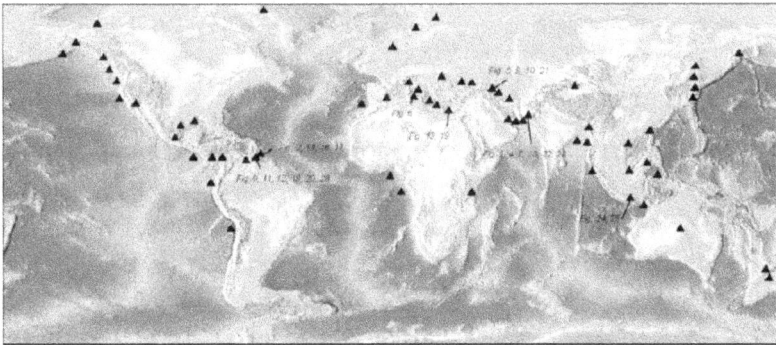

Figure 9.1 - Distribution globale des principaux sites de volcanisme de boue.

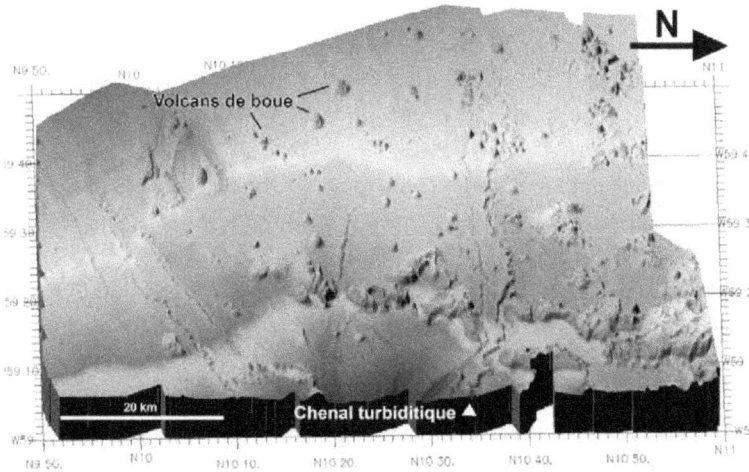

Figure 9.2 - Un exemple de champs de volcans de boue dans la pente continentale de l'offshore oriental de Trinidad [modifié d'après Deville, 2009, Nova Publishers].

Par ailleurs, en dehors des systèmes de volcan de boue proprement dits, dans de nombreux cas, en interprétant des données sismiques dans les orogènes convergents et les systèmes deltaïques décollés dans des argiles en surpression, les auteurs décrivent d'autres structures en utilisant des termes variables d'une publication à l'autre: diapirs d'argile, diapirs de boue, rides de boue, mur de boue, argiles mobiles, structures argilocinétiques, etc. [cf., Damuth, 1994; Cohen & McClay, 1996; Morlet & Guerin, 1996; Granath & Baganz, 1997; Graue, 2000; Wood, 2000; Berquist *et al.*, 2003; Van Rensbergen *et al.*, 2003; Jacome *et al.*, 2003; Wood *et al.*, 2004, et de nombreux autres auteurs]. Ces termes sont les désignations pratiques d'images récurrentes reconnues sur les lignes sismiques et, selon les auteurs, ces termes sont souvent utilisés alternativement pour décrire la même chose. Dans la plupart des cas, ces termes servent à décrire de grands volumes de sédiments, mal imagés par les données sismiques, et que l'on considère comme incluant des corps riches en argiles mobiles. Mais les auteurs discutent rarement de la nature réelle de ces corps et des processus génétiques à l'origine de la mobilisation. Notamment, il est seulement exceptionnellement discuté si la mobilisation a eu lieu sous forme de sédiments liquéfiés, ou sous forme de flux de matériaux meubles mais toujours stratifiés, ou encore comme une déformation de roches intensivement fracturées en profondeur. Également, avec les progrès de l'acquisition sismique, on se rend compte de plus en plus que ces interprétations sont de moins en moins consistantes [voir par exemple Van Rensbergen *et al.*, 1999].

Mais revenons aux volcans de boue, la compréhension de ces processus de volcanisme sédimentaire est importante pour une large gamme de disciplines des sciences de la terre. En effet, les flux de dégazage de méthane et de dioxyde de carbone associés aux cheminées naturelles que constituent les volcans de boue n'ont jamais été correctement évalués quantitativement, bien qu'ils contribuent significativement au bilan global des gaz à effet de serre dans l'atmosphère et au cycle du carbone [Deville & Prinzhofer, 2003; Judd, 2005; Kvenvolden & Rogers, 2005]. En fonction des auteurs, des estimations de premier ordre varient de 10 à plus de 10^4 Tg/a de gaz (CH_4 et CO_2) qui s'échappe soit directement dans l'atmosphère, soit dans les océans [Dimitrov 2002; Etiope, 2003; Milkov, 2003; Kopf, 2003]. Cet énorme domaine d'incertitude reflète les difficultés à préciser les flux de gaz. Sur un simple site de volcan de boue ce flux est dispersé et très variable dans le temps, quasiment inquantifiable pendant les éruptions massives (probablement plusieurs millions de m^3 de gaz par jour dans certains cas). De plus, comme on l'a mentionné plus haut, on est bien loin de connaître l'ensemble des volcans de boue sur la planète, il donc parfaitement impossible de faire un bilan correct, toute tentative de quantification n'étant qu'un bilan très minimum.

Par ailleurs, les phénomènes d'éruptions catastrophiques du volcanisme de boue, qui sont encore très mal compris, constituent aussi des dangers géologiques pour les communautés locales et la navigation dans les secteurs d'eaux peu profondes. Tout forage en contexte de volcanisme de boue est exposé à des risques élevés en raison des surpressions en profondeur susceptibles de provoquer des éruptions massives de fluides boueux. Un exemple très regrettable a débuté à Java le 29 mai 2006... et est toujours actif au moment où ce texte est rédigé [Widyanto *et al.*, 2006; Davies *et al.*, 2007; Mazzini *et al.,* 2007]. Sur les marges continentales, le volcanisme de boue est aussi très enclin à initier des instabilités de pente et, de fait, à provoquer des dégâts aux installations sous-marines (câbles, unités de production,...), voire causer parfois des tsunamis (notamment des exemples historiques sont suspectés dans l'offshore Norvège et l'offshore méditerranéen d'Égypte, notamment à Alexandrie).

Enfin, les études sur les volcans de boue fournissent des informations précieuses pour l'exploration du sous-sol (entre autre pour la recherche d'hydrocarbures), notamment dans les secteurs où aucun forage n'est disponible (nature et âge des formations géologiques et des différents fluides présents en profondeur).

Il n'y a encore qu'une dizaine d'année, on se posait abondamment les questions suivantes: Quel est l'origine des différentes phases mobilisées ? Est-ce que les phases liquides (eau, hydrocarbures), gazeuses (solubilisées ou libres) et les particules solides de la boue proviennent des mêmes niveaux ou est-ce que les fluides sont transportés depuis des niveaux profond vers les niveaux sources des particules de la boue ? La fraction solide est-elle issue d'un même horizon où de diverses formations géologiques ? Comment les conduits où transite la boue vers la surface sont-ils générés et entretenus ? Quel est l'architecture profonde de ces systèmes et comment évoluent-ils au cours du temps ? Quelle est leur dynamique ? Y compris dans les derniers articles de synthèse sur la question, les auteurs considéraient que la source de la boue était située dans une unique formation (une même "couche boueuse") [cf. par exemple Milkov, 2003; Kopf, 2003]. Nous verrons ci-dessous qu'un certain nombre de ces points peuvent être précisés et que cela remet clairement en question le modèle de la "couche boueuse" comme source unique.

Caractéristiques du volcanisme sédimentaire

Pour des exemples d'illustrations et de descriptions des phénomènes en surface, on pourra se référer aux articles de vulgarisation que nous avons publié et qui résument les principales caractéristiques des volcans de boue [Deville & Prinzhofer, 2003, 2006; Deville, 2009]. Les plus grands volcans de boue ont des diamètres de l'ordre de plusieurs kilomètres, jusqu'à 10 km, et des hauteurs de plusieurs centaines de mètres. En surface les volcans de boue montrent différents aspects (Fig. 9.3, 9.4, 9.5). Certains ont des formes de cônes réguliers constitués par l'empilement progressif de coulées de boue superficielles, donnant ainsi un aspect général très semblable aux stratovolcans magmatiques. D'autres volcans de boue montrent des formes en dôme aplatis résultant de l'éruption massive de boue qui a pu être projetée à grande distance des évents. Également, certains sites de volcans de boue correspondent à des champs de petits cônes (hauteur < 10 m; Fig. 9.6, 9.7) généralement désignés sous le terme de gryphons, où l'on note parfois la présence de mares de boue. Dans ce cas les évents peuvent être relativement dispersés, ou localisés le long de systèmes de failles linéaires ou circulaires. Les mares où lacs de boue (les plus grosses structures étant d'une centaine de mètre de diamètre) se caractérisent par des cellules de convection de boue avec un déplacement de la boue vers le haut à l'aplomb des conduits profonds et des rouleaux périphériques avec une plongée de la boue sur la périphérie des cuvettes (Fig. 9.8). En mer, les carottes prélevées sur les volcans de boue montrent des empilements de coulées successives ou des figures de déstabilisation gravitaires sur les pentes de ces volcans similaires à ce que l'on observe à terre mais, fréquemment, on observe aussi des carbonates diagénétiques associés aux sorties actives de méthane (Fig. 9.8). Lorsque l'activité des volcans de boue interagit avec des apports sédimentaires rapides, on constate que les édifices volcaniques ont tendance à se faire couvrir pendant les périodes de bas niveau marin (forts taux de sédimentation), et à se reconstruire pendant les périodes de haut niveau (plus faible taux de sédimentation). On obtient ainsi des dispositifs montrant des empilements successifs de volcans de boue (Fig. 9.9) [Deville et al., 2006]. Structuralement, on constate toujours que les volcans de boue se positionnent préférentiellement le long (1) des failles chevauchantes, (2) des anticlinaux (pas forcément exactement sur l'axe), (3) fréquemment en périphérie des extrusions sédimentaires en masse, (4) en quelques endroits au sommet des extrusions, et (5) très fréquemment dans les systèmes décrochants (Fig. 2.5). Assez fréquemment, les volcans de boue sont entourés par des systèmes de failles circulaires à l'origine de dépressions comparables aux calderas magmatiques. Ce type de dépression se développe parfois au sein de cônes de boue et quand ces dépressions sont elles-mêmes remplies par de la boue, on obtient des dispositifs avec un sommet tabulaire et des flancs raides ("mud-pies"). La partie tabulaire peut elle-même comprendre divers évents actifs.

Figure 9.3 - Le volcan de boue de Chandragrup, Makran pakistanais (cône de plus de 100m d'élévation).

Origine des différentes phases

Nous l'avons mentionné plus haut, il y a une dizaine d'année, classiquement, il était admis que le volcanisme de boue était initié dans des horizons relativement peu profonds et que les différentes phases en expulsées (solides, liquides et gazeuses) provenaient d'une même formation. Schématiquement, on considérait partout que l'ensemble provenait d'une même "couche boueuse" de sédiments sous-compactés remontant à la manière d'un ballon suite à une mobilisation à la manière d'un diapir de sel. En fait, nous avons constaté, sur les chantiers que nous avons étudiés, que le processus est bien différent et est toujours initié en profondeur par les fluides et que les différentes phases (fluides et solides) ont toujours une origine différente.

Figure 9.4 - Volcan de boue en cône avec un cratère à son sommet, Chandragrup, Makran Pakistanais.

Origine des phases solides

Par exemple, pour le cas du Sud-Est Caraïbe, il était admis que la boue provenait des formations argileuses relativement peu profonde du Miocène, cela à la fois à Trinidad [Kugler, 1953, 1959; Higgins & Saunders, 1974], et dans le prisme de la Barbade [Faugères *et al.*, 1989; Henry *et al.*, 1996]. En fait, à Trinidad, les nannofossiles trouvés dans la boue montrent que le matériel est systématiquement polygénique et provient de différents niveaux (du Crétacé au Pliocène). De même, les clastes et les brèches extrudées pendant les phases éruptives sont principalement des fragments, en partie fracturés de manière hydraulique, provenant de différentes formations du prisme tectonique (au moins du Paléocène au Miocène), et pas seulement des galets remaniés initialement intercalés dans les formations néogènes, comme proposé initialement par Higgins & Saunders [1974]. On trouve d'ailleurs beaucoup de clastes argileux anguleux qui ne peuvent en aucun cas être interprétés comme des éléments remaniés de manière sédimentaire. Au sein d'un même prisme orogénique, on peut montrer que les horizons mobilisés varient clairement d'un endroit à l'autre. Ainsi, dans le prisme de la Barbade, l'étude des nannofossiles présents dans les boues montre que celles-ci comportent exclusivement du matériel miocène et pliocène au front du prisme.

Au cœur du prisme on rencontre, outre du Néogène, du matériel paléogène (éocène-oligocène), alors qu'à terre à Barbade les anciennes boues intrusives de la formation Joe's River renferment du matériel crétacé, comme sur les volcans de boue de Trinidad. Ce fait suggère que les boues sont en fait des farines de roches polygéniques et que l'origine de la zone de mobilisation est de plus en plus profonde vers la partie interne du prisme. Les clastes récoltés dans les carottages effectués dans l'offshore du prisme de la Barbade sont des éléments de carbonates diagénétiques (Fig. 9.8). Nous n'avons pas rencontré de clastes arrachés aux séries profondes comme cela est le cas sur les volcans de boue de Trinidad et dans les anciennes boues intrusives de la formation Joe's River de Barbade.

La boue. La fraction solide expulsée par les volcans de boue du sud du prisme d'accrétion de la Barbade a été étudiée par des analyses DRX couplées avec des analyses MEB (EDS). Ce travail a montré que les particules solides de la boue incluaient diverses argiles (kaolinite, vermiculite, smectite, illite), mais aussi en quantités importantes de très fins grains de quartz, des feldspaths, de la calcite, des carbonates de Ca et Ca-Mg, de la sidérite ainsi que des minéraux néoformés de pyrite, d'oxydes de Titane (rutile et anatase) et de gypse.

Figure 9.5 - Coulée de boue sur le volcan de boue de Dashgill (Azerbaïdjan).

Figure 9.6 - Champs de cônes de boue (gryphons), Jahu pass, à l'ouest de Bella, dans le Makran Pakistanais.

Figure 9.7 - Champs de cônes de boue (gryphons) à Dashgill, Azerbaïdjan.

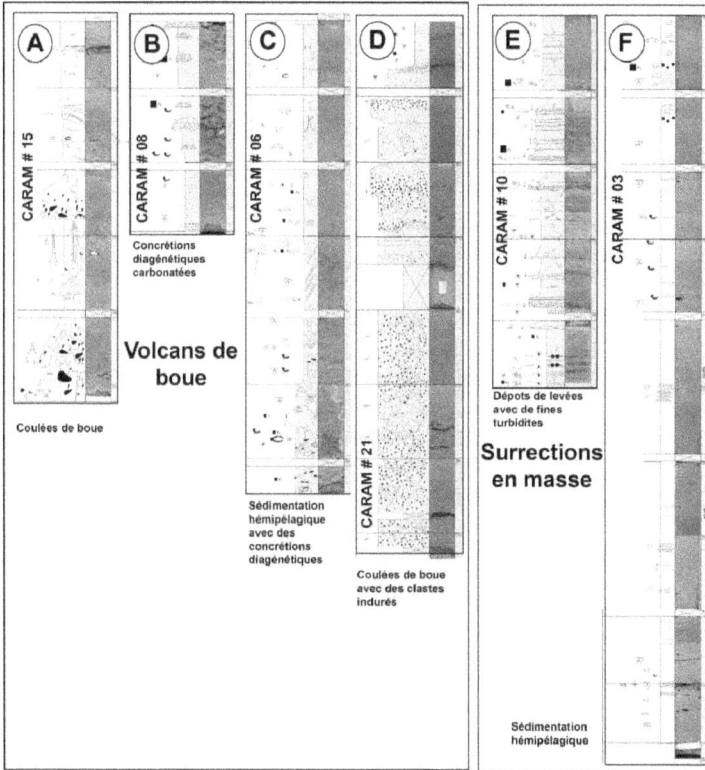

Figure 9.8 - Exemples de carottes prélevées sur les volcans de boue et les structures de surrection en masse [modifié d'après Deville *et al.*, 2006, Tectonophysics].

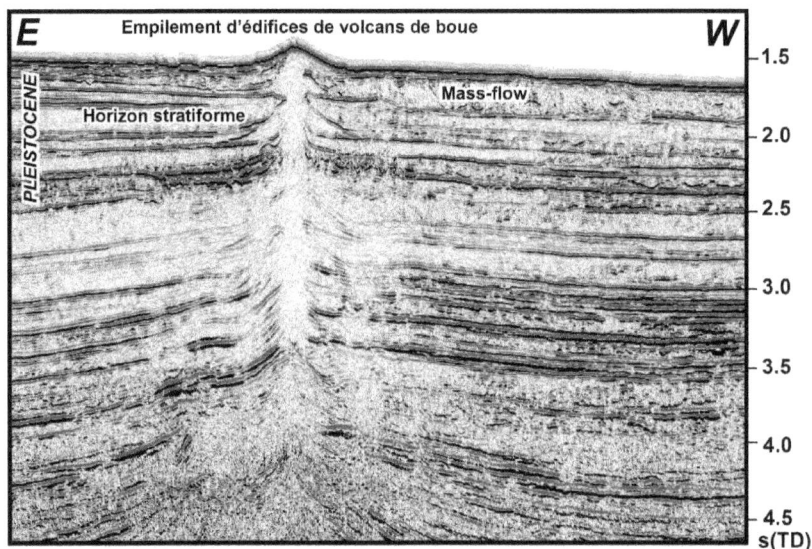

Figure 9.9 - Un exemple sismique de volcan de boue dans l'offshore occidental de Trinidad (profil sismique fourni par Shell, Agip et Petrotrin) [modifié d'après Deville *et al.*, 2006, Tectonophysics]. Cette ligne montre un empilement de divers édifices de volcans de boue. La structure en arbre de Nobel est contrôlée par l'interaction entre l'activité du volcan de boue et les cycles de dépôt des formations turbiditiques environnantes. Les cônes de volcan de boue se forment pendant les phases de faible sédimentation (haut niveau marin), et sont progressivement drapés pendant les phases de forte sédimentation (bas niveau), notamment par des mass-flows mais le flux de boue moyen n'est pas nécessairement corrélé avec les taux de sédimentations.

De même, dans les volcans de boue de Trinidad, les analyses DRX et MEB ont montré que les particules solides contenues dans la boue sont constituées de différents types de phyllosilicates, argiles (aussi kaolinite, vermiculite, smectite, illite), chlorite et muscovite, mais aussi en quantité abondante de grains de quartz, feldspath (albite, feldspath potassique), carbonates (calcite, dolomite, sidérite), rutile, anatase, apatite, baryte et pyrite. Les grains sont de tailles variables (inférieure au µm à plus de 200 µm), et sont supportés par la matrice de phyllosilicates.

De manière assez commune, on observe des particules "relativement" grandes constituées de grains de quartz et de feldspath (taille supérieure à 60µm) avec des contours émoussés dus manifestement à des processus d'érosion pendant un transport sédimentaire, et des agglomérats (<10 µm) d'oxydes de titane (rutile, anatase), d'apatite et de baryte.

Mais une caractéristique commune des boues, partout où nous avons travaillé, est que la matrice fine est constituée de diverses argiles mais aussi de micro-grains anguleux de quartz et de feldspaths (<3 µm), avec des indices d'endommagement mécanique liés à des phénomènes d'écrasement du quartz à grande profondeur [Deville *et al.*, 2003 ; Deville *et al.*, 2010].

Les clastes. Sur les volcans de boue de Trinidad qui ont eu une activité éruptive récente (Piparo, Devil's Woodyard, Columbus, Anglais Point, Moruga), nous avons observé des clastes polygéniques (grès, silts, carbonates, calcite, nodules de sulphures, etc.), avec des tailles jusqu'à plurimétriques, provenant de différentes formations impliquées dans le front orogénique. Certains de ces clastes montrent des formes roulées et pourraient ainsi correspondre à d'anciens galets initialement intercalés au sein des séries tertiaires et remobilisés lors des éruptions. Mais l'essentiel des clastes (> 90%) montre des formes anguleuses et des fractures recristallisées par des carbonates (de Ca et Ca-Mg).

On rencontre même de véritables brèches à clastes anguleux inclus dans des cristallisations carbonatées. Certains éléments correspondent à des blocs de calcite. A partir de la détermination des nannofossiles, il est possible de dater individuellement de manière précise les clastes expulsés par les volcans de boue qui n'ont pas subi une diagenèse trop prononcée ou une forte dissolution. D'après les âges obtenus, ces clastes sont issus de diverses formations des séries crétacées à miocènes [Deville *et al.*, 2003].

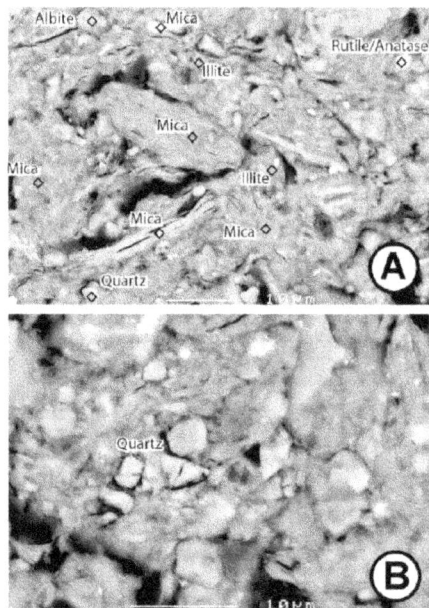

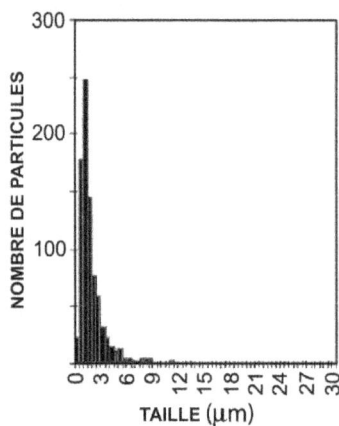

Figure 9.10 - Nature microscopique de la boue. Un exemple issu d'après un évent du volcan de boue d'Erin dans le sud de Trinidad (MEB). A: vue générale montrant les différents constituants de la boue; B: détail montrant la matrice fine riche en fragments de quartz anguleux avec des figures d'endommagement comparables à du verre pilé (à droite, histogramme montrant la taille inférieure à 3µm des grains de quartz) [modifié d'après Deville *et al.*, 2003, Geol. Soc. Spec. Publ.].

Fractures ouvertes remplies de ciments carbonatés

Figure 9.11 - Un exemple de claste carbonaté expulsé par le volcan de boue d'Anglais Point à Trinidad. Les fractures ouvertes cimentées par de la calcite sont interprétées comme le résultat de processus de fracturation hydraulique.

Origine des phases liquides

La composition des boues ainsi que diverses mesures physiques que nous avons effectuées dans les conduits de volcans de boue en différents contextes (Azerbaïdjan, Makran, Sicile et notamment Trinidad) montrent que les boues sont de densité généralement inférieure à 1.5 g/cm^3 et constituées de plus de 65% d'eau. La fraction solide est ainsi minoritaire en volume par rapport à la phase aqueuse. Sur l'exemple de Trinidad, les trois espèces chimiques majeures qui constituent plus de 90% des éléments dissous sont Cl$^-$ entre 80 et 400 mM, Na$^+$ entre 90 et 400 mM, et HCO$_3^-$ entre 17 et 70 mM et les pH sont compris entre 7 et 8.2 [Dia *et al.*, 1999]. L'étude géochimique des eaux expulsées par les volcans de boue a révélé une origine liée essentiellement à la déshydratation des sédiments [Dia *et al.* 1995, 1999; Castrec *et al.* 1996; Barboza *et al.* 2000], bien qu'une contribution par de l'eau météoritique soit possible localement, notamment sur certains volcans de boue de l'ouest de Trinidad [Dia *et al.* 1999] et dans l'offshore profond de Trinidad [Barboza *et al.* 2000]. Les études effectuées sur les eaux ont montré que les températures d'équilibre sont élevées pour les volcans boue de Trinidad (plus de 150°C) [Dia *et al.,* 1999] ce qui implique des origines situées à plus de 5 km (probablement autour de 6 km), le gradient géothermique moyen à Trinidad étant proche de 20°C/km [Leonard, 1983; Rodrigues, 1985, 1988]. Également, une origine depuis des zones chaudes des fluides expulsés par les volcans de boue situés dans la plaine abyssale au front du prisme d'accrétion a été déduite d'après leur caractéristiques géochimiques (95-100 $\pm$ 20°C) [Dia *et al.,* 1995; Martin *et al.,* 1996; Castrec *et al.,* 1996; Barboza & Boettcher, 2000]. En revanche, les eaux expulsées par les volcans de boue du deep-offshore Trinidad montreraient des températures d'équilibre de l'ordre de 20-45 $\pm$ 10°C [Barboza *et al.,* 2000] ce qui correspond à des profondeurs moindres, de l'ordre 2-3 km. Sur les volcans de boue à terre (à Trinidad), les quantités d'hydrocarbures liquides expulsées par les volcans sont très variables (certains expulsent beaucoup d'huile comme à Marac), mais dans tous les sites actifs il existe des quantités non négligeables d'hydrocarbures libres expulsés dans les boues.

Dans l'offshore (contrairement à l'onshore), il n'a pas été observé, lors des plongées en submersible, de bulles de gaz libre s'échappant des volcans de boue. En revanche, les fluides qui s'en échappent sont très largement chargés en méthane dissous. L'absence de gaz libre est probablement liée à la plus forte solubilité des gaz sous conditions de fortes pressions par grands fonds.

Origine du gaz

Les gaz expulsés par les volcans de boue sont principalement des gaz hydrocarbures, en général essentiellement du méthane associé à des concentrations modérées en C_2, C_3 et CO_2 (Fig. 9.12), mais quand les volcans de boue sont associés à une activité magmatique proche (par exemple pour les volcans de boue que nous avons l'occasion d'étudier en Sicile), ils émettent aussi des gaz non combustibles, principalement du CO_2.

Sur certains évents les flux de gaz libre sont importants (> 10 m^3 par minute) et les volumes de gaz expulsés peuvent dépasser de 10 fois les volumes de boue expulsée, c'est-à-dire qu'il est probable que, dans certains cas au moins, le gaz ait transité en profondeur effectivement en phase gaz et non pas uniquement dissous dans l'eau en profondeur (Fig. 9.13).

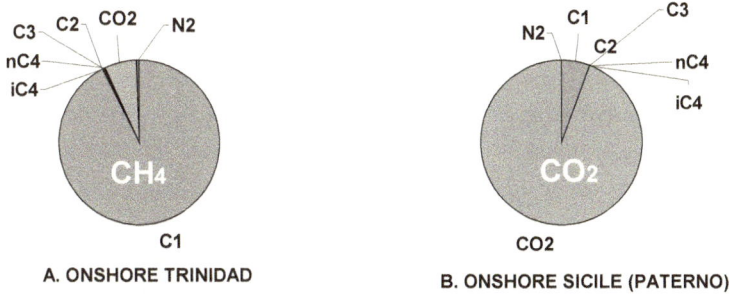

Figure 9.12 - Exemples de composition de gaz expulsés par les volcans de boue (A. à Trinidad, B. en Sicile).

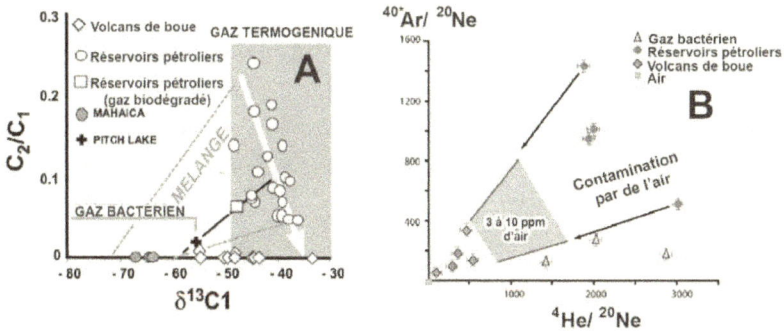

Figure 9.13 – A. Diagramme C_2/C_1 vs $\delta^{13}C_1$ montrant que quelques échantillons de gaz de volcan de boue de Trinidad ont subi une contamination bactérienne mais l'essentiel des gaz hydrocarbures des volcans de boue a une origine purement thermogénique [Deville *et al.*, 2003, Geol. Soc. Spec. Publ.]. **B.** Diagramme $^{40*}Ar/^{20}Ne$ vs $^{4}He/^{20}Ne$ illustrant les faibles teneurs en isotopes radiogéniques des gaz rares dans le gaz des volcans de boue comparés aux gaz des réservoirs. Ceci illustre que les temps de résidence en subsurface des gaz des volcans de boue sont plus faibles [modifié d'après Battani *et al.*, 2011, AAPG Mem. 93].

Ainsi, par exemple, dans les volcans de boue actifs de Trinidad, nous avons systématiquement observé des venues continues de bulles de gaz (les plus gros flux observés étant à Lagon Bouffe et Palo Seco). La relative pauvreté en C_2+ comparée aux teneurs en méthane est probablement à mettre en relation avec des processus de solubilisation/ adsorption au niveau des volcans de boue et la composition chimique et isotopique des gaz suggère essentiellement une origine thermogénique similaire à celle du gaz présent dans les champs d'hydrocarbures du sud de Trinidad [Prinzhofer *et al.*, 2000; Battani *et al.*, 2009]. Notamment les $\delta^{13}C$ du méthane sont compris entre -52 et -33‰. Les concentrations en C_2, C_3 sont plus élevées sur les sites où ont eu lieu des éruptions récentes (Piparo, Devil's Woodyard, Columbus). De fait, on peut supposer que l'adsorption a lieu pendant les phases de quiescence et que les C2+ sont relâchés pendant (bien sûr impossible à préciser) ou au moins immédiatement après les éruptions. Les temps de résidences des gaz déduits de l'étude des isotopes radiogéniques des gaz rares sont plus courts sur les volcans de boue que sur les champs (plus faibles rapports $^{40}Ar*/^{20}Ne$ et $^{4}He/^{20}Ne$), ce qui traduit clairement que le gaz des volcans de boue ne correspond pas à des dismigrations depuis les champs pétroliers mais probablement directement depuis des sources profondes [Battani *et al.*, 2000; 2009]. Dans le cas d'une génération de gaz très récente (néogène), comme c'est le cas à Trinidad, le gaz a probablement été généré à des températures situées autour de 150°C (équivalentes aux températures d'équilibre des eaux profondes; Dia *et al.*, 1999). La composition du gaz suggère une même origine que celle du gaz associé aux réservoirs d'hydrocarbures en production, notamment tous deux montrent des valeurs extrêmement lourdes de $\delta^{13}C$ (CO_2), certaines approchant 30‰, inhabituelles dans les bassins sédimentaires. Sur les volcans de boue à terre (à Trinidad), les quantités d'hydrocarbures liquides expulsées par les volcans sont très variables (certains expulsent beaucoup d'huile comme à Marac ou Erin), mais dans tous les sites actifs, il existe des quantités non négligeables d'hydrocarbures libres expulsés dans les boues.

Activité cyclique: la respiration des bassins en surpression

L'étude des volcans de boue à terre a permis de montrer que ceux-ci fonctionnent selon des cycles d'activité comprenant des phases de relative quiescence ponctuées d'événements éruptifs plus ou moins catastrophiques [Kugler, 1965; Higgins & Saunders, 1974; Yassir, 1987; Deville *et al.*, 2003; Deville & Guerlais, 2009].

Phases de quiescence

Pendant les phases de quiescence relative (mais phases pendant lesquelles le flux expulsé peut varier significativement au cours du temps), le matériel expulsé est constitué principalement de bulles de gaz, et de boue composée d'eau, de fines particules solides et plus ou moins d'hydrocarbures liquides. En effet, dans tous les sites visités à terre (que ce soit à Trinidad mais également au Makran, en Azerbaïdjan, en Sicile), nous avons relevé une activité continue avec expulsion de boue et de gaz, principalement du méthane, sauf sur les volcans de boue de l'est de la Sicile ou le CO_2 est dominant. Les bulles en surface sont de diamètres horizontaux variables, infra-millimétriques à métriques. Cette expulsion est active soit au niveau de cônes décimétriques à plurimétriques, soit au sein de mares ou de lacs de boue. Dans certains sites (par exemple à Lagon Bouffe et Palo Seco à Trinidad), les débits de gaz expulsés sont très forts (supérieurs à la dizaine de m^3 par minute). Généralement, le flux de boue est beaucoup plus modéré que les flux de gaz (3 à 10 fois moindre). En quelques endroits, les volcans de boue (notamment à Marac et Erin à Trinidad) expulsent aussi les flux significatifs d'hydrocarbures liquides [Deville *et al.*, 2003].

Les transferts de chaleur dans les conduits des volcans de boue nous ont fourni des informations sur la dynamique d'expulsion des volcans de boue pendant les phases de quiescence. La température de la boue est contrôlée à la fois par le flux de gaz (la dépressurisation endothermique du méthane induit un refroidissement), et par le flux de boue (la boue est le vecteur convectif pour le transfert de chaleur depuis la profondeur). Nous avons aussi constaté une influence très forte de la géométrie des conduits sur la circulation de la boue et ainsi sur la distribution de température (Fig. 9.14).

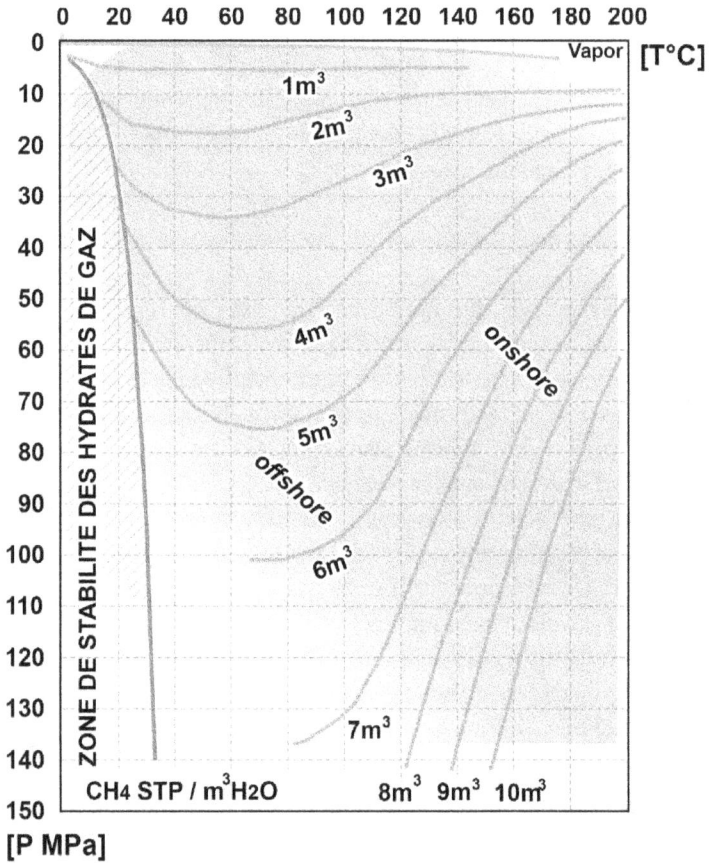

Figure 9.14 – Solubilité du méthane représentée dans l'eau dans le champ pression-température [compilation d'après les valeurs publiées dans Hedberg, 1978 et Duan *et al.*, 1992]. Les valeurs présentées ici correspondent à la solubilité dans l'eau pure. Il s'agit donc de quantités maximales de méthane solubilisables dans l'eau. Plus la salinité de l'eau augmente, plus la solubilité du méthane diminue. Les flux relatifs d'eau et de gaz observés en surface dans les volcans de boue sont compatibles avec un fluide profond (pressions supérieures à 100 MPa) riche en méthane dissous.

En particulier, des processus de convection ont été mis en évidence dans les conduits les plus larges et dans les lacs de boue où la distribution de température caractérise des cellules convective avec un déplacement ascendant de boue au-dessus de l'exutoire profond et des rouleaux de convection de forme annulaires associés à l'enfouissement de la boue sur les flancs [Deville *et al.,* 2004; Deville & Guerlais, 2009] (Fig. 9.15).

Dans des conduits simples et étroits, de forme tubulaire, la température est plus régulière, mais nous avons observé différents types de profils, avec des gradients de température soit normaux, soit inverses. Si le flux ascendant de boue était régulier, nous devrions nous attendre à des températures croissantes avec la profondeur et un gradient diminuant progressivement avec la profondeur dans les conduits. Cependant, la variabilité des profils mesurés, autant que la variabilité dans le temps des températures mesurées à la base des conduits, montre que le flux de boue expulsé n'est pas constant, mais fortement variable sur de courtes périodes.

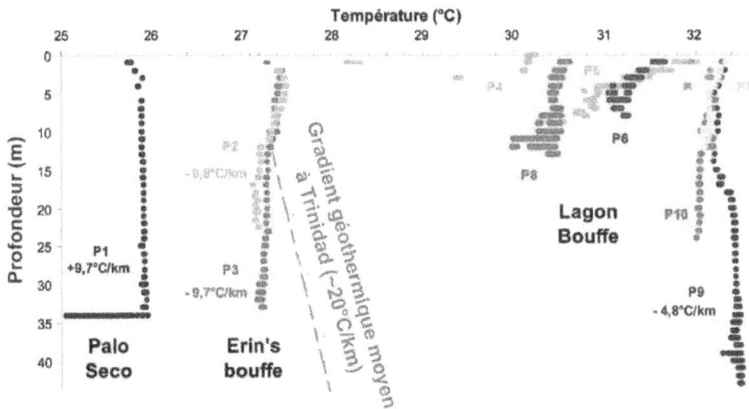

Figure 9.15 - Comparaison de différents profils thermiques mesurés dans différents conduits de volcans de boue de Trinidad. On notera la variabilité des températures et des gradients mesurés, certains gradients étant normaux, d'autres inverses [modifié d'après Deville & Guerlais, 2009].

Un exemple de variations de température pour une période très courte a été enregistré au volcan de boue de Palo Seco où nous avons observé des variations cycliques avec une fréquence d'environ 10 minutes [Deville *et al.*, 2004; Deville & Guerlais, 2009] (Fig. 9.17)[8].

Événements catastrophiques et risques naturels associés aux volcans de boue

Éruptions cycliques

Les volcans de boues peuvent constituer des risques naturels. Les risques sont très ponctuels et relativement rares à terre, mais il n'en reste pas moins qu'ils représentent un risque humain réel. A titre d'exemple, on peut citer l'éruption du volcan de boue de Piparo à Trinidad qui a détruit une bonne part de cette agglomération le 22/02/97, ou encore les éruptions des volcans de boue d'Azerbaïdjan notamment celui de Lokbatan où les dernières éruptions se sont accompagnées d'explosions de gaz très spectaculaires (cf. éruption de 2001). Si l'activité de certains volcans de boue est ponctuée par des éruptions violentes (par exemple à Trinidad: Piparo, Devil's Woodyard, Chatham, Columbus, Anglais Point, Tabaquite; Fig. 9.20), d'autres, en revanche, n'ont jamais été identifiés comme fortement éruptifs (par exemple à Trinidad: Cascadoux, Lagon Bouffe, Rock Dome, Marac, Moruga, Erin, Palo Seco). Les volcans les moins éruptifs sont ceux qui expulsent une fraction liquide importante (Lagon Bouffe, Palo Seco, Erin). Les données historiques montrent que les phases d'éruptions violentes sont suivies par des périodes de quiescences et d'activité réduite plus ou moins longues [Higgins & Saunders, 1974; Yassir, 1987; Deville *et al.*, 2003a; Deville *et al.*, 2006]. À Trinidad, l'éruption qui a provoqué la destruction partielle du village de Piparo le 22/02/97 a occasionné le développement d'un réseau de fractures ouvertes qui se sont comportées comme des drains lors de l'expulsion. Certaines de ces fractures néoformées ESE–WNW étaient associées à des déplacements décrochants dextres avec des rejeux de l'ordre de 15 cm compatibles avec

---

[8] Le changement de temperature T lié à la variation de pression P dans le processus de Joule–Thomson (à enthalpie H constante) est désigné coefficient de Joule–Thomson μ_{JT}. Il s'exprime en terme de volume du gaz V, de sa capacité calorifique à pression constante C_p, et de son coefficient d'expansion thermique α.
$\mu_{JT} = \frac{\partial T}{\partial P} H = \frac{V}{C_p}(\alpha T - 1)$ (de l'ordre de 0.5°C/bar en conditions standart).

le régime de déformation actuel le long du Central Range [Ambeth *et al.*, 2004].

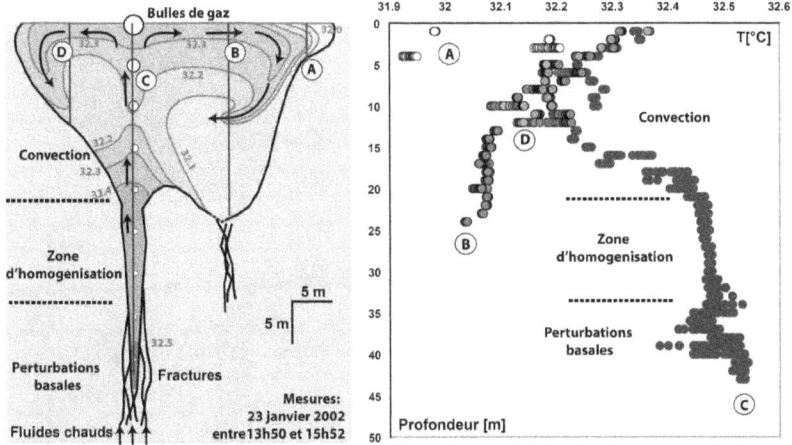

Figure 9.16 - Distribution des températures dans le lac de boue de Lagon Bouffe à Trinidad. A, B, C, et D correspondent à différents profils de température mesurés. On notera la forme des enveloppes des isothermes qui caractérise des processus convectifs [modifié d'après Deville & Guerlais, 2009].

A Trinidad toujours, une autre éruption récente a eu lieu sur le site de Devil's Woodyard le 8 mai 1995 détruisant partiellement les aménagements réalisés pour la visite touristique du site. Également, des îles éphémères associées à des éruptions catastrophiques sont apparues plusieurs fois dans le détroit de Columbus au large de la côte sud de Trinidad. Le site le plus connu est celui de Chatham dont les dernières éruptions ont eu lieu en mai 2001 et novembre 2002. Depuis 1911, c'était la quatrième fois que cette île réapparaissait (éruptions antérieures: 1 août 1964, 21 décembre 1928, et 3-4 novembre 1911) [Higgins & Saunders, 1967]. L'éruption d'un volcan de boue a également été observée en mer à l'est de Trinidad, au large de Point Radix, du 26 au 31 juillet 2007.

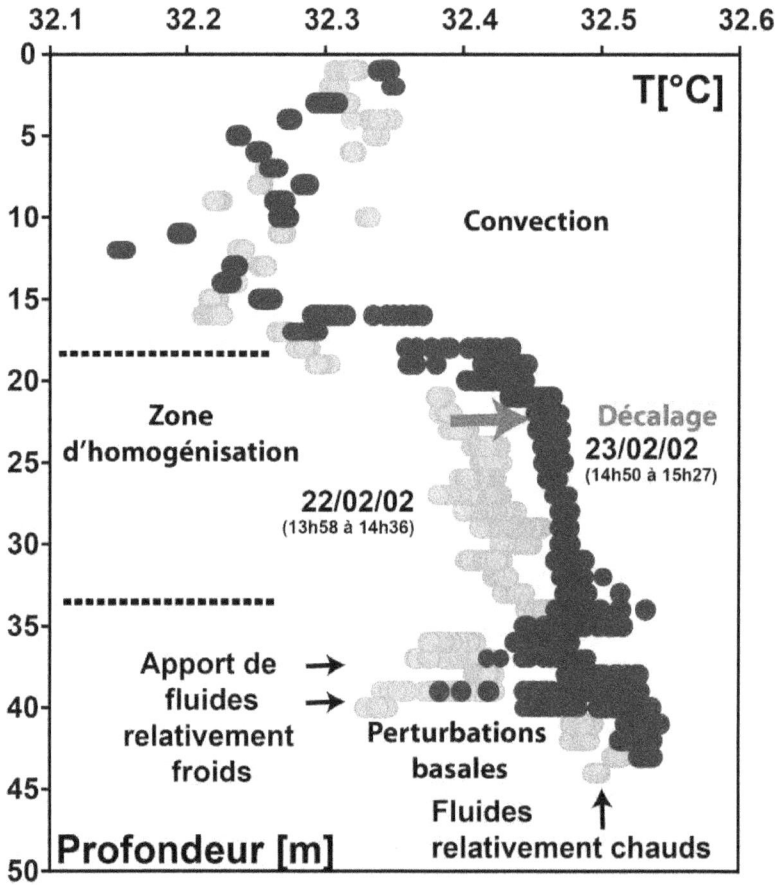

Figure 9.17 - Variations de température au sein du conduit principal du volcan de boue de Lagon Bouffe entre le 22 et le 23 janvier 2002 (mesures faites le long du profil D sur la figure précédente). L'accroissement de température dans la partie profonde du conduit est interprétée comme le témoin d'une augmentation du flux de boue [modifié d'après Deville & Guerlais, 2009].

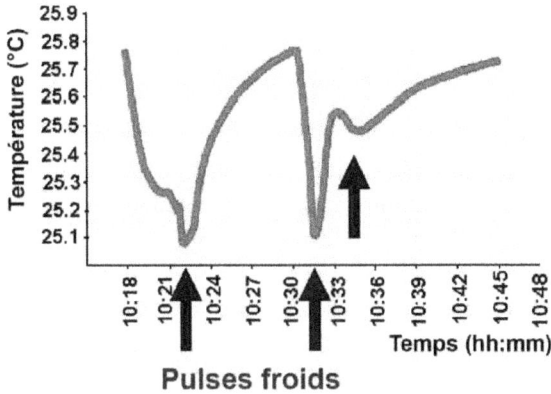

Pulses froids

Figure 9.18 - Cycles de variation de température (°C) au sein d'un conduit linéaire (volcan de boue principal de Palo Seco à Trinidad) [modifié d'après Deville & Guerlais, 2009]. Les mesures ont été faites à une profondeur de 34 m au sein du conduit (le 25 janvier 2002). On notera les pulses froids suivis par une tendance à un rééquilibrage thermique. Les pulses froids sont liés à un refroidissement par effet Joule-Thompson pendant des décharges de gaz.

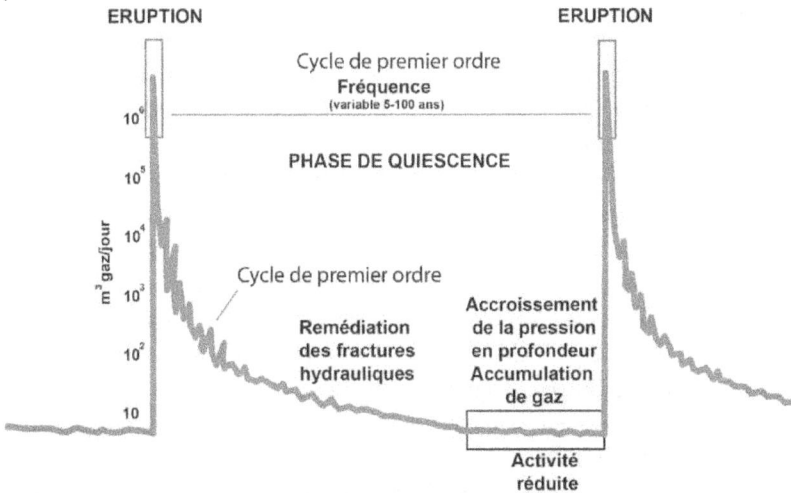

Figure 9.19 – Schéma conceptuel de la superposition des différents cycles d'activité des volcans de boue marqués par des épisodes éruptifs [Deville & Guerlais, 2009, JMPG].

165

Pendant les événements catastrophiques, partout où nous avons nous avons eu l'occasion de travailler (Trinidad, Makran, Sicile, Azerbaïdjan,...), le matériel éruptif expulsé est constitué de boue renfermant des blocs polygéniques et des brèches issues de différentes formations associées à de très forts flux de gaz combustibles. Dans tous les cas, les sites qui ont eu une activité éruptive catastrophique récente montrent des épanchements de nombreux clastes polygéniques (carbonates, grès, argiles indurées, méga-cristaux de calcite, nodules de pyrite,...). Les morphologies en dôme s'acquièrent principalement pendant les phases d'éruption catastrophique. Puis, ces dômes sont progressivement refaçonnés par le ruissellement et l'adjonction progressive de coulées boueuses pendant les phases de quiescence.

Pendant les événements catastrophiques, le matériel expulsé consiste en de très forts flux de gaz, de boue, de clastes polygéniques et de brèches issues de diverses formations de la pile sédimentaire. Pendant l'éruption de Piparo en 1997, le volume de gaz expulsé était de l'ordre de plusieurs millions de m^3 et le volume de solide de plus d'un million de m^3. Dans les volcans de boue de Trinidad ayant eu une activité éruptive récente (Piparo, Devil's Woodyard, Columbus, Anglais Point, Moruga), on observe des clastes exotiques (principalement centimétriques à pluri-décimétriques). La nature des clastes est très polygénique (carbonates, grès, schistes argileux, calcite, nodules de soufre, etc.). Certains clastes sont arrondis et correspondent à des galets initialement intercalés dans des formations Tertiaires et mobilisés pendant des éruptions, mais la plupart des clastes montre des formes angulaires résultant d'une fracturation intense associée à la précipitation de carbonates. Les fractures sont remplies de carbonate de calcium plus ou moins magnésien. Fréquemment, on observe des brèches composées d'éléments angulaires et initialement plus ou moins jointifs recimentés par de la calcite. Nous interprétons la plupart des clastes angulaires et les brèches comme le résultat de processus de fracturation hydraulique. Cela a été évoqué plus haut, à l'aide des microorganismes fossiles, il a été possible de dater la plupart des clastes individuels expulsés par les volcans de boue. Ceux-ci appartiennent aux diverses formations tertiaires, du Paléocène au Miocène.

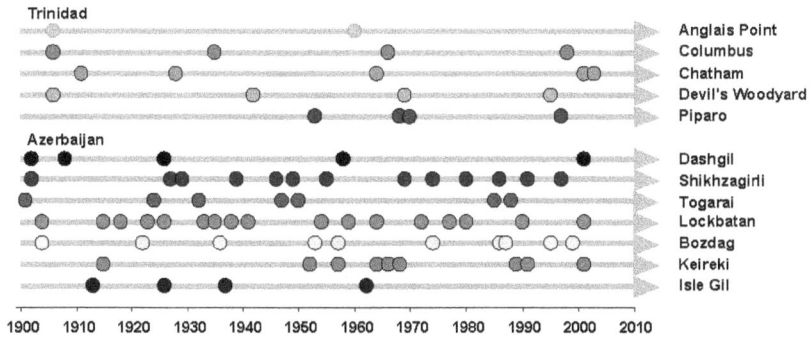

Figure 9.20 - Fréquences des éruptions catastrophiques de certains volcans de boue de Trinidad comparées avec celles des volcans de boue d'Azerbaïdjan [d'après Deville *et al.*, 2004; Deville & Guerlais, 2009]. Les fréquences varient d'un volcan de boue à l'autre et chaque volcan a sa propre fréquence d'éruption.

D'une manière assez générale, à partir des recherches sur les données historiques que nous avons effectuées [Deville *et al.*, 2004; Deville & Guerlais, 2009], il apparaît que chaque volcan de boue a sa propre période d'éruption mais que cette période varie d'un volcan à l'autre (Fig. 9.20). Par exemple, le volcan de boue le plus actif à terre est probablement Lokbatan en Azerbaïdjan (éruption en moyenne tous les 6 ans), alors que les éruptions de l'île éphémère de Chatham, au sud de Trinidad, ont été espacées respectivement de 17, 36 et 35 ans, les deux dernières éruptions (2001 et 2002) peuvent être considérées comme des éruptions jumelles associées à un même événement (Fig. 9.20). Les éruptions catastrophiques interviennent généralement après une période d'activité ralentie ou stoppée.

Éruptions des volcans de boue et séismes

Divers auteurs ont évoqués un éventuel lien entre les fréquences d'éruption de certains volcans de boue et l'activité sismique [Guliyev *et al.*, 1996, Guliyev & Feizullayev, 1998; Chigira & Tanaka, 1997; Aliyev *et al.*, 2002; Martinelli & Panahi, 2003; Nakamukae *et al.*, 2004; Baciu & Etiope, 2005; Mellors *et al.*, 2007; Mazzini *et al.*, 2007].

Figure 9.21 - Coulée de boue majeure sur le volcan de boue de Kandawari (Makran, sud Pakistan). Cette coulée a les dimensions d'une coulée sur un grand volcan magmatique.

La sismicité pourrait être un facteur important notamment dans le mécanisme de liquéfaction. En ce qui concerne des argiles de surface gorgées d'eau, on considère que des séismes de magnitude 5 au moins sont nécessaires pour obtenir une liquéfaction [Sims, 1975; Audemar & De Santis, 1991; Vittori *et al.*, 1991]. En revanche, on connaît mal les conditions en profondeur pour créer une liquéfaction sous forte pression. Certaines corrélations éruptions de volcans de boue – séismes sont assez évidentes. Un bel exemple que nous avons eu la chance d'observer est la coulée de plus de 5 km de long émise par le volcan de boue de Kandewari, au sud du Pakistan, dans le prisme d'accrétion du Makran, qui a fait suite au violent séisme (7.7 Mw) qui a touché le nord-ouest de l'Inde (Bhuj) et le sud du Pakistan le 26 Janvier 2001 (Fig. 9.21, 9.22, 9.23, 9.24) [Delisle *et al.*, 2001; Ellouz *et al.*, 2007a]. Donc, ponctuellement, un lien existe manifestement entre éruptions de volcans de boue et séismes. Toutefois, sur l'exemple de Trinidad, on ne constate pas de corrélation directe entre éruptions et d'éventuels événements sismiques violents. Au contraire, les éruptions ont plutôt lieu pendant des périodes de faible activité sismique (Fig. 9.25).

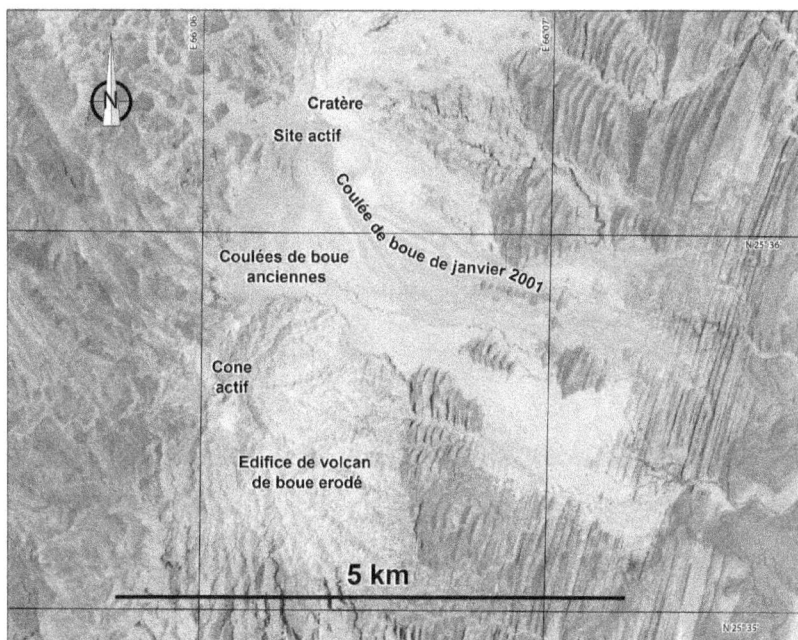

Figure 9.22 - Image satellite du volcan de boue de Kandewari dans le sud du Pakistan (Makran). On notera l'extension (~5 km) de la coulée de boue de janvier 2001 (gris sombre).

Même pour l'éruption du volcan de boue de Piparo en 1997, il n'existe pas de lien direct avec la crise sismique qui a eu lieu cette même année dans la région (essentiellement aux alentours de Tobago), puisqu'il existe une période relativement asismique (une quarantaine de jours) entre l'éruption et les séismes les plus forts [Deville *et al.*, 2004; Deville et *al.*, 2010] (Fig. 9.26). Tout au plus, peut-on faire la corrélation entre les éruptions de Devil's Woodyard du 8 mai 1995, de Piparo le 22 février 1997 et de Chatham le 10 mai 2001 avec des évènements sismiques modestes dans la région qui les ont précédés la veille ou l'avant-veille. La fréquence d'activité des volcans de boue semble donc essentiellement contrôlée par des facteurs propres. Tout au plus, la sismicité peut-elle, dans certains cas, déclencher une éruption proche de son terme (variable en fonction l'activité propre du volcan de boue).

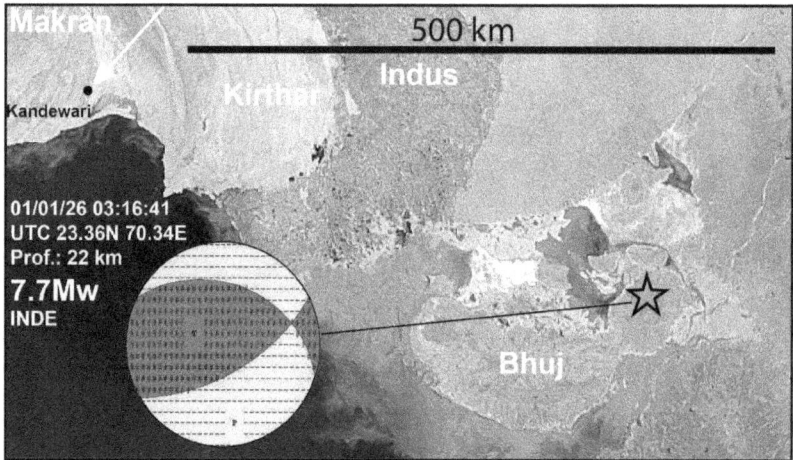

Figure 9.23 - La coulée de boue de janvier 2001 du volcan de boue de Kandewari dans le sud du Pakistan (Makran) a eu lieu en relation avec le séisme (7.7 Mw) qui a affecté le nord-ouest de l'Inde le 26/01/2010 (Bhuj) à plus de 500 km de distance.

Réaction en chaîne à l'origine du volcanisme de boue

Il est maintenant assez unanimement admis, depuis de nombreuses années, notamment à la suite des travaux d'Edberg [1974] et Higgins & Saunders [1974], que le volcanisme de boue est associé au développement de surpressions de fluides en profondeur mais le modèle génétique à l'origine du volcanisme de boue est toujours aujourd'hui sujet à discussion. Nous l'avons mentionné ci-dessus, jusqu'à un passé proche (et parfois encore aujourd'hui), les auteurs considéraient que les volcans de boues dérivaient de la remontée (comme des "ballons") de "diapirs de boue" issus d'une même formation boueuse sous-compactée en subsurface, et donc un phénomène plus ou moins similaire à l'emplacement d'un diapir de sel [voir notamment Milkov, 2000; Kopf, 2002]. Les interprétations récentes sur la genèse du volcanisme de boue remettent largement en cause cette interprétation [Deville *et al.*, 2003a & b, 2006, 2009, 2010; Stewart & Davies, 2006].

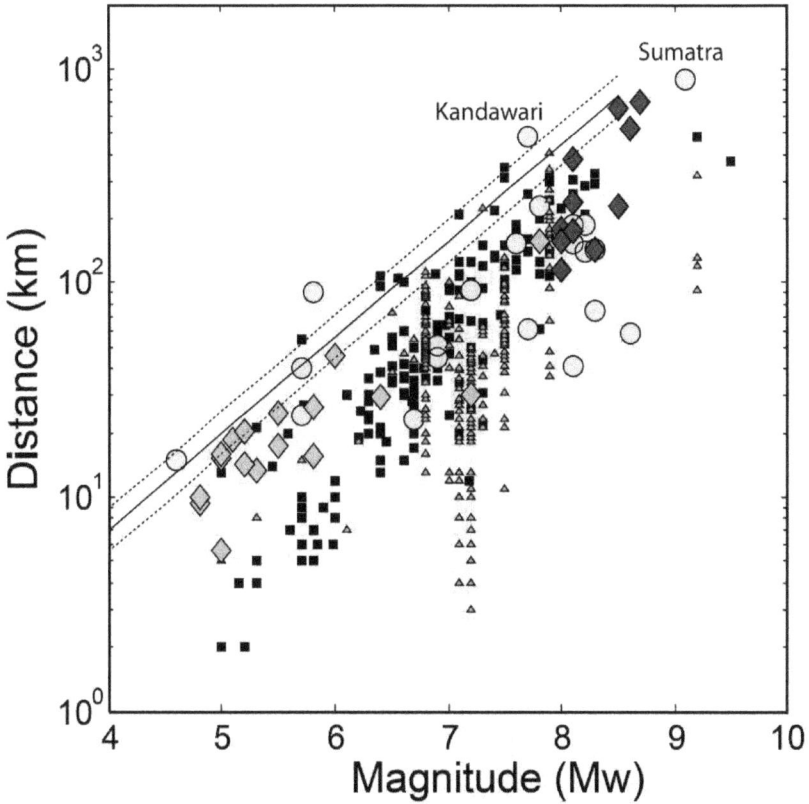

Figure 9.24 - Réponses liées à des séismes en fonction de la magnitude et de la distance au séisme (les cercles jaunes sont des volcans de boue dont le M 7.7 du Bhuj associé à l'éruption de Kandewari). Les carrés noirs correspondent à des liquéfactions de sols, les triangles verts à des variations de débit de vapeur sur des geysers, les losanges bleus à des volcans magmatiques [figure que nous avons complété pour publication dans Manga *et al.*, 2009]. Cette figure illustre bien que pour qu'un séisme induise une éruption de volcan de boue ce dernier ne doit pas être trop éloigné du séisme.

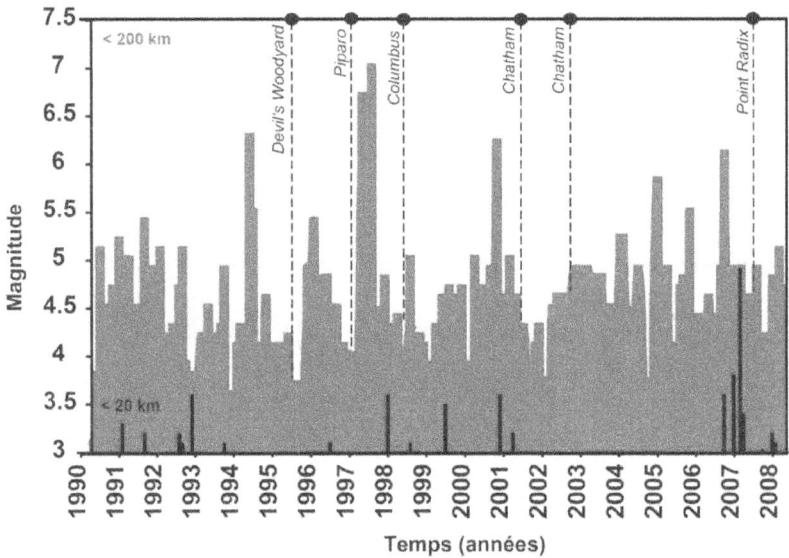

Figure 9.25 - Comparaison entre les principales dates d'éruptions de volcans de boue et la séismicité à Trinidad entre 1990 et 2008 (en rouge distance < 200 km, en noir distance < 20 km depuis Piparo, Trinidad) [modifié d'après Deville & Guerlais, 2009].

Si les argiles en surpression peuvent se déformer en partie de manière plastique, il n'a jamais été possible pour autant de mettre en évidence de réels diapirs d'argile perçant les formations en subsurface et encore moins perçant la surface comme c'est le cas pour le sel [Deville *et al.*, 2006]. Un point clé du processus de volcanisme sédimentaire (à l'opposé du diapirisme de sel), est l'implication de fluides transportés dans des systèmes de fractures qui sont à l'origine d'une réaction en chaîne associée au développement de divers structures et de mobilisations des sédiments à différents niveaux structuraux [Deville *et al.*, 2003a; Davies & Stewart, 2005].

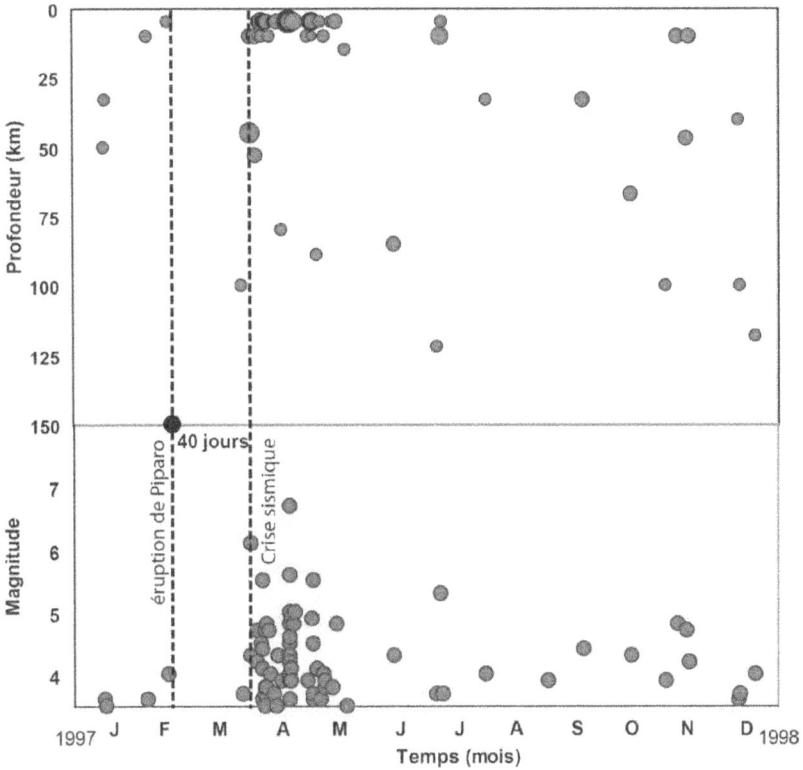

Figure 9.26 - Date, profondeur et magnitude des séismes de la crise sismique de 1997 dans le secteur de Trinidad et Tobago comparés à la date de l'éruption du volcan de boue de Piparo. L'éruption a eu lieu 40 jours avant la crise sismique [modifié d'après Deville & Guerlais, 2009].

Surpression

Les processus de remobilisation de sédiments résultent de plusieurs phénomènes dynamiques contrôlés initialement par le développement de surpression en profondeur qui fournit l'énergie nécessaire pour rompre les couvertures et transporter la boue vers la surface. La surpression contribue aussi à la remobilisation des sédiments en réduisant la cohésion des couches. Nous l'avons vu plus haut, la génération de surpression est favorisée par la conjonction de taux de sédimentation rapides dans des sédiments relativement imperméables (à l'origine d'un déséquilibre de compaction), elle est favorisée aussi par un régime de contrainte compressifs (raccourcissement parallèle aux couches et surcharge tectonique). Ceci est notamment favorisé par les vitesses de déformation importantes dans les prismes d'accrétion (cf. § 4).

Fracturation hydraulique

Comme il a été suggéré par différents auteurs [Brown, 1990; Yardley & Swarbrick, 2000; Deville *et al.,* 2003 a & b], le simple fait de déformer tectoniquement une pile sédimentaire avec des zones en surpression de fluide est susceptible, par réarrangement purement géométrique, de générer des pressions élevées dans les points bas et de transférer des hautes pressions latéralement via des horizons perméables vers les zones hautes où la charge sédimentaire et tectonique est moindre (notion de centroïde). Quand la pression de fluide dépasse la contrainte minimum, on génère une fracturation hydraulique naturelle [Grauls, 1999].

En effet, les systèmes de fractures à l'origine des conduits des volcans de boue sont, de manière générale, situés sur les zones hautes caractérisées en compression par des axes anticlinaux. Également, les clastes expulsés par les volcans de boue se caractérisent de manière systématique par des phénomènes de fracturation plus ou moins isotrope et la présence de brèches hydrauliques cimentées par de la calcite. Les systèmes de fractures hydrauliques peuvent ainsi se propager très largement au dessus des zones en surpression et fracturer les couvertures sus-jacentes et ainsi permettre le développement de chemins de migration aux fluides sous pression. La présence ubiquiste de calcites poecilitiques et de brèches hydrauliques dans les fractures suggère que de l'eau (avec du carbonate dissous) et non pas de la boue est responsable des fractures hydrauliques initiales et que, initialement, de l'eau a circulé dans ces fractures et que la calcite a précipité avant la migration de la boue. On peut également mentionner que c'est effectivement ce que c'est produit lors de la naissance du volcan de boue de Lusi à Java où l'eau est venue en premier et a été suivie plus tard par l'expulsion de la boue [Stewart *et al.,* 2007; Mazzini *et al.,* 2007]. Les conditions initiales de fracturation hydrauliques lors de la naissance d'un volcan de boue nécessitent probablement un excès de pression beaucoup plus fort que lors des réactivations éruptives ultérieures et, nous le verrons plus loin, il en est de même pour ce qui est des flux de fluides qui sont considérables lors de l'apparition d'un volcan de boue.

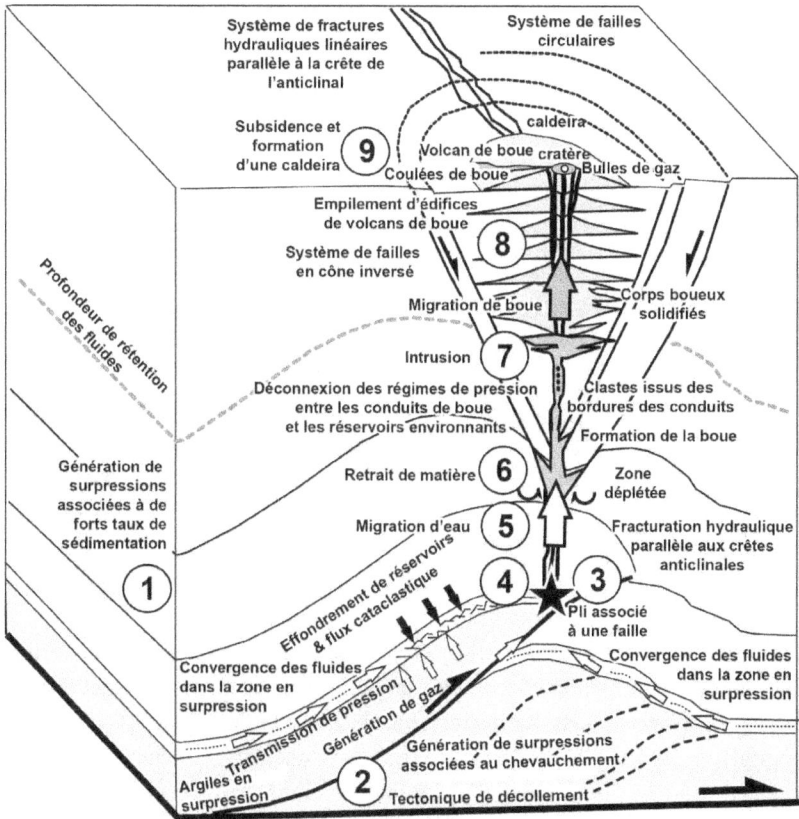

Figure 9.27 - Schéma conceptuel de la réaction en chaîne des divers processus de mobilisation [modifié d'après Deville *et al.*, 2010].

Nous avons mentionné que les sites de volcanisme de boue présentent fréquemment des champs de petits cônes (gryphons) suggérant la présence de plusieurs conduits sur un même site. Ainsi, divers auteurs ont suggéré que des réseaux de fractures puissent se développer, de manière répétitive, approximativement à la même position formant une zone redressée plus ou moins cylindrique largement intrudée par des injections successives de fluides (dont la boue), au sein de systèmes de conduits amalgamés [cf. par ex. Kurszlaukis & Barnett, 2003; Morley, 2003; Stewart & Davies, 2006]. Une telle zone est effectivement susceptible d'être fragilisée mécaniquement comparée aux roches encaissantes. Cette zone cylindrique ou conique d'intrusions répétitives est aussi susceptible de subir une importante compaction différentielle accompagnée d'un effondrement.

Effondrement de réservoirs

L'étude de la fraction solide présente dans la boue a montré la présence systématique de grains très fins anguleux avec des figures d'endommagement mécanique. Ces grains sont principalement du quartz mais, localement, on rencontre aussi des feldspaths et des carbonates. Cette poudre minérale (comparable à du verre pilé; Fig.6.10) résulte d'une déformation cassante de niveaux granuleux et poreux profonds (essentiellement des grès) à l'origine de flux cataclastiques. Il est possible d'interpréter ces fines particules comme le résultat de l'effondrement (écrasement mécanique) de réservoirs sableux profonds, initialement sous-compactés et caractérisés par de fortes pressions de fluide. On sait que la déformation du quartz sous fortes contraintes s'accompagne communément de phénomènes de granulation et de flux cataclastiques et ainsi les fines particules résultantes sont susceptibles d'être transportées et incorporées au sein de la phase fluide. En effet, l'accroissement de la contrainte effective est susceptible d'être accompagnée par une compaction mécanique, associée à une réduction considérable de la taille des grains [voir par ex. Karner *et al.*, 2005] et par voie de conséquence de générer des flux cataclastiques. Toute expulsion brutale de fluides (liée notamment à un phénomène de fracturation hydraulique naturelle) est donc propice à une augmentation de contrainte effective et d'initier ces processus de destruction de réservoir et de mobilisation des particules par le fluide sous pression (Fig. 9.28). Si c'est le cas, l'origine de la phase fluide n'est donc pas nécessairement à chercher dans les argiles mais elle pourrait être issue en partie directement de réservoirs gréseux sous-compactés (même si, bien

176

sûr, les fluides de ce réservoir proviennent initialement en partie de la compaction et la diagenèse des argiles).

Migration des fluides

Bien que les environnements argileux soient relativement imperméables aux migrations de fluides, le développement de systèmes de fractures hydrauliques et la mobilisation de fluides sous pression sont à l'origine de l'échappement de ces fluides depuis la profondeur vers la surface. Ainsi, en profondeur, se développe un échappement de fluides focalisé vers les exutoires localisés correspondant aux fractures, alors que, vers la surface, la remontée de fluides sous pression est à l'origine d'un gradient de pression entre les conduits et les zones environnantes de pression normale. On a donc une logique de convergence des fluides dans la zone en surpression et de divergence des fluides dans la zone de pression normale [Deville *et al.*, 2003].

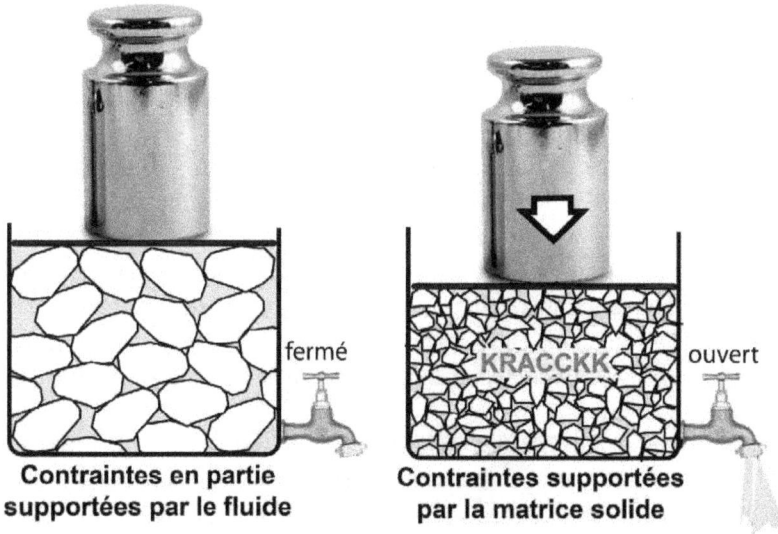

Contraintes en partie supportées par le fluide fermé

Contraintes supportées par la matrice solide ouvert

Figure 9.28 - Schéma expliquant la présence dans la boue d'une farine de grains de quartz très fins anguleux, avec des figures d'endommagement mécanique, comme la conséquence d'une décroissance brutale de pression dans les réservoirs liée au début de la migration du fluide.

Nous l'avons vu plus haut, le régime d'expulsion obéit à divers cycles, depuis des cycles pluriannuels pour les événements catastrophiques, jusqu'à des cycles de quelques minutes pour les cycles d'expulsion de boue et de gaz pendant les périodes de quiescence. Les hautes fréquences peuvent être simplement liées à un problème de migration diphasique (gaz et boue) à travers les conduits de volcans de boue. Les basses fréquentes, ponctuées par des événements catastrophiques, sont elles certainement contrôlées par la dynamique de genèse des surpressions en profondeur. Lorsque que les surpressions sont suffisantes, cela peut être à l'origine de la réouverture des réseaux de fractures permettant des échappements brutaux de fluides de manière cyclique. Un tel processus peut être favorisé également lorsque les fluides présents en profondeur se chargent progressivement en gaz dissous. Ainsi, au delà du seuil de sursaturation, on peut assister au dégazage brutal de volumes de gaz importants, susceptible de générer une augmentation de pression et d'endommager l'efficacité des couvertures sus-jacentes.

Nous l'avons abordé plus haut, en ce qui concerne les conditions de fracturation hydraulique, un point important est que, à la fois les conditions hydromécaniques, mais surtout les flux de fluides mis en jeu sont probablement très différents entre la phase de genèse du système fractures hydrauliques et les phases suivantes de réactivation de la migration des fluides par décharges cycliques après une étape de remédiation (cf. supra). Ceci semble assez évident quand on compare ce qui s'est passé lors de la naissance du volcan de boue de Lusi qui a été catastrophique mais qui surtout implique (aujourd'hui encore) des flux de fluides tout à fait considérables, alors que ceux-ci sont clairement moins importants lors des cycles normaux d'éruption connus dans l'ensemble des volcans de boue de monde.

Les résultats géochimiques suggèrent que, d'une manière générale, les migrations de fluides de la profondeur vers la surface ont eu lieu relativement rapidement (faibles temps de résidence du gaz déduit de la composition isotopique des gaz rares comparée à celle des réservoirs pétroliers) [Battani et al., 2009]. Dans certains cas, les chemins de migrations des fluides expulsés par les volcans de boue traversent des accumulations d'hydrocarbures avérées en profondeur. Ceci signifie que les chemins de migration des volcans de boue et des accumulations d'hydrocarbures sont déconnectés [Deville *et al.*, 2003a]. Ceci est en bon accord avec le fait que la déplétion des réservoirs pétroliers en production (c'est notamment le cas à Trinidad et Azerbaïdjan) n'a jamais perturbé l'activité des volcans de boue. On suppose que cette disconnexion a lieu par l'intermédiaire d'un mud-cake solidifié autour des contours permettant une isolation par rapport aux réservoirs environnants.

Mobilisation de la fraction solide

L'existence de surpressions ne suffit pas à expliquer simplement l'initialisation de la liquéfaction de sédiments puisque l'on connaît en bon nombre d'endroits des argiles en surpression (sous-compactées) qui n'ont jamais été liquéfiées. Il semble en effet nécessaire d'invoquer d'autres processus s'ajoutant à la surpression tels que de fortes circulations de fluides susceptibles de saturer les argiles en eau (apport d'eau nécessaire à l'initialisation du processus). Nous avons vu également que les particules solides présentes dans la boue sont issues de divers niveaux, de même que les clastes et les brèches expulsées pendant les éruptions que l'on interprète comme des fragments issus des éponges des conduits. Ceci suggère une incorporation progressive de particules solides (grains fins et clastes) issues de diverses formations pendant la remontée de la boue, impliquant des horizons profonds et diverses formations géologiques traversées par les conduits. Par voie de conséquence, les bordures des conduits sont des zones potentielles de soustraction de matière. De fait, les données sismiques suggèrent dans différentes zones du monde que les systèmes de volcans de boue sont centrés à l'aplomb de zones amincies dans les formations sous-jacentes. On peut interpréter ces zones amincies comme le résultat de l'incorporation d'éléments solides dans la boue à partir du rebord des conduits . En fonction de la dynamique des fluides en vigueur, la zone de déplétion se localise dans certains horizons privilégiés. Notamment les couvertures argileuses situées vers la profondeur de rétention des fluides sont susceptibles de fournir la majeure partie de la fraction solide remobilisées dans la boue.

Intrusions

Les volcans constituent la preuve directe que de la boue peut migrer en subsurface et intruder des systèmes de fractures [Morley *et al.*, 2003]. Toutefois l'existence en subsurface de grands volumes de sédiments liquéfiés présents au sein de vastes chambres de boue est assez discutable. Bien que des anciens corps de boue solidifiés de grande dimension aient été forés à divers reprises, notamment à Trinidad, il est en fait assez difficile de définir si ces corps sont le résultat d'un empilement d'édifices successifs de volcans de boue fossilisés ou réellement d'anciennes chambres de boue intrusive.

Dans la seconde hypothèse, on peut envisager que le matériel intrusif était initialement liquéfié et que progressivement la boue s'est solidifiée alors que la phase eau s'échappait vers la surface ou les couches environnantes. Des anomalies sismiques (faibles vitesses) ont été mises en évidences en divers endroits de la planète où elles ont été interprétées comme des volumes subcirculaires kilométriques contenant des sédiments liquéfiés chargés en gaz [Cooper, 2001; Duerto & McClay, 2002; Stewart & Davies, 2006].

Empilement d'édifices de volcans de boue

L'empilement d'édifices de volcans de boue se produit lorsque le volcanisme de boue a lieu dans un contexte de fort taux de sédimentation, comme par exemple l'offshore à l'est de Trinidad qui subit les influences des apports sédimentaires de l'Orénoque. Dans un tel cas, on observe dans la proche subsurface un empilement progressif d'édifices de volcans de boue montrant une géométrie en arbres de Noël (Fig. 9.9). Ceci est probablement lié au fait, que les édifices volcaniques sédimentaires se développeent sur des surfaces planes principalement pendant les périodes de faible sédimentation (haut niveau) et que ces édifices sont progressivement ennoyés par les sédiments pendant les phases de forte sédimentation (bas niveau) par des turbidites ou des mass flows (Fig. 9.9). Dans ce cas, la structure d'ensemble est en premier ordre plutôt contrôlée par la cyclicité de la sédimentation turbiditique, plutôt que par des cycles d'expulsion de la boue.

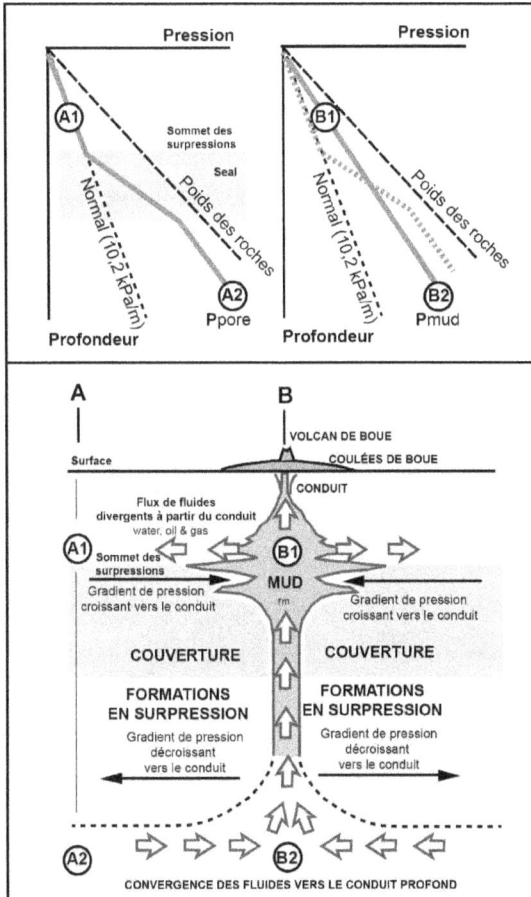

Figure 9.29 - Représentation conceptuelle du régime de migration des fluides autour d'un volcan de boue. Deux profils de pression sont comparés le long de deux verticales qui correspondent respectivement (A) à une zone située autour du volcan de boue et (B) le long du conduit du volcan de boue. A1 et B1 correspondent aux points situés sur ces verticales au sommet des zones de surpression. A2 et B2 correspondent aux points situés sur ces verticales dans la zone profonde en haute pression de fluide. On notera que les deux profils se croisent. La partie profonde se caractérise par une convergence des fluides vers le conduit. La partie supérieure se caractérise par une divergence des fluides depuis le conduit avec un maximum de gradient de pression au sommet des la zone de surpression [Deville *et al.*, 2003, Geol. Soc. Spec. Publ.].

Effondrement

Dans de très nombreux cas, on observe un effondrement des couches sédimentaires superficielles situées autour des conduits des volcans de boue. Localement, en particulier autour des grands édifices, l'effondrement est associé au développement de systèmes de failles circulaires à l'origine de véritables calderas similaires à celles observées dans le cas des volcans magmatiques (Fig. 9.31). Ces systèmes de failles circulaires en surface montrent en 3D une forme de cône pointé vers le bas, de très belles images sismiques de ces objets on été mis en évidence notamment dans le sud de la mer caspienne [Stewart & Davies, 2006].

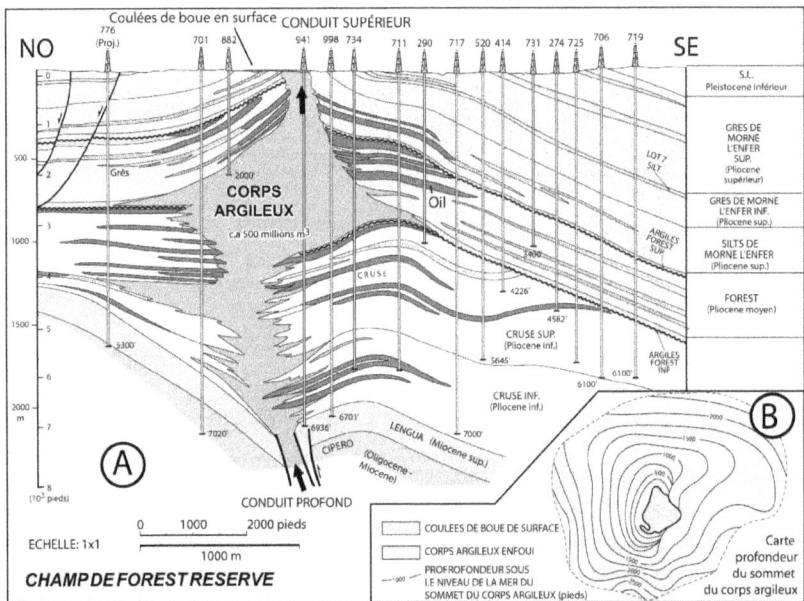

Figure 9.30 - Un exemple de corps argileux foré à Trinidad [modifié d'après Deville *et al.*, 2003]. **A.** Coupe à travers la structure de Forest Reserve (compilé d'après Kugler, 1959 ; Bower, 1965 ; Pat, 1960 publié dans Higgins, 1996). Les grès autours du volume de boue solidifiée sont chargés en pétrole. **B.** Carte profondeur du sommet du volume de boue solidifiée montrant une forme conique (d'après Bower, 1965).

Divers processus peuvent être à l'origine des structures d'effondrement. Le retrait progressif de fragments issus des bords des conduits de volcans de boue est susceptible de générer un effondrement enraciné dans la zone déplétée. De la même manière, l'expulsion de grands volumes de boue est susceptible de provoquer un effondrement enraciné dans la zone d'accumulation de la boue en profondeur. Mais aussi, la chute de pression dans les sédiments sous-compactés associés à l'activité du volcanisme de boue est susceptible de générer une compaction localisée en périphérie des conduits. La conjugaison de ces phénomènes peut contribuer à initier les processus d'effondrement en périphérie des conduits.

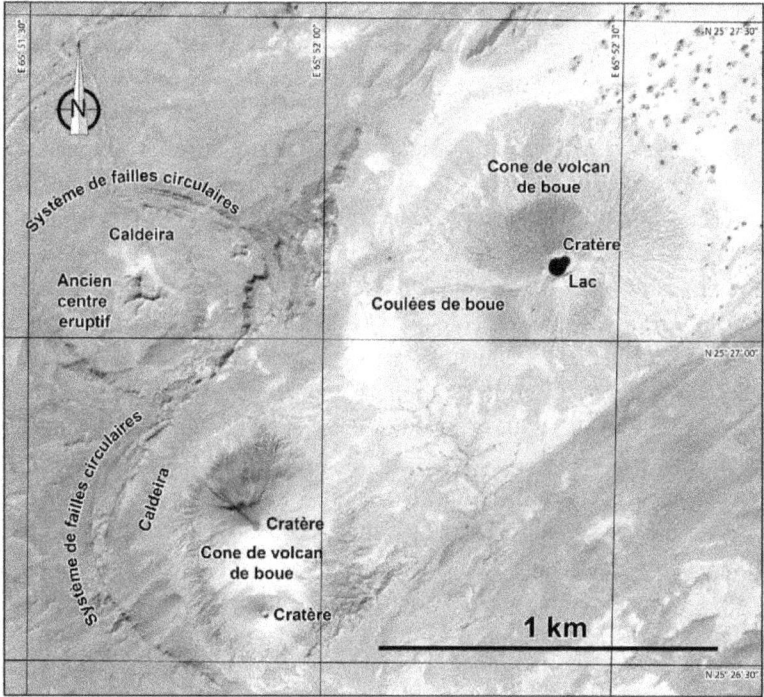

Figure 9.31 - Les volcans de boue de Chandragrup dans le Makran pakistanais. On notera les systèmes de failles circulaires autour des volcans de boue et les caldeiras associées.

SURRECTIONS EN MASSE

Aux cours des travaux effectués sur le prisme d'accrétion de la Barbade, nous avons mis en évidence des structures particulières que nous avons désigné comme structures de surrection en masse (ou « blisters »). En effet, en particulier, dans la partie sud du prisme d'accrétion de la Barbade, on rencontre de nombreuses anomalies topographiques aux géométries plus ou moins complexes qui donnent un aspect de « cloques » sur les données bathymétriques [Deville et al., 2006, 2010] (Fig. 9.32). Ces structures sont clairement différentes des plis bien réglés et allongés du prisme d'accrétion qui sont l'expression superficielle d'anticlinaux de rampe. Elles sont aussi différentes des volcans de boue qui forment des édifices éruptifs coniques très caractéristiques. Elles sont plus larges (généralement plus de 10 km de large) et montrent des topographies plus complexes que les volcans de boue.

C'est notamment le cas de plusieurs trends de structures proéminentes au fond de la mer dans les eaux profondes à l'est de Trinidad (Fig. 9.32) dont les formes sont grossièrement ovoïdes et qui s'alignent grossièrement selon des axes tortueux. Elles ont généralement des flancs redressés et une zone centrale avec une topographie bosselée. Plusieurs de ces structures montrent des évidences de collapses locaux, voire de véritables calderas. Elles sont localement recouvertes par des volcans de boue de plus petite taille et elles sont aussi par endroits entourées d'anneaux de volcans de boue [Deville *et al.*, 2006]. En profondeur, sur les lignes sismiques, ces structures sont entourées par des contacts redressés qui tronquent les couches environnantes. La géométrie en biseau des couches environnantes souligne que la surrection s'est déroulée de manière progressive et s'est étalée sur une période relativement longue. La sismique et les données d'échosondeur montre que le cœur de ces structures est relativement chaotique mais, localement, il est possible d'identifier des réflecteurs lités qui montrent des évidences de déformations importantes. Le réflecteur le plus continu correspond à un BSR probablement associé à la présence d'hydrates de gaz dans les quelques centaines de mètres situés sous le fond de la mer.

Ces structures montrent des formes subcirculaires ou ovoïdes et certaines sont constituées de plusieurs zones surélevées emboîtées. Les carottages réalisés au sommet de ces structures ont montré que le matériel est très différent de celui rencontré sur les volcans de boue où l'on rencontre toujours des empilements de coulées plus ou moins grossières (Fig. 9.8). Il ne s'agit pas non plus de diapirs d'argile perçants (et d'ailleurs, nous l'avons évoqué plus haut, bien que le terme de diapir d'argile soit souvent utilisé, à notre connaissance, l'existence de diapirs d'argile perçants n'a jamais été prouvé quel que soit l'endroit sur la planète). On a bien affaire ici à des sédiments qui n'ont jamais été liquéfiés et qui ont gardé leur litage sédimentaire initial. Selon les endroits, il s'agit soit de dépôts hémipélagiques, soit de turbidites. Si l'on ne peut pas exclure que les sédiments hémipélagiques correspondent à un drapage de volcans de boue inactifs, en tout état de cause ce n'est pas le cas des turbidites qui ont été manifestement surélevées.

Autant que l'on puisse en juger, à partir des données disponibles (sismique et carottages), on est donc en présence de phénomènes de surrection en masse de sédiments restés solides sans qu'il s'agisse de simples remontées de matériel argileux dans des cœurs de plis (Fig. 9.8). Ces mobilisations sédimentaires sont très probablement à mettre en liaison avec des phénomènes de surpressions en profondeur mais pour autant les sédiments situés au sommet de ces structures n'ont probablement jamais été affectés ni par des conditions de surpression, ni par des phénomènes de liquéfaction. En revanche, il n'est pas facile de préciser si ces surrections sont le résultat de la mise en place de sédiments liquéfiés ou de simples mouvements de corps solides en profondeur.

Hypothèse 'solide'. Il est possible que ces structures soient liées à des mouvements de matière toujours stratifiée en profondeur. On pourrait ainsi avoir affaire à une déformation de corps solides mobiles (argiles mobiles) dont le comportement rhéologique est devenu momentanément macroscopiquement plastique (au moins à l'échelle sismique) en liaison avec l'apparition de conditions de surpressions en profondeur (par diminution de la cohésion des sédiments dans les zones de faible contrainte effective). En effet, les argiles peuvent se déformer plastiquement au-dessus d'une limite d'élasticité critique et de surpression qui peut réduire la résistance des roches [Weijermars *et al.*, 1993]. Cela peut produire une déformation dysharmonique qui peut être considéré, à l'échelle sismique, comme macroscopiquement ductile (facteur d'échelle). À titre de référence, la comparaison avec de tels processus de déformation (plissement intense fracturation d'argiles encore stratifié) peut notamment être faite avec les cœurs anticlinaux qui sont exposés dans le prisme d'accrétion du Makran, dans un contexte tectoniques analogue à celui du sud-est Caraïbes [Ellouz *et al.*, 2007a]. L'existence de tels mouvements d'argiles mobiles est suggérée par le fait que certains corps sédimentaires peuvent former des cœurs de plis dysharmoniques ou des épaississements en forme de coussins discontinus dans la partie profonde du prisme. C'est en particulier le cas, à l'extrême sud du prisme de la Barbade, dans la zone drapée par les apports turbiditiques de l'Orénoque.

Hypothèse 'fluide'. Une interprétation alternative pourrait être que ces structures soient liées à la mise en place de sills ou des chambres intrusives de matériel liquéfié. L'existence de tels corps intrusifs initialement boueux et retransformés progressivement à l'état solide est suggérée par la nature de certaines intrusions traversées en forage, notamment à Trinidad [Higgins & Saunders, 1974; Deville *et al.*, 2003] (Fig. 9.30). Également, l'existence de tels corps ayant eu une histoire rhéologique dynamique complexe (avec des passages alternatifs de cassants à ductile) est également suggérée, par exemple, par l'étude des intrusions argileuses qui affleurent sur l'île de la Barbade (formation Joe's River) [Senn, 1940; Kugler *et al.*, 1984]. Celles-ci montrent des textures déstructurées de leur litage sédimentaire initial mais incluant une multitude de microfragments (textures de liquéfaction) mais qui sont maintenant conservées sous une forme solide. La présence de chambres boueuses en profondeur, sous les surrections sédimentaires massives, pourrait expliquer la présence de structures d'effondrement de forme circulaire, de type caldeiras, surimposées à ces structures (Fig. 9.32, 9.34). De tels effondrements peuvent être comparés à des phénomènes bien connus qui suivent des éruptions lors de processus magmatiques.

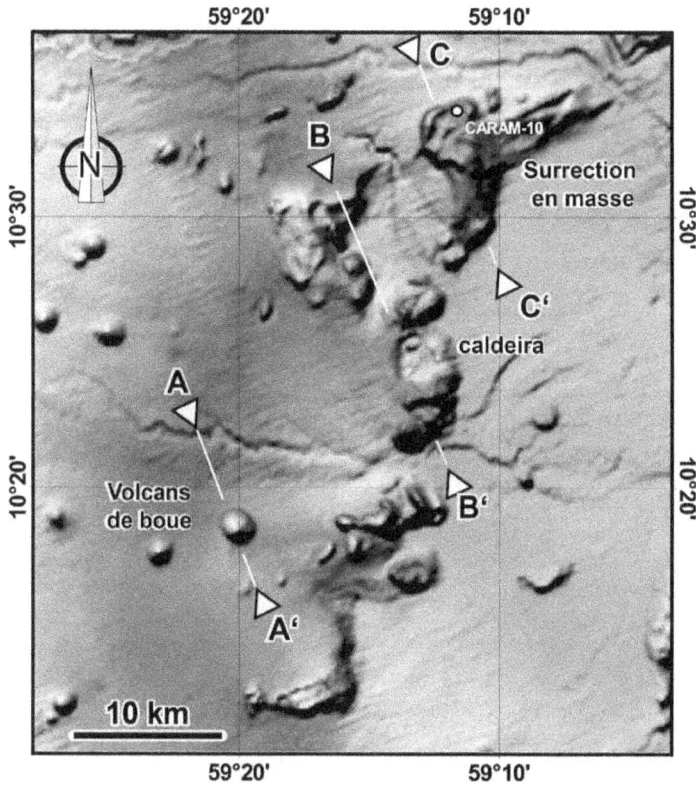

Figure 9.32 – Carte bathymétrique montrant la diversité des structures de mobilisation sédimentaires comprenant notamment des volcans de boue des structures de surrections sédimentaires en masse dans le sud du prisme d'accrétion de la Barbade (offshore est Trinidad) dont les formes sont ovoïdes ou constituent des rides à géométrie complexe avec des axes sinueux. Elles constituent des anomalies topographiques de plus grande dimension que les volcans de boue, elles montrent des flancs redressés et une zone centrale ou axiale avec une topographie accidentée. Ces structures sont couvertes de place en place par de réels volcans de boue et sont compliquées localement par le développement de caldeiras. Leurs axes sont clairement obliques par rapport à ceux des plis profonds enfouis sous la sédimentation turbiditique. L'extrusion a eu lieu de manière progressive dans son encaissant comme l'atteste la géométrie syntectonique des couches environnantes. Une carotte prélevée au sommet de l'une de ces structures Caram #10 a rencontré des sédiments turbiditiques sableux grossiers (Fig. 9.8).

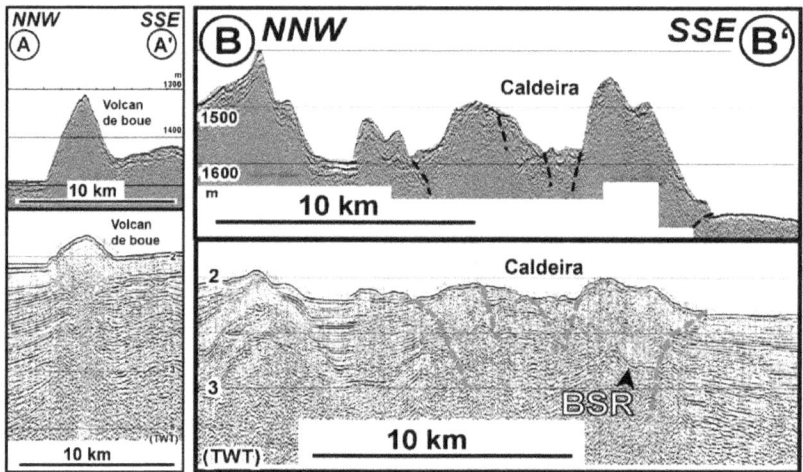

Figure 9.33 (à gauche) - A-A': Un exemple de volcan de boue offshore Trinidad (en haut: prof 3.5 kHz migré en profondeur, en bas: ligne sismique migrée en temps).

Figure 9.34 (à droite) - B-B': Une structure de surrection en masse avec développement d'une caldeira. (en haut: prof 3.5 kHz migré en profondeur, en bas: ligne sismique migrée en temps).

Une troisième hypothèse, qui à nos yeux pourrait bien être la plus probable, est qu'il pourrait s'agir d'inversion de systèmes de volcans de boue préexistants notamment avec des systèmes d'effondrement limtés par des systèmes de failles coniques qui ont été ultérieurement soumis à des phénomènes compressifs. Pour autant, il faut admettre que ces structures restent encore bien mal comprises et de meilleures images sismiques notamment devraient permettre de mieux comprendre ces objets.

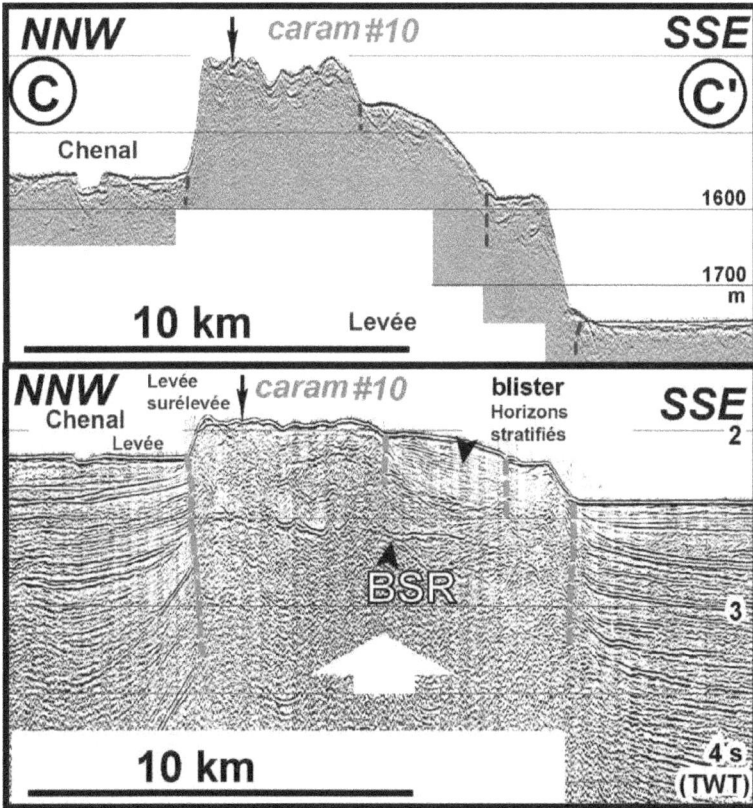

Figure 9.35 – C-C': Une structure de surrection en masse dans le sud du prisme d'accrétion de la Barbade (offshore est Trinidad) (en haut: prof 3.5 kHz migré en profondeur, en bas: ligne sismique migrée en temps; modifié d'après Deville *et al.*, 2006). L'extrusion a eu lieu de manière progressive dans son encaissant comme l'atteste la géométrie syntectonique des couches environnantes. Une carotte prélevée au sommet de l'une de ces structures Caram #10 a rencontré des sédiments turbiditiques sableux de levées surélevés (Fig. 9.8). Ce type de structure est clairement différent des édifices de volcans de boue et il ne correspond pas non plus à des diapirs d'argile perçants. Il résulte de surrections sub-circulaires de sédiments stratifiés. La surrection a eu lieu en plusieurs phases (cf. géométries en éventails sur les bords). La structure est elle-même composite (plusieurs corps surélevés emboîtés). On notera également le BSR bien exprimé au cœur de la structure. Localisation Figure 9.32.

189

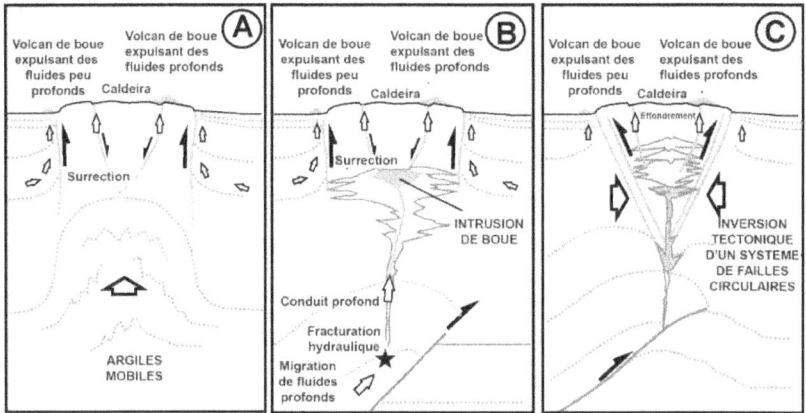

Figure 9.36 – Diverses interprétations possibles de la genèse des structures sub-circulaires de surrection en masse.

10

FLUIDES ET RHÉOLOGIE DES PRISMES OROGENIQUES
Quelques interrogations et voies de réflexion

PROBLÉMATIQUE

Cette partie très prospective a vocation d'intégration à la fois de travaux anciens (notamment ceux effectués dans les Alpes internes) mais aussi de beaucoup d'observations et de travaux pas toujours publiés ou actuellement toujours en cours de publication.

La motivation de cette approche exploratoire est que si l'on s'intéresse aux mouvements à grande échelle de découplage mécanique de la lithosphère continentale ou océanique lors de la subduction, les travaux disponibles, y compris les plus récents, qui utilisent des approches soit conceptuelles, soit numériques paraissent critiquables à deux titres qui sont d'ailleurs probablement liés.

En premier lieu, il est très souvent difficile à travers les modèles proposés (notamment numériques) de retrouver la réalité des choses observables directement sur le terrain dans les unités Haute Pression-Basse Température exhumées. En second lieu, ces approches négligent souvent le rôle des fluides dans les mouvements de convergence de la lithosphère qui, nous allons essayer de le suggérer ici, sont probablement très loin d'être négligeables.

Par ailleurs, nous verrons que les interactions fluide-minéral pourraient avoir des conséquences en matière énergétique (genèse de gaz combustibles notamment). Nous proposons ainsi à titre d'essai de poser quelques interrogations et de tracer quelques voies de réflexion sur le sujet.

ÉVOLUTION RHÉOLOGIQUE D'UN PRISME OROGÉNIQUE: DYNAMIQUE DE COUPLAGE-DECOUPLAGE

Quelle rhéologie initiale ?

Au cours de l'évolution d'un prisme orogénique s'affrontent des domaines dont les caractéristiques mécaniques sont initialement variées et sont aussi variables au cours du temps, en fonction de l'évolution des conditions physiques. Ce point est essentiel pour comprendre l'évolution d'un orogène convergent et les processus de couplage-découplage qui ont lieu au sein de la lithosphère. En effet, on sait qu'initialement, qu'elle soit océanique ou continentale, la lithosphère montre, sur une même verticale, une rhéologie qui dépend de la nature des roches qui la composent, des conditions de contrainte et de température.

D'une manière générale, dans la pile sédimentaire (supra-continentale ou supra-océanique) peuvent exister des découplages possibles à divers niveaux dans la couverture sédimentaire, notamment dans des niveaux d'évaporites (surtout le sel mais également dans l'anhydrite) ou, nous l'avons vu, dans des horizons argileux sous-compactés en surpression. Dans la croûte supérieure, schématiquement, on considère très classiquement que la résistance à la fracturation des roches de la croûte supérieure s'accroît progressivement avec la profondeur (Fig. 10.1).

Dans la lithosphère continentale à croûte continentale épaisse, cette résistance atteint un maximum à la profondeur où l'accroissement progressif de la température permet un comportement ductile en lien avec le métamorphisme. En effet, les propriétés mécaniques de la croûte supérieure peuvent être assimilées à ceux des corps plastiques parfaits (mohr-coulomb) en considérant que la rhéologie de la croûte supérieure est dépendante de la profondeur.

Le maximum de résistance de la croûte continentale se situe vers la limite cassant-ductile, ce qui permet d'expliquer la distribution de l'activité sismique dans la croûte continentale. Au delà, on dépasse le seuil de plasticité et l'on évolue vers une relaxation ductile des contraintes (tendance à un régime isotrope).

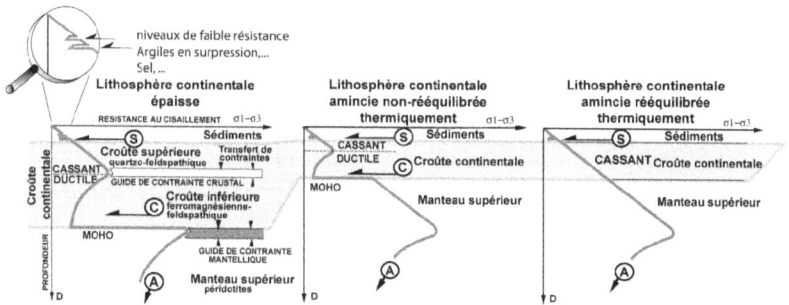

Figure 10.1 – Les principaux niveaux de découplage au sein de la lithosphère continentale. *S*: découplages dans la série sédimentaire; *C*: découplage dans la croûte continentale; *A*: découplage dans l'asthénosphère.

Une telle stratification rhéologique (modèle très classique du "jelly sandwich") de la croûte continentale implique l'existence d'un niveau crustal aux limites diffuses situé vers la limite cassant-ductile, montrant un maximum de résistance et jouant ainsi le rôle de guide de contrainte (Fig. 10.1). De la même manière, il est classique de considérer que la lithosphère continentale amincie montre un comportement mécanique globalement similaire à la lithosphère continentale épaisse pendant l'amincissement mais ce comportement change dès lors que progressivement intervient un rééquilibrage thermique. En effet, la lithosphère continentale amincie rééquilibrée thermiquement ne présente pas de découplage dans la croûte inférieure, mais si on l'enfouit profondément, on peut générer un découplage entre croûte continentale et manteau lithosphérique. Nous verrons que ce point pourrait être essentiel pour comprendre pourquoi des unités de croûte continentale, avec leur couverture sédimentaire, ont été enfouies profondément et ultérieurement surélevées.

Au sein de la lithosphère océanique, la croûte étant généralement relativement mince, il n'existe pas de niveau de découplage en base de croûte à l'exception des zones proches des dorsales actives [Norrell, 1991; Searle & Escartin, 2004]. En revanche, un découplage est possible dans la partie serpentinisée du manteau supérieur [Lagabrielle, 1987 ; Deville, 1987]. Autant que l'on puisse en déduire à partir des observations de terrain et des évolutions P-T des unités serpentinitiques, ce décollement

193

intra-serpentinite n'est pas effectif en surface mais il semble qu'il ne s'active qu'en profondeur, nous discuterons ce point plus loin.

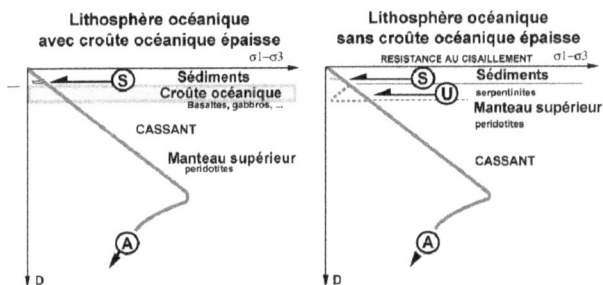

Figure 10.2 – Les deux principaux niveaux de découplage dans de la lithosphère océanique. *S*: découplage dans la série sédimentaire; *U*: découplage dans le manteau supérieur serpentinisé; *A*: découplage dans l'asthénosphère

Les conditions de la subduction ?

Les orogènes convergents impliquent donc des domaines rhéologiquement stratifiés et la convergence débute par le phénomène de subduction. Le terme subduction, initialement utilisé dans la chaîne de collision des Alpes par André Amstuz, en 1957, décrit maintenant communément le processus par lequel une plaque lithosphérique plonge au sein de l'asthénosphère. La subduction caractérise principalement les plaques océaniques mais, bien sûr, la découverte de paragenèses à coesite et à diamant en différents endroits du monde, au sein de lambeau de croûte continentale, indique que ces unités ont subi des contraintes supérieures à 3GPa (cf. § 3) et donc ont été impliquée dans une subduction. La subduction de la croûte continentale n'est possible que si l'on implique une lithosphère avec une croûte continentale amincie rééquilibrée thermiquement et donc sans niveau de découplage crustal. La flottabilité de la lithosphère est alors suffisamment faible pour permettre son enfouissement au sein de l'asthénosphère, ce qui est accentué par les processus de métamorphisme (notamment l'éclogitisation) [Doin & Henry, 2001]. L'implication progressive d'une croûte continentale épaisse dans la collision tend à bloquer le processus de subduction car la flottabilité de la lithosphère devient trop forte et elle résiste à un enfouissement au sein de l'asthénosphère. La convergence est alors freinée et dans certains cas elle s'absorbe par écaillage de la lithosphère continentale (cf. § 3).

Pour ce qui est de l'exemple des Alpes, il est frappant de constater que les contrastes spectaculaires d'évolution P-T des unités tectoniques impliquées dans les zones HP-BT, ainsi que les vitesses de surrection de certaines unités, ne peuvent en aucun cas s'expliquer par le simple jeu de mouvements relatifs limités au volume restreint des unités concernées dans la ceinture HP-BT, par déplacement (enfouissement – surrection) les unes par rapport aux autres, une fois accrétées au sein du prisme orogénique. Dès la fin des années 80, nous avions notamment souligné que ce type d'interprétation qui étaient très en vogue à l'époque [cf. par exemple Gillet *et al.*, 1985; Davy & Gillet, 1986] n'était pas satisfaisant. En effet, les évolutions pression-température au sein de la ceinture HP sont beaucoup trop contrastées pour correspondre à de simples déplacements liés à des jeux de failles au sein du volume très réduit qui constitue les domaines HP des zones de collision. Étant donnée la faible épaisseur de ces unités, même en supposant des mouvements extrêmement rapides (mais qui peuvent difficilement être supérieurs à la vitesse de convergence lithosphérique), il n'est pas possible de rendre compte ni de l'histoire en pression, ni de l'histoire en température de ces unités. On doit plutôt considérer que le pic de pression a été acquis au cours de la subduction d'un panneau lithosphérique et qu'ensuite, seulement, les unité HP ont été découplées de ce panneau et rassemblées au sein du petit volume que constituent les domaines Haute Pression. Nous discuterons ce point plus loin.

Dans leur phase prograde, les trajets P-T des unités HP-BT se font dans des conditions de gradient thermique extrêmement faible (entre 5 et 10°C/km). Comme il est très classiquement admis, on se trouve ici clairement dans des conditions de régime transitoire de la chaleur, la vitesse élevée de l'enfouissement ne permettant pas un rééquilibrage thermique. Pour atteindre des conditions de régime transitoire de la chaleur, il est nécessaire d'enfouir un ensemble de plusieurs dizaines de kilomètres d'épaisseur à des vitesses au moins de l'ordre du centimètre/an

(Fig. 10.3). Ainsi, le seul processus possible semble bien être la subduction d'un panneau lithosphérique s'enfonçant dans l'asthénosphère.

On atteint, au plus, des températures de l'ordre de 700-800°C dans les unités de croûte continentale enfouies dans des conditions de pression considérables (> 3 GPa). Ce qui correspond, ni plus ni moins, à des températures en base de croûte dans des domaines situés au cœur des plaques continentales (où l'on considère classiquement que la croûte inférieure prend un comportement ductile). Ainsi, plus la vitesse de subduction est rapide, plus un enfouissement profond est possible avant l'activation du découplage. Également, d'une manière générale, si l'on admet que les conditions HP-BT n'ont pu être atteintes qu'au sein d'un panneau en subduction, on peut en déduire de manière très simple qu'elles sont issues de la plaque plongeante, à moins d'envisager des processus complexes d'érosion de la plaque supérieure et d'enfouissement de lambeaux de la plaque supérieure entraînés par la plaque plongeante. Dans le cas des Alpes occidentales, l'interprétation la plus simple est donc de considérer que les unités HP-BT proviennent d'une plaque unique (y compris le massif de Sesia), la plaque européenne qui est la plaque plongeante (ce qui est confirmé par les données géophysiques; § 3).

Quels niveaux de découplage observés dans la nature ?

Aux cours des travaux menés dans les unités de la ceinture métamorphique HP des Alpes, pendant les années 80, nous avons contribué à préciser la nature des unités de la ceinture métamorphique HP des Alpes, et à montrer que divers niveaux de découplage peuvent être mis en évidence [Deville, 1987, 1990, Deville *et al.*, 1991]. Dans les ensembles d'origine continentale sont préservées soit des unités purement sédimentaires, soit des unités impliquant la croûte continentale supérieure, très généralement avec un tégument sédimentaire. Dans les ensembles d'origine océanique, sont préservées soit des unités purement sédimentaires, soit des unités impliquant la partie supérieure de la lithosphère océanique, généralement des péridotites très serpentinisées, là aussi, en général, avec un tégument sédimentaire. Nulle part, ni la croûte continentale inférieure, ni le manteau sous-continental ou océanique non serpentinisé ne sont conservés (à l'exception des certains affleurements du massif de péridotites en grande partie serpentinisées de Lanzo). A part les discontinuités dans la pile sédimentaire, il paraît donc légitime de considérer que les niveaux de découplage majeurs sont situés (1) dans le manteau supérieur serpentinisé, (2) dans la croûte continentale amincie [Deville, 1987, 1990] (Fig. 3.2). Encore une fois, ce qui est très frappant constater dans les zones internes métamorphiques des Alpes, c'est qu'à la fois les serpentinites et le socle présentent quasi-systématiquement leurs propres couvertures. Ce couplage qui est statistiquement assez spectaculaire contraste donc largement avec la tectonique d'avant-pays où la logique est plus guidée par un décollement entre le socle et sa couverture.

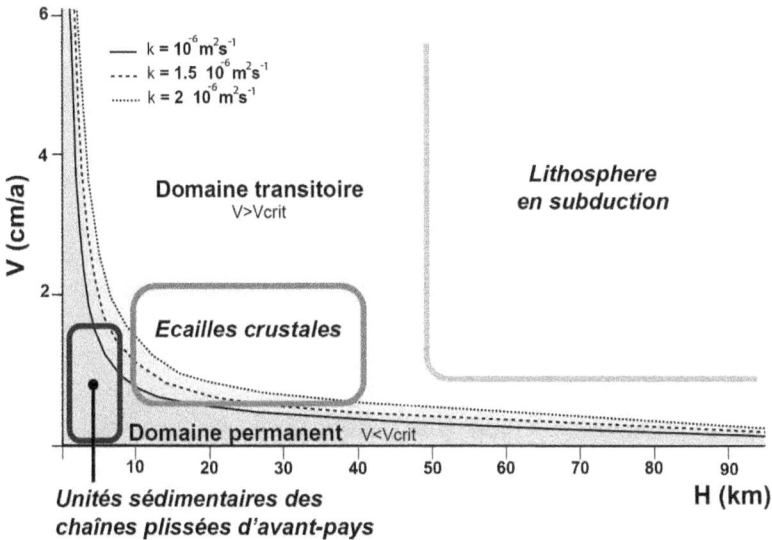

Figure 10.3 – Champs des domaines de régime permanent - régime transitoire de la chaleur dans le diagramme épaisseur des unités tectoniques / vitesse de déplacement [modifié et complété d'après Sassi 1994, rapport IFP]. Ce diagramme montre de manière très simple que, étant donné les dimensions actuelles des unités de la ceinture métamorphique et la vitesse de convergence des plaques, il est physiquement impossible d'y générer un régime transitoire de la température et donc un métamorphisme de haute pression par de simples mouvements relatifs de ces unités les unes par rapport aux autres. Le métamorphisme HP a nécessairement été acquis par des mouvements d'unités de dimensions lithosphériques (subduction continentale).

Pourquoi des rhéologies variables ?

Des générations de géologues ont constaté dans les zones internes des chaînes de collision que des roches initialement cassantes (sédiments, granites, ...), ont eu un comportement ductile au cours de leur enfouissement pour redevenir à nouveau cassantes au cours de leur surrection. En effet, au cours de l'évolution dynamique d'une chaîne de collision, la rhéologie des matériaux n'est pas fixe mais elle évolue considérablement en fonction des conditions physiques du milieu. Ce sont ces changements qui conditionnent toute l'évolution géodynamique du prisme au cours du temps. Ceci a été illustré par diverses approches de modélisation [Willet *et al.*, 1993; Beaumont *et al.*, 1999; Willett, 1999; Bertam Scott *et al.*, 2000; Burov *et al.*, 2001; Doin & Henry, 2001; Gerya *et al.*, 2002, 2006], les auteurs considérant classiquement qu'avec l'augmentation de température associée à l'enfouissement, les roches acquièrent un comportement de type fluide visqueux[9]. L'hydratation des roches amplifie ce phénomène en induisant une diminution de la résistance ductile (matériaux plus ductiles en présence d'eau) [Cloeting & Banda, 1992; Jackson, 2002; Yardley, 2009; Connolly, 2010] (Fig. 10.4).

Quelle est la place des fluides dans une zone de subduction ?

Avant d'aborder les aspects couplage-découplage, il est intéressant de replacer en perspective quelques généralités sur le comportement des fluides dans une zone de subduction. L'enfouissement progressif des

---

[9] La croûte continentale se comporte comme un fluide visqueux thermosensible, où le taux de déformation $\dot{\varepsilon}$
dépend comme une loi de puissance de la contrainte différentielle $(\sigma_1 - \sigma_3)$, de façon exponentielle de T et des différents matériaux qui est classiquement estimé par la loi de Dorn (power-law creep) [Kirby, 1983; Brace & Kohlstedt, 1995], et dépend également de la fugacité en eau f_{H_2O},

$$\dot{\varepsilon} = A(\sigma_1 - \sigma_3)^n f_{H_2O}^m \exp\left[\frac{-Q}{RT}\right]$$

où A, n, et Q sont supposés être des constantes dépendant des matériaux considérés. Ainsi, avec l'élévation température, il est de plus en plus facile d'atteindre des taux de déformation ductile importants ($>10^{-15}$ s^{-1}).

sédiments gorgés d'eau dans la zone de subduction a des conséquences multiples qui s'expriment notamment par le contrôle des processus de couplage et de découplage au sein de la lithosphère en subduction. L'enfouissement des sédiments riches en matière organique, associé à une augmentation de la température, se marque par la genèse d'hydrocarbures bactériens et thermogéniques. L'enfouissement des sédiments est caractérisé aussi par une déshydratation (cf. § 7), où une partie de l'eau peut s'échapper vers la surface (cf. § 8 & 9), mais où une autre partie est retenue et interagit en partie avec le solide, notamment les roches mantelliques, pendant la subduction [Peacok *et al.*, 1990, 2002; Hacker *et al.*, 2003; Jarrard, 2003]. La déshydratation est efficace dans la partie superficielle et lors de la conversion de la smectite en illite (c'est à dire essentiellement dans la fenêtre 60-120°C; cf. § 7) mais elle se poursuit au cours du métamorphisme des sédiments (notamment au-delà de 300°C). Au cours du métamorphisme, on assiste probablement à la déstabilisation de l'ammonium des argiles qui est susceptible de générer une source d'azote (il est possible par exemple que les flux d'azote et d'hélium que nous avons notamment observés à la base des nappes de péridotites en Oman et en Nouvelle-Calédonie correspondent à ce phénomène). L'eau expulsée par les sédiments est capable de percoler dans son environnement par fracturation hydraulique et d'hydrater les roches mantelliques à proximité du plan de subduction. Ceci s'accompagne par le phénomène de serpentinisation qui se caractérise par l'hydrolyse de l'eau et qui par voie de conséquence est générateur d'H_2 (cf. § 11). La serpentinisation est particulièrement efficace dans la fenêtre (200-300°C; cf. § 11). L'hydrogène est lui-même susceptible de réagir avec le carbone oxydé dissous (fournis par la solubilisation partielle des carbonates ou par le manteau environnant) pour donner des hydrocarbures abiotiques (cf. § 11). Tant que le système reste relativement fermé, les carbonates restent stables, y compris à très haute température. Au-delà de 600°C, la graphitisation des hydrocarbures et de la matière organique résiduelle fournit une source supplémentaire d'H_2.

Passé le point critique de l'eau (375°C), se forme une seule phase fluide supercritique[10] et, conjointement, la présence de fluides dans le milieu

---

[10] L'eau supercritique est définie par sa température et sa pression supérieures à celles du point critique liquide-gaz (Tc=375°C). Dans ces conditions thermodynamiques, l'eau supercritique

induit une chute importante de la résistance des roches (Fig. 10.6). Cet aspect pourrait être crucial pour ce qui est des problèmes de découplage pendant la subduction (cf. infra). A très haute température (>1000°C), se produit un phénomène inverse à ce qui se passe sous le point critique, à savoir que l'on peut déstabiliser les serpentinites (dé-serpentinisation) et relâcher une phase fluide[11] supercritique qui joue un rôle essentiel dans la fusion des roches et dans la genèse du magmatisme associé à la subduction.

Comment active-t-on les découplages profonds ?

On sait donc que, dans les chaînes de collision, certains niveaux de découplages n'apparaissent que dans des conditions d'enfouissement considérables. D'une part, on voit apparaitre en profondeur un découplage dans la lithosphère océanique et d'autre part, alors qu'il existe un bon couplage initial de la croûte continentale amincie avec le manteau, lorsqu'on enfouit par subduction des portions de lithosphère à croûte continentale amincie, avec l'élévation progressive de la température, la croûte continentale et les sédiments montrent une résistance au cisaillement de plus en plus faible et très dépendante de la teneur en fluides. Au-delà d'un certain seuil cette résistance n'est plus assez importante pour contrebalancer les forces de cisaillements et de flottabilité de la croûte continentale et un niveau de découplage peut apparaître.

---

allie une très grande compressibilité de type gaz à une densité de type liquide. Cette évolution s'accompagne de changements spectaculaires des propriétés physico-chimiques de l'eau, ce qui rend le milieu aqueux très réactif dans ces conditions et en fait un acteur majeur dans de nombreux processus géochimiques (séparation de phases et cristallisation dans les magmas, transport et déposition des métaux par les fluides hydrothermaux à l'origine des gisements métallifères, altération hydrothermale des roches, captage des gaz dont l'N_2 et le CO_2 produit lors du métamorphisme). Pour donner quelques ordres de grandeur, à 1GPa, 375°C, l'eau supercritique a une densité = 1.1 g/cm^3 et à 3GPa, 600°C une densité =1.25 g/cm^3.

[11] Serpentine => olivine + orthopyroxène + eau

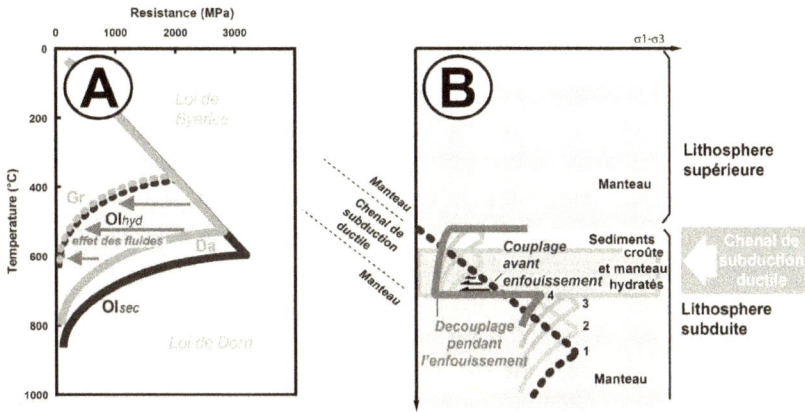

Figure 10.4 – A. Effet couplé des fluides et de la température sur la résistance des roches (Ol. olivine, Da. diabase, Gr. granulite) [données d'après Mackwell *et al.*, 1998; Rybacki *et al.*, 2006]; **B.** Implications sur la résistance des roches dans zone de subduction: schéma interprétatif de l'activation d'un couloir ductile dans le manteau et la croûte continentale hydratés au contact des sédiments enfouis lors de la subduction.

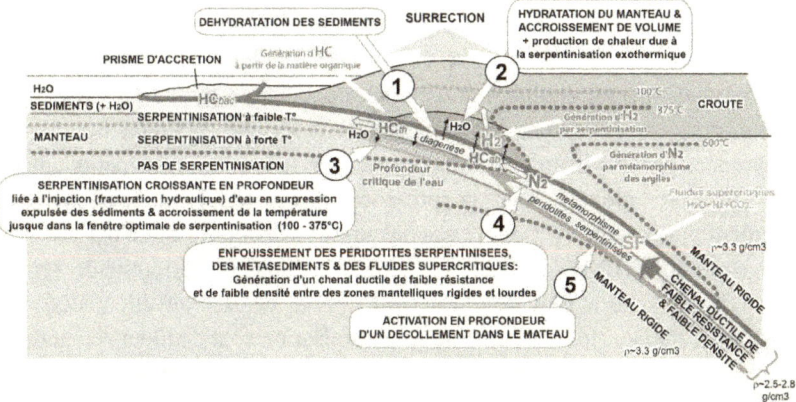

Figure 10.5 – Schéma conceptuel investiguant l'influence des fluides dans une zone de subduction d'une lithosphère océanique sans croûte océanique épaisse (manteau dénudé), comme cela est le cas dans les ophiolites des Alpes. Ce schéma invoque le développement induit en profondeur d'une zone de faible rigidité (ductile), impliquant le manteau serpentinisé en profondeur et les sédiments enfouis lors de la subduction.

201

Subduction de la lithosphère océanique. Si la lithosphère océanique avec une croûte océanique épaisse est généralement vouée à être subduite de manière irréversible, il n'en est pas de même de la lithosphère avec un manteau dénudé où un découplage apparait pendant la subduction. Le découplage qui apparait en profondeur dans le matériel mantellique reste aujourd'hui assez mal compris [cf. par ex. Agard *et al.*, 2009]. Il est possible que ce découplage soit en fait la conséquence d'un maximum de serpentinisation du matériel mantellique, non pas avant (pendant le stade océanique), mais pendant l'enfouissement de la lithosphère océanique, par interaction entre l'eau expulsée par les sédiments et les péridotites. Des études de magnéto-téllurie dans diverses zones de subduction suggèrent effectivement une hydratation très importante du manteau de la plaque plongeante pendant la subduction [Ishiki *et al.*, 2000; Evans *et al.*, 2002; Galanopoulos *et al.*, 2005; Soyers & Unsworth, 2006; Shimakawa *et al.*, 2006; Joedicker *et al.*, 2006; Wannamaker *et al.*, 2009; Brasse *et al.*, 2006; Matsuno *et al.*, 2010; Worzewski *et al.*, 2011]. En effet, l'efficacité des processus de serpentinisation des péridotites croit progressivement jusque vers un optimum situé vers 250-330°C pour s'interrompre au-dessus de 375°C [Collom & Bach, 2009] dans les conditions de l'eau supercritique. Or, cette fenêtre de serpentinisation optimale correspond précisément à la température minimum qui est enregistrée au sein des grandes unités océaniques métamorphiques et exhumées pendant le pic de pression. Pour conforter cette interprétation, on peut remarquer que les unités océaniques marquées par une histoire HP-BT se caractérisent quasi-systématiquement, de manière globale, par la présence de matériel ultrabasique très serpentinisé ce qui n'est pas le cas des unités océaniques qui n'ont pas subi les conditions HP-BT comme par exemple la nappe de péridotite de Semail en Oman, ou le massif de péridotites du sud de la Nouvelle-Calédonie. Dans ces nappes, les gradients de serpentinisation sont d'ailleurs en général inverse, avec un maximum vers la semelle. Nous l'avons évoqué plus haut, il est également frappant de constater que, dans les chaînes de collision, les unités océaniques métamorphiques HP-BT et exhumées comportent quasi-systématiquement, et ici aussi de manière globale, une association couverture sédimentaire – serpentinites comme si ce couplage était une condition nécessaire à l'exhumation.

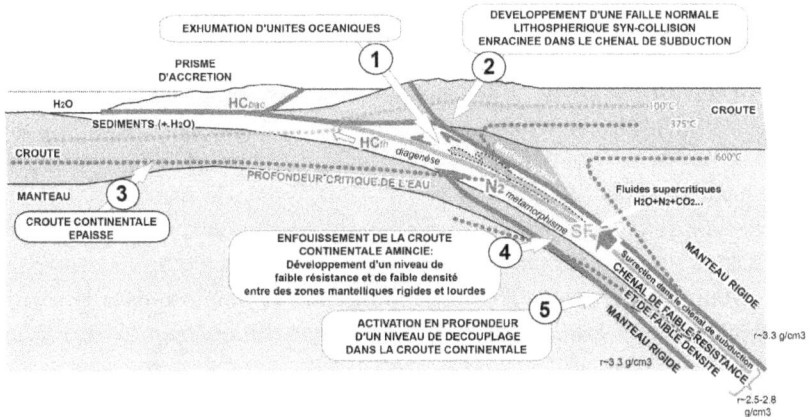

Figure 10.6 – Schéma conceptuel investiguant l'influence de la température et des fluides dans une zone de subduction d'une lithosphère continentale amincie comme cela est le cas des Alpes. Ce schéma invoque le développement induit en profondeur d'une zone de faible rigidité (ductile), impliquant croûte supérieure et les sédiments enfouis lors de la subduction.

On peut, par exemple, envisager que la subduction de la lithosphère océanique sans croûte épaisse (un manteau dénudé couvert de sédiments) provoque une chaine de réactions (Fig. 10.6) débutant (1) par la déshydratation lors de la diagenèse des sédiments entrainés dans la subduction qui va entrainer une fracturation hydraulique à la fois dans le manteau sous-jacent de la plaque en subduction et dans le manteau sus-jacent dans la plaque supérieure. L'injection de fluides (2) dans la plaque supérieure est responsable d'une hydratation du manteau par serpentinisation qui s'accompagne d'une augmentation de volume et d'une diminution de densité induisant des mouvements verticaux et une production de chaleur (réaction exothermique). De la même manière, il existe manifestement une injection de fluides en surpression dans la plaque inférieure qui est favorisée par les phénomènes de fracturation ou de réactivation de la fracturation liés au pliage de la plaque impliquée dans la subduction [Rannero *et al.*, 2003; Kuepke *et al.*, 2004; Grevemeyer *et al.*, 2005; Faccenna *et al.*, 2009]. Cette injection de fluides associée à l'augmentation progressive de la température en profondeur dans le manteau de la plaque en subduction induit nécessairement une serpentinisation incrémentale (3) dans la fenêtre d'efficacité optimale de la serpentinisation (250-330°C). En profondeur (4), le passage du point critique de l'eau (275°C) voit l'arrêt des processus de serpentinisation et l'apparition d'une phase fluide supercritique dans les métasédiments et le manteau serpentinisé enfoui qui est susceptible de générer une zone de faible résistance mécanique et de faible densité. (5) Ces conditions semblent susceptibles d'induire un découplage dans le manteau (entre la partie non serpentinisée et la partie serpentinisée) pouvant permettre une surrection. Cette interprétation d'un découplage à grande profondeur et à haute température (300-600°C) de la lithosphère océanique dans la partie serpentinisée du manteau est un fait qui parait assez bien avéré sur le terrain.

Subduction de la lithosphère continentale amincie. Dans ce cas, c'est la croûte continentale qui joue le rôle du matériau thermosensible et l'apparition d'un découplage intra-crustal acquis avec l'enfouissement est ici aussi d'autant plus favorisé que la vitesse de subduction est lente (donc plus on exhume des roches HP enfouies profondément, plus le phénomène doit être rapide). Ce phénomène est là aussi très dépendant de la teneur en fluides entraînés dans la subduction. Plus la teneur en fluide est forte, plus la résistance au cisaillement est faible (Fig. 10.7). Si la résistance n'est pas suffisante pour contrebalancer les forces de cisaillement le long du plan de subduction conjuguées aux forces de flottabilité du matériel continental léger, on peut ainsi obtenir un "largage" de matériel ductile, continental et sédimentaire, qui va progressivement se désolidariser du panneau en subduction. Les unités détachées peuvent ainsi remonter dans une zone ductile parallèlement au plan de subduction par simple flottabilité. Divers auteurs ont invoqué, depuis England & Holland [1979], l'existence d'un tel chenal de subduction ("two-way-street") pour expliquer l'exhumation de la croûte continentale ayant subie une histoire HP-BT [Schreve & Cloos, 1986; Beaumont *et al.*, 1999; Ernst & Liou, 2000; Gerya *et al.*, 2002a & b, 2006, ...]. Dans ce cas, c'est l'élévation de température couplée au rôle des fluides qui contrôlent le caractère ductile (Fig. 10.7), alors que dans le cas de la base des mégaprismes d'accrétion sédimentaires où l'on reste à des températures réduites, c'est principalement la pression de fluide qui induit les déformations plastiques intenses, donc le caractère

« macroscopiquement ductile » (même si bien sûr la surpression de fluide est, on l'a vu plus haut, en partie contrôlée par la température).

Chenal de subduction et accrétion ductile au cœur du prisme orogénique: quels processus ?

Revenons au cas d'une chaîne de collision, une fois le découplage créé dans la croûte, il est possible d'envisager que le matériel remonte dans une zone ductile parallèlement au plan de subduction et vient s'accumuler au cœur du système orogénique [cf. notamment Gerya *et al.*, 2002a & b]. Il ne peut pas s'agir uniquement d'une remonté par érosion ou par dénudation tectonique mais l'on a probablement une remontée de type gravitaire de matériel ductile au niveau du plan de subduction et l'érosion en surface entretien nécessairement le système. Si l'on se fie aux données radiochronologiques, les vitesses de surrection dépassent 2 cm/an [Gebauer *et al.*, 1997; Rubatto & Hermann, 2001] et seraient donc équivalentes, voire supérieures à la vitesse de convergence. Il s'agit donc d'un phénomène très rapide (toute proportion gardée). Dans le détail, il est difficile de préciser à quoi correspondent exactement les zones d'exhumation. Il parait assez séduisant de considérer que le cœur des massifs cristallins internes (qui ont enregistrés les pressions les plus fortes) correspond à l'émergence de conduits de surrection plus rapide que les zones environnantes. Également, il est difficile de préciser comment se comportent les roches à l'intérieur de cette zone, probablement de manière très hétérogène avec des zones de cisaillement intense et des zones préservées. En effet, on observe en de nombreux endroits que les protolytes peuvent être localement très bien préservés ainsi que les relations stratigraphiques entre diverses formations ou encore certaines figures sédimentaires [cf. par ex. Deville *et al.*, 1992]. Globalement, le phénomène s'accompagne d'un étirement ductile perpendiculaire à l'axe de l'orogène (linéation A) et un aplatissement vertical (régime de déformation typique des unités HP-BT des Alpes internes).

Par ailleurs, l'ensemble des données P, T, t sur le métamorphisme au cœur des chaînes de collision suggèrent que les vitesses d'exhumation sont plus lentes dans les 30 derniers kilomètres les plus superficiels. Ceci pourrait correspondre au fait qu'il existe au cœur du système orogénique une zone d'accrétion et de stockage d'unités d'origines variées détachées du panneau en subduction. Ceci explique la proximité d'unités issues de domaines paléographiques totalement différents et ayant subi des évolutions pression et température totalement différentes. On peut ainsi envisager que cette zone de matériel chaud dans la partie inférieure de l'orogène s'épaissit progressivement et présente de fait un comportement ductile alors que, conjointement, la partie supérieure, plus froide, montre un comportement cassant. Par contrôle gravitaire, la partie inférieure ductile tend à s'étaler horizontalement et à s'aplatir verticalement, comme c'est le cas dans les grands prismes d'accrétion (voir ci-dessus). Le phénomène d'étalement de la base des prismes épais a pour conséquence de générer simultanément, dans la partie supérieure cassante du prisme, des zones en compression aux extrémités (fronts compressifs) et une zone en extension au cœur du prisme [Platt, 1986; Willett, 1999]. A ce stade, le cœur de l'orogène se caractérise par un gradient thermique très fort alors que le gradient était au contraire très faible au moment de la subduction.

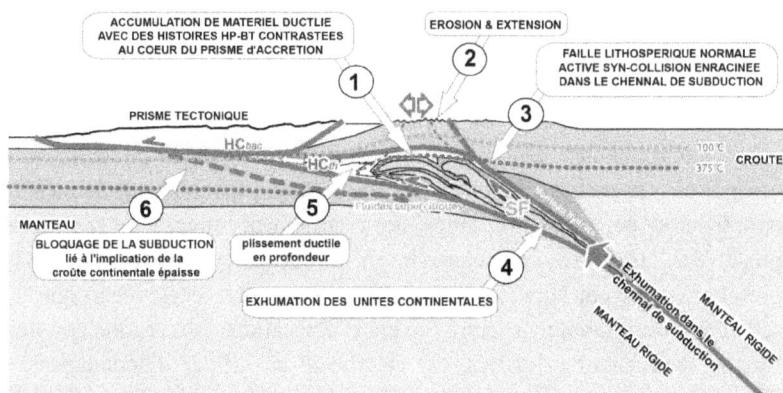

Figure 10.7 – Schéma conceptuel investiguant comment il est possible d'accumuler un matériel ductile au cœur du système orogénique regroupant des unités continentale et océaniques ayant subies des évolutions P-T progrades très contrastées puis une homogénéisation des conditions rétrogrades en climat relativement haute température.

Pour autant, ici encore, les processus sont bien mal contraints et sujets aux interprétations de chacun et, de fait, il n'existe pas de modèle unanimement admis dans la communauté scientifique. L'acquisition de nouvelles données géophysiques couplée avec les résultats des modèles numériques nous permettrons progressivement de mieux comprendre ces phénomènes complexes.

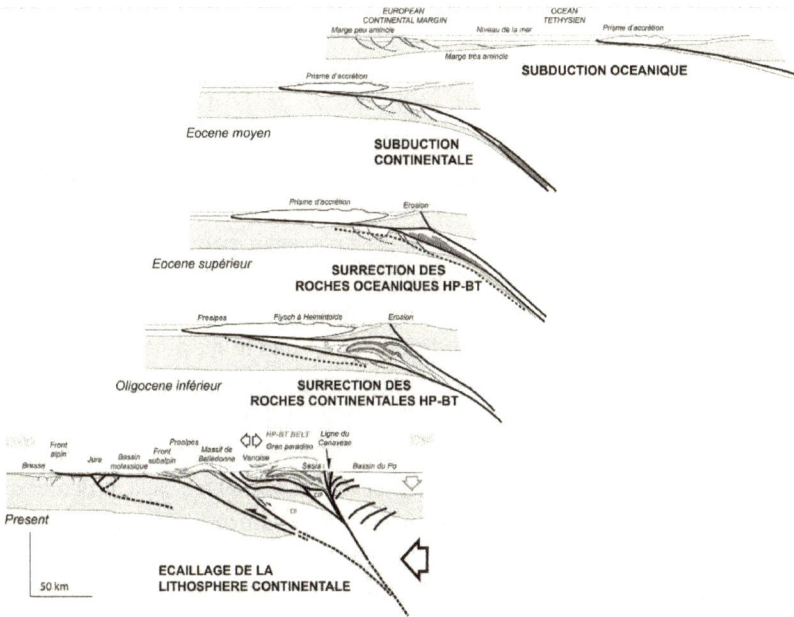

Figure 10.8 – Schéma d'évolution possible proposé pour l'exemple des Alpes occidentales.

11

BILAN ET PERSPECTIVES

BILAN

Au travers des lignes de cet ouvrage, nous avons tenté de fournir une meilleure compréhension de la structure et de la dynamique à grande échelle des prismes d'accrétion et des chaînes de collision. Ainsi, si l'on considère le contenu stratigraphique et structural des zones internes des Alpes occidentales, par exemple, dans les Schistes lustrés, avant la fin des années 80, les auteurs considéraient qu'il n'existait rien de plus récent que le Crétacé inférieur et que ce matériel était métamorphisé au cours du Crétacé supérieur. Il a été montré qu'en fait il s'agit essentiellement de Crétacé supérieur (jusqu'au Maastrichtien) et que le métamorphisme HP a lieu au cours du Tertiaire. Dans les zones internes alpines, on a pu révélé l'intensité des déformations ductiles entre les unités continentales et océaniques (en plis en flammes) et démontré l'absence de phase de rétrocharriage. Dans les Alpes externes, ont pu être précisés la structure du système de chevauchement, la nature des décollements et les quantités de déplacement et de matériel érodé. Par exemple encore, sur le cas du prisme de la Barbade, la structure à grande échelle a pu être précisées, notamment dans la zone grasse du sud du prisme, ainsi que les processus de migration de fluides et de mobilisation sédimentaire et l'existence d'une tectonique active en extension importante au cœur du prisme.

Nous avons vu que dans les grands prismes orogéniques, la croissance tectonique est si forte que l'on n'est généralement plus dans les conditions d'un prisme de type Mohr-Coulomb mais l'on atteint un comportement très déformable dans la partie inférieure du prisme. En effet, nous avons vu que pendant la subduction de la lithosphère océanique, lorsque la croissance du prisme d'accrétion sédimentaire est franchement mature (comme c'est le cas pour le prisme de la Barbade), la base du prisme prend un comportement où la déformation est très intense, très distribuée et, ainsi, à très grande échelle, elle peut être assimilée à un comportement macroscopiquement ductile. Ce caractère est dans ce cas acquis principalement à la faveur de surpressions de fluide qui tendent à réduire la résistance des sédiments. C'est donc ici la pression de fluide qui est le facteur initiant le changement de rhéologie. Pendant la subduction continentale, on peut enfouir la lithosphère continentale à croûte amincie (si celle-ci est au moins partiellement rééquilibrée thermiquement). Les propriétés ductiles dans la zone de subduction et au cœur du système orogénique sont dans ce cas acquises principalement à la faveur de l'élévation de température dans la croûte continentale couplée avec la teneur en fluide fournie par les sédiments subduits. C'est donc ici la température qui est le facteur majeur initiant le caractère ductile et l'activité des niveaux de découplage.

Nous avons aussi vu la place cruciale des interactions mutuelles tectonique – fluides dans la déformation des orogènes convergents, notamment associés à la genèse de surpressions. Nous avons ainsi revisité la place des fluides dans la tectonique de décollement et nous avons notamment argumenté que ce n'est pas forcément le décollement qui draine les fluides, mais que les surpressions et les migrations de fluides prennent une place majeure dans les horizons stratiformes sous le prisme ce qui induit une réaction en chaîne de processus à l'origine d'un cercle vertueux dans la dynamique de propagation des décollements.

On retiendra aussi comment les propriétés du décollement influençaient la propagation et la structuration interne du front tectonique, en particulier sur l'exemple Alpes externes – Jura.

On retiendra également le rôle des fluides dans le contrôle morphologique des orogènes convergents et, implicitement, dans les processus de sédimentation – érosion sous-marine, en particulier des grands prismes d'accrétion matures comme celui de la Barbade

Une petite partie de cet ouvrage s'est efforcée de mieux faire comprendre l'évolution thermique des orogènes convergents (thermicité globale et perturbation locales associées aux migrations de fluides) [par exemple Deville & Sassi, 2006; Deville *et al.*, 2006]. Enfin, nous avons vu la place des fluides dans les processus de mobilisation sédimentaire. Contrairement à ce qui était admis de manière très générale encore récemment, nous avons montré que ces processus de mobilisation ne résultent pas de phénomènes diapiriques comme c'est le cas pour la tectonique salifère (baloon-like tectonics) mais qu'ils sont le résultat d'une réaction en chaîne de processus initiés par les mouvements de fluide (et non l'inverse comme la plupart des auteurs l'admettaient il y a encore quelques années). En particulier, nous avons mis en évidence que, dans ce processus, intervenaient des phénomènes de broyage minéral dans des réservoirs aquifères. Nous avons aussi révélé le caractère cyclique propre à chaque structure lié à des séquences fracturation hydraulique – remédiation des fractures [Deville *et al.*, 2003, 2006; 2010; Deville & Guerlais, 2009].

PERSPECTIVES

Avant de clore cet ouvrage, à l'expérience des connaissances acquises, on se doit d'ouvrir quelques voies d'investigation pour le futur. La géologie structurale est à ce jour une discipline relativement mature en ce qui concerne la description des processus de déformation de l'échelle de la lame mince à l'échelle de la lithosphère. Faisant suite à l'avènement de la tectonique des plaques et de ses conséquences, beaucoup de travaux ont été réalisés en ce qui concerne la quantification des déformations actives, et sont encore en cours notamment via les méthodes de la géodésie. Également, beaucoup de travaux ont été menés en matière de modélisation analogique et numérique (notamment pour des aspects géomécaniques), mais finalement assez peu en intégrant réellement le rôle des fluides et l'implication des réactions fluide-roche sur les phénomènes de diagenèse.

S'il est un domaine, dans la discipline, qui semble prometteur et plein de perspectives, c'est semble-t-il celui des interactions déformation-diagenèse-fluides à toutes les échelles. Il existe beaucoup d'incertitudes et de préjugés dans la compréhension que l'on pense avoir de ces phénomènes. Une telle approche pluridisciplinaire nécessite aussi, bien sûr, des interactions entre chercheurs de compétences différentes (ce qui est une autre forme de chalenge...).

Certainement de nombreux enseignements pourront être tirés à la fois d'un point de vue fondamental et d'un point de vue débouchés appliqués.

Citons simplement, à titre d'exemple, les différents aspects suivants: (1) le problème récurrent depuis longtemps de l'évolution spatio-temporelle des propriétés hydromécaniques des fractures et des failles; (2) l'aspect très important également de la rétention des fluides (en particulier les hydrocarbures) dans les roches mères matures pendant les processus déformation; (3) le problème très mal étudié des interactions hydrosphère-manteau et les échanges de fluide associés.

Propriétés hydromécaniques des fractures et des failles

D'une manière assez générale, nous l'avons évoqué précédemment, la compréhension des processus de migration des fluides dans les plans de fractures et de failles est un domaine où les interrogations sont encore très grandes: on sait que certaines failles laissent passer les fluides, d'autres non. On sait également que les propriétés d'une faille évoluent au cours de son histoire. On sait aussi, nous l'avons vu, que lorsqu'une faille fuit, il ne s'agit pas de flux continus et l'on peut avoir des cycles endommagement – remédiation.

Comment tout ceci fonctionne réellement ? Quel lien existe-t-il avec l'activité sismique ? Comment peut-on prédire et quantifier les phénomènes ? Quels facteurs contrôlent la migration des fluides dans les failles ? Quelle est la réactivité des fluides géologiques en domaines confinés ? (fissures, joints de grains sous forte pression, micropores, interfaces minéral-fluide). Ces questions sont encore très largement ouvertes.

C'est pourtant un sujet qui revêt un aspect sociétal particulièrement crucial puisque toutes les accumulations de ressources énergétiques fossiles sont liées à des processus impliquant un mécanisme de migration de fluides contrôlé en grande partie par les systèmes de failles et de fractures, puis de piégeage contrôlé dans la majorité des cas par des fermetures critiques sur failles. De la même manière, l'efficacité requise pour les stockages (gaz combustible, CO_2, déchets radioactifs,...) demande de s'affranchir de tout processus de fuite important et donc de s'assurer de l'intégrité des roches couvertures et de l'étanchéité des fractures.

L'évolution des failles et des fractures est régi par une rhéologie transitoire contrôlée en partie par les fluides, notamment par les conditions de pression qui contrôlent les propriétés mécaniques. Également, la migration de fluides engendre des flux de matière et d'énergie au sein de la lithosphère, et en particulier au sein des sédiments, qui induisent des modifications minéralogiques, chimiques et texturales et modifient la rhéologie et la résistance des roches. Les propriétés évoluent ainsi drastiquement avec la profondeur.

Les études scientifiques faites sur des forages (par exemple les projets scientifiques ODP, Corinthe, Soultz, IODP NanTroSEIZE, forages dans la faille de San Andreas SAFOD, etc.) ont donné et donneront certainement encore des indications précieuses. Toutefois, ce type d'études s'intéresse préférentiellement aux zones de grandes failles sismiques mais pour autant le comportement hydromécanique des failles asismiques telles qu'on les rencontre dans la plupart des bassins sédimentaires est souvent négligé, bien que leur rôle soit, nous l'avons dit, également très important. Des études utilisant des données industrielles (notamment donnant des indications sur la compartimentation en pression de part et d'autres des failles) seront probablement très prolifiques dans cette perspective. Par ailleurs, il faut être conscient qu'en forage on a toutes les chances de se situer dans des zones qui ne sont pas forcément représentatives des processus de circulations de fluide majeures (cf. par exemple les enseignements d'ODP sur les fluides et le décollement de la Barbade). Ainsi, en complément des études faites en forage, les études de monitoring (observatoires de mesures physiques et géochimiques) sur des sorties de fluides en surface pourront nous renseigner de manière utile notamment sur les cyclicités de flux de fluides dans des systèmes de failles et de fractures. Ceci pourra être entrepris dans différents contextes et différents types de sorties de fluides (hydrocarbures, CO_2,...) aussi bien à terre, qu'en mer. Couplées à l'étude des précipitations minérales dans les fractures, ces études en se multipliant en différents contextes permettront de mieux déconvoluer les complexités et, progressivement, permettront de mieux comprendre le comportement hydromécanique des failles et fractures et elles constitueront ainsi un excellent support à la modélisation.

Nous l'avons vu, les flux de fluides sur un même système de failles et de fracture évoluent sur le long terme au cours de l'histoire tectonique et varient sur le court terme au moins dans certains cas de façon cyclique avec des fréquences propres. De fait, il existe des problèmes d'échelle de temps dans la manière d'appréhender les phénomènes de flux transitoires, notamment entre l'échelle à laquelle on effectue classiquement les modélisations de migration des fluides dans le monde pétroliers (pas de temps supérieur à 1000 ans) et une échelle humaine (quelques années). En effet sur le long terme, on sait que l'on a tendance à homogénéiser les processus de migration de manière continue, alors que cette approximation est souvent incorrecte sur des échelles de temps plus courtes. Cet aspect prend toute son importance à partir du moment où l'on s'attache à prédire le comportement des fluides dans le cas d'un stockage des quantités importantes de déchets en subsurface (notamment CO_2 ou déchet nucléaires).

Il existe aussi des problèmes évidents d'échelle spatiale, notamment dans la hiérarchisation des discontinuités: jusqu'à quelle échelle de fracturation doit-on appréhender le milieu pour rendre compte de la mobilité des fluides et comment représenter les propriétés dynamiques des zones de failles dans les modèles de bassins ?

Une approche prospective qui pourrait être prometteuse (bien que difficile) serait d'entreprendre des modélisations analogiques en intégrant le rôle des fluides. Actuellement, les seuls travaux qui existent sur le sujet sont des modèles sur coussin d'air [Mourges & Cobbold, 2006] où il n'existe pas d'analogie directe avec la nature dans le comportement du fluide (l'analogie ne vaut que pour la déformation du solide). En fait, c'est tout le contraire qui se passe dans la nature puisque dans ce type de modèle la génération des surpressions est faite par un flux élevé d'air pour générer la surpression alors que le principe même de la génération des surpressions dans la nature est précisément un processus de rétention (§ 4). Cette approche conduit aussi à des anomalies dans la déformation du solide comme la volatilisation des matériaux granulaires et des phénomènes de déformation instantanée catastrophique alors que la déformation est très progressive dans la nature. Une autre approche pourrait constituer à travailler sur des modèles avec fluide + solide avec des matériaux en jouant sur la mouillabilité des matériaux et en suivant les processus de rétention/migration de la phase fluide.

En termes de modélisation numérique, on se rend compte que par beaucoup d'aspects on manque cruellement de bonnes lois de comportement pour alimenter le développement des modèles. Les vrais verrous scientifiques sont plus de savoir ce que l'on rentre dans les modèles que le développement numérique lui-même. Les modèles sont exigeants en termes de données d'entrée (chronologie, paramètres physiques, ...). De fait, toute approche de modélisation nécessite d'être calée par des données de calibration. Il est donc important de continuer à progresser sur les méthodes de chronologie et de datation des événements, et d'évolution des conditions physiques (histoire pression-température),

Approche nanostructurale:
Investigation de la rétention – expulsion des fluides *vs* déformation

Les progrès techniques nous permettent d'investiguer des objets de taille de plus en plus petite. L'identification et l'imagerie de structures nanométriques deviennent maintenant possibles et ouvre des champs de recherche nouveaux. Notamment, cette investigation des milieux très petits pourrait permettre d'aborder un aspect spécifique des interactions déformation-diagenèse-fluides qui concerne les processus de rétention / fuite des fluides en général et des hydrocarbures en particulier, ceci notamment dans les roches mères et les couvertures, pendant les phases de déformation (relations déformation – expulsion des hydrocarbures). Ces aspects pourraient avoir des implications très importantes dans le domaine industriel. En effet, la compréhension de ces processus pourrait prendre une place cruciale dans la compréhension de la tenue des couvertures, avec des implications évidentes en termes de stockage de déchets dans le sous-sol, de prospection pétrolière, de prédiction de la surpression pour le forage. Ceci pourrait aussi se révéler crucial dans l'exploration d'hydrocarbures non conventionnels (shale gas, shale oil, tight gas,...). Certaines évaluations considèrent que le potentiel shale gas, par exemple, pourrait représenter plusieurs fois les ressources de gaz conventionnel. De quoi, changer la donne de l'économie de l'énergie. Or, la production des shale gas nécessite de faire des forages relativement économiques (pas trop profonds) dans des roches riches en matière organique et ayant subi une histoire thermique assez évoluée (préférentiellement la fenêtre à gaz sec). Les zones favorables sont donc typiquement des bassins riches en matière organique très mature qui ont été inversés et ont subis une érosion importante. La calibration de la maturité des roches mères à haute température et la compréhension des propriétés de rétention du gaz pendant la diagenèse et la déformation sont donc des éléments essentiels pour ce type d'exploration. Ici encore, on voit la place importante que l'on doit accorder aux géothermomètres haute maturité. Mais aussi, les processus d'expulsion-rétention des hydrocarbures dans les roches mères sont un sujet qui demeure très mal compris d'une manière très générale, et sur lequel beaucoup d'impasses ont toujours été faites en matière de modélisation de la migration des hydrocarbures (on s'intéressait jusqu'alors plus à ce qui migrait et s'accumulait qu'à ce qui était retenu dans les roches mères). Ce point devient donc difficilement contournable actuellement avec la thématique d'exploration shale gas puisque le principe même consiste à produire du gaz toujours retenu dans les roches mères. Ce point est d'autant plus crucial qu'il implique des roches déformées, en partie fracturées et en partie exhumées.

L'expérience de production des gas shales aux États-Unis montre que le gaz est présent dans les terrains peu déformés alors qu'il n'est plus retenu dans les terrains très fortement structurés. A partir de quand le gaz n'est-il plus retenu, pourquoi et comment à lieu la perte ? Personne ne le sait aujourd'hui.

Une meilleure compréhension des interactions déformation – maturité – quantification des hydrocarbures libres retenus dans les roches mères est donc un aspect important dans ce type d'exploration. Dans cette perspective, il pourrait être entrepris des études "nanostructurales" à l'échelle du grain, à l'aide d'outils tels que le Microscope Électronique à Transmission, destinées à mieux comprendre les relations entre la structuration à l'échelle la plus fine avec la rétention ou la perte des hydrocarbures. Cette approche couplée avec des études sur l'évolution de la maturité des niveaux riches en matière organique (Rock-Eval, Raman,...), la diagenèse des argiles en relation avec les déformations (MEB, DRX, Infra Rouge, microspectroscopie et cartographie Raman, ...),

215

des études inclusions fluides dans les veines, et des études géochimiques du gaz qui circule actuellement dans les fractures le tout replacé dans le contexte structural pourraient permettre de mieux comprendre ces phénomènes de rétention ou de perte en liaison avec la déformation à toutes les échelles.

Interactions hydrosphère-manteau

Un autre point spécifique des aspects interactions géodynamique-fluides-réactivité minérale qui parait digne d'intérêt et pour lequel nous avons lancé des études exploratoires, actuellement en cours, concerne les interactions hydrosphère-manteau (échanges manteau - enveloppes externes). Nous l'avons évoqué plus haut, dans les orogènes convergents, le rôle de l'hydratation du manteau de la plaque supérieure par les fluides issus de la plaque en subduction, ainsi que l'hydratation des écailles lithosphériques par les fluides issus des sédiments sous-charriés sont des aspects qui ont été finalement peu abordés. On doit s'attendre à ce que les fluides induisent une serpentinisation importante et des modifications rhéologiques associées à une augmentation de volume (qui peut atteindre 40%) et un changement de densité (qui peut varier de 3.3 à 2.7 g/cm^3) du matériel mantellique. Les arcs volcaniques montrent de manière générale une asymétrie gravimétrique. Ceci doit nécessairement avoir des implications structurales considérables, en particulier en ce qui concerne les mouvements verticaux dans l'orogène et les mécanismes d'obduction des ophiolites (Fig. 8.1). Ces transformations sont de plus très exothermiques et ont, de fait, des effets thermiques probablement majeurs qui n'ont jamais réellement été évalués. Cette hydratation du manteau est aussi responsable d'une production de gaz, notamment des gaz réduits comme l'H_2 et des produits dérivés de l'H_2 tels que des hydrocarbures (notamment du CH_4), par réduction du CO_2. En effet, on sait maintenant que l'H_2 est produit en de nombreux endroits sur la planète de manière relativement continue par interaction fluide-roche, entre l'eau et les roches ultrabasiques, ceci notamment sur les dorsales océaniques. C'est un processus d'altération naturel qui fait partie de la dynamique de la planète. Ceci est dû au fait que le manteau présente la caractéristique d'être un milieu extrêmement réducteur, capable de réduire l'eau notamment par simple oxydation des métaux (Fe^{2+}, Mn^{2+}, ...)[12]. Le manteau et la croûte sont également susceptibles de produire de l'H_2 par broyage mécanique naturel des silicates [Freund *et al.*, 2002][13], notamment pendant les tremblements de terre. D'autres origines pour l'H_2 naturel sont aussi possibles: sources biologiques, origine thermique (craquage ultime de la matière organique, graphitisation, TSR, radiolyse de l'eau par radioactivité de la croûte, électrolyse, dégazage de la planète ....).

L'H_2 étant une excellente source d'énergie, il est en permanence consommé lorsqu'il est stocké dans des réservoirs, ceci de manière abiotique ou biologique, ce qui explique le peu d'accumulations découvertes en subsurface (même si l'on connait quelques champs avec de l'H_2 localement, par exemple au Kansas, au Kazakhstan, ...). En particulier, la genèse d'H_2 (gaz très réducteur) est elle-même susceptible d'entraîner une réduction du CO_2 présent en subsurface par réactions de type Fisher-Tropsch (FTT) [Horita & Berndt, 1999; McCollom & Seewald, 2001; Foustoukos & Seyfried, 2004; Fu *et al.*, 2007] dont notamment la simple réaction de Sabatier[14] qui se produit de manière abiotique à haute température (en présence de catalyseurs comme le nickel, l'aluminium, ...) mais qui peut aussi se produire à basse température en faisant intervenir des organismes méthanogènes (l'H_2 est probablement la source d'énergie principale de la biosphère profonde).

Le manteau supérieur est donc un monde particulier, bien différent des bassins sédimentaires conventionnels où l'on cherche classiquement des hydrocarbures. Il s'agit d'un monde où l'eau et le CO_2 ne sont pas stables et sont amenés à se transformer en composés réduits comme l'H_2 et des hydrocarbures. De fait, il s'agit d'un domaine où les interactions roche-hydrosphère sont susceptibles de générer des quantités non négligeables de fluides énergétiques.

---

[12] Réactions de type: Fe^{2+} minéral réactant $+ H_2O \rightarrow Fe^{3+}$ minéral produit $+ \frac{1}{2} H_2 + OH^-$
(par ex.: Olivine+ eau $\rightarrow$ Serpentine + Magnetite + hydrogene + magnesium + anion hydroxide)

[13] Réactions de type: $O_3Si/^O\backslash SiO_3 + H_2O \rightarrow O_3Si/^{OO}\backslash SiO_3 + H_2$

[14] $4H_2 + CO_2 \rightarrow CH_4 + 2H_2O$

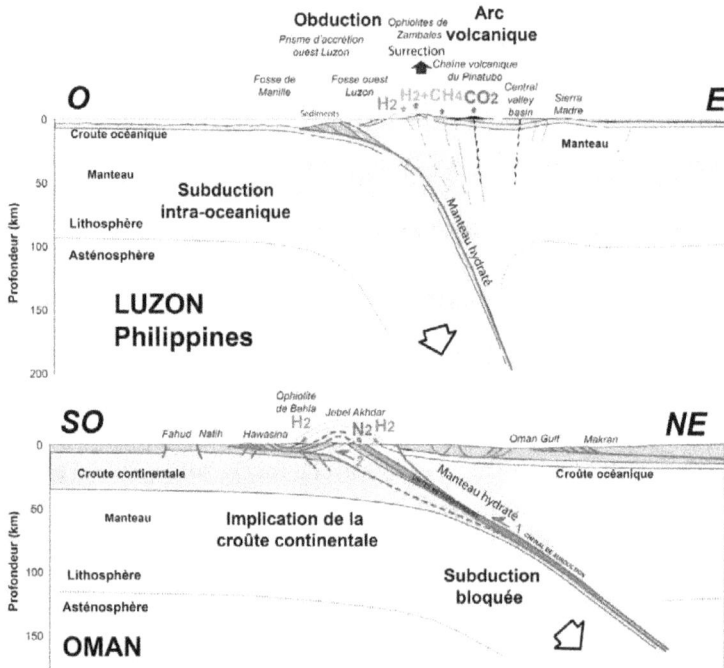

Figure 8.1 – Coupes géologiques lithosphériques simplifiées, caractéristiques de deux stades différents liés à une subduction qui induit une hydratation du manteau de la plaque supérieure. La coupe **A** (Luzon) est caractéristique d'un stade précoce (sismique) de subduction intraocéanique. La surrection du massif de Zambales pourrait être liée simplement à l'hydratation et donc à l'augmentation de volume et à l'allègement du manteau situé au-dessus du plan de subduction. La coupe **B** (Oman) est caractéristique d'un stade plus tardif (asismique) où une marge continentale (la marge arabique) est impliquée et bloque le processus de subduction. Dans les deux cas, on assiste à une mise à l'affleurement du manteau supérieur et ce manteau se caractérise par des émissions de gaz riches en H2 que nous interprétons comme une conséquence d'interaction manteau-fluides. Ces deux stades, Luzon et Oman, pourraient être caractéristiques du mécanisme d'obduction: (1) subduction sous une plaque océanique avec hydratation du manteau de la plaque supérieure, (2) blocage de la subduction et déformation d'une marge continentale impliquée dans la subduction ce qui a pour conséquence de déformer aussi le plan de subduction précoce qui est alors transporté passivement au-dessus des écailles crustales. On notera qu'il n'est pas nécessaire d'invoquer des phénomènes plus ou moins complexes pour le mécanisme d'obduction.

La genèse d'H_2 est associée à une élévation du pH des eaux profondes, par production d'ions OH^-. Ces eaux en atteignant la surface sont elles-mêmes capables de capter et de stocker le CO_2 de l'atmosphère sous forme de carbonates (calcite, aragonite, dolomite, ...) ce qui revêt donc un intérêt environnemental évident. Quand il accède à l'atmosphère, l'H_2 est soit oxydé, soit perdu dans l'espace n'étant pas retenu par l'attraction terrestre.

Ainsi, de manière très concrète, se pose le problème suivant: peut-on envisager une exploitation directe des flux d'H_2 comme source d'énergie primaire pérenne ? Il est intéressant de constater que, depuis la première utilisation du feu, l'homme consomme les formes réduites du carbone pour produire l'essentiel de l'énergie dont il a besoin. Il est passé du bois, au charbon, puis au pétrole, et plus récemment du pétrole au gaz naturel (essentiellement le méthane). Le rapport C/H de ces grandes familles de sources d'énergie carbonée n'a fait que baisser (de plus 1.3 pour le bois à 0.25 pour le méthane en mole/mole). Le passage aux énergies de moins en moins carbonées est une évolution naturelle qui montre l'intérêt d'augmenter les rendements énergétiques et de réduire les émissions de CO_2. Le point ultime de cette évolution serait l'utilisation d'H_2 comme source d'énergie qui en brulant ne produit que de l'eau.

Pour savoir si une exploitation de l'H_2 naturel est quelque chose de réaliste, il est nécessaire de progresser vers une estimation des flux d'H_2 et de la pérennité de ces flux. Ces flux sont notamment significatifs en mer sur les dorsales mais ils semblent aussi importants dans les orogènes convergents, en particulier dans les massifs de serpentinites de diverses nappes ophiolitiques.

L'étude de chantiers terrestres nous renseignera sur diverses questions comme: concrètement, qu'est-ce qu'un système de fuite d'H_2 ? (flux diffus dans un réseau de fractures ou focalisés dans un système de failles), quelle est la composition des gaz émis ? (variations spatiales et temporelles, temps de résidence en subsurface). Quelle est l'origine du gaz ? Quels en sont les processus générateurs? Quelles sont les réactions avec l'encaissant, les transformations minéralogiques associées? Quels sont les flux de gaz ? (flux de gaz dans les sources, flux de gaz dans les fractures), quels sont les processus de migration de l'H_2 ? (localisation à grande échelle, localisation de détail dans les réseaux de fractures), quelle est la chaîne de processus diagénétiques associée à cette migration d'H_2 ?, Quel est le bilan carbonates / émissions d'H_2 ? (on s'attend à ce que la carbonatation soit associée à la quantité d'ions OH^- émise qui est à relier avec la quantité d'H_2 émise). Cette approche couplée à des datations des carbonates permettra aussi d'estimer la durée de vie à long terme (plusieurs milliers d'années) des flux d'H_2 par une datation des carbonates associés.

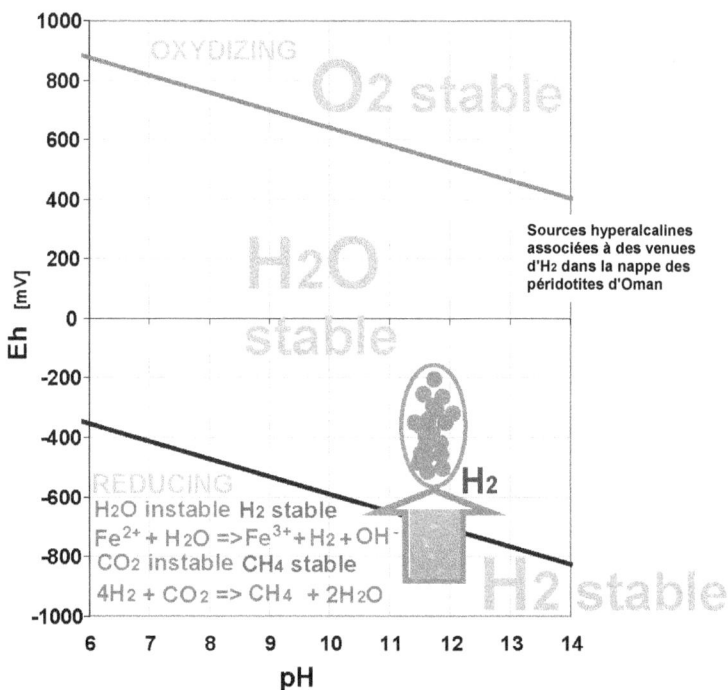

Figure 8.2 – Domaines de stabilité de l'eau représentés dans le diagramme de Pourbaix. Sous certaines conditions de température, les roches riches en Fe(II), dont le manteau, sont capables de réduire l'eau (domaine inférieur du diagramme) et donc générer de l'H_2 par le processus de serpentinisation. Ceci génère des conditions très réductrices capables de réduire également le CO_2 en profondeur. Également par voie de conséquence le bullage d'H_2 dans des aquifères génère des eaux hyperalcalines capable de réagir avec le CO_2 de l'atmosphère (captage et stockage minéral par carbonatation).

De telles études permettraient de mieux évaluer si l'exploitation directe des flux naturels d'H_2 à terre est une chose concrètement envisageable et de mieux comprendre les mécanismes de fixation du CO_2 de l'atmosphère associés aux flux d'H_2. En effet, la compréhension des processus de carbonatation associés aux flux d'H_2 fournira également un exemple naturel de processus de consommation du CO_2 de l'atmosphère par des réactions minérales qui pourrait servir de référence pour développer des procédés artificiels de capture et piégeage du CO_2 atmosphérique. Ces chantiers pourront ainsi être regardés comme des laboratoires naturels de référence dans la perspective d'une production artificielle d'H_2 par des procédés propres semblables à ceux en œuvre dans la nature.

D'une manière plus générale, on ne sait toujours pas aujourd'hui quelle quantité de gaz combustible, du méthane notamment, peut être produit à partir de réactions de type Fisher-Tropsch comme par exemple les sorties de CH_4 isotopiquement très lourd (jusqu'à +10 ‰) associées à de l'H_2 que nous avons eu l'occasion d'étudier dans les massifs de péridotites d'Oman, des Philippines, de Turquie et de Nouvelle-Calédonie qui ne sont manifestement pas des gaz hydrocarbure classiques (ni bactériens, ni thermogéniques). Comment ces fluides sont-ils générés ? Comment voyagent-ils ? Comment réagissent-ils avec leur encaissant ? Comment migrent-ils jusqu'en surface ? La question est ouverte.

Y compris dans les gaz à dominante hydrocarbure "classique" (biotique: bactérienne ou thermogénique), il est souvent difficile de définir la part des hydrocarbures d'origine "abiotique", ou du moins provenant de réactions H_2+CO_2 (ces réactions peuvent se faire par l'intermédiaire de bactéries méthanogènes). La question se pose notamment de manière cruciale pour l'exploration 'deep-offshore' proche de la zone de transition océan-continent où les accumulations d'hydrocarbures montrent généralement des rapports gaz/huile (GOR) anormaux par rapport à la maturité des roches mères..

Dans les bassins profonds, notamment les bassins d'avant-pays et sous les fronts de chaînes de montagnes, combien de gaz thermogénique *versus* gaz abiotique est-il produit ? Combien de gaz combustible est-il stocké dans des pièges conventionnels ? Combien de gaz combustible est-il dissous dans des aquifères profonds (reservoir gas) ? Ceci pourrait constituer des quantités d'énergie importantes stockées dans les bassins profonds et probablement en partie renouvelables à l'échelle humaine.

Ainsi, beaucoup de questions très fondamentales existent encore concernant la dynamique des fluides dans les prismes orogéniques qui pourraient également déboucher sur des implications industrielles concrètes en matière de sources d'énergies nouvelles.

Bibliographie

Algar S.T., J.L. Pindell (1991). Stratigraphy and sedimentology of the Toco region of the northern range, NE Trinidad. *Transaction of the 2nd Geological Conference of the GSTT*, Ed. KA Gillezeau, Published by GSTT, 56-69.

Algar, S.T., J.L. Pindell (1991). Structural development of the Northern Range of Trinidad, and implications for tectonic evolution of the southeastern Caribbean. *Transaction of the 2nd Geological Conference of the GSTT*, Ed. KA Gillezeau, Published by GSTT, 6-22.

Algar, S.T., J.L Pindell. (1993). Structure and deformation history of the Northern Range of Trinidad, and and adjacent areas. *Tectonics* 12, 814-829.

Aliyev, A.A., I.S. Guliyev, I.S. Belov (2002). Catalogue of recorded eruptions of mud volcanoes of Azerbaijan, Publishing House Nafta-Press, Baku, 87 p.

Allen, P.A., J.P. Bass (1993). Sedimentology of the Upper Marine Molasse of the Rhône-Alps region, Eastern France: implications for basin evolution. *Eclogae geol. Helv.* 86, 121-172.

Aloisi, G., C. Pierre, J-M. Rouchy, J-P. Foucher, J Woodside., and MEDINAUT Scientific Party. (2000). Methane-related authigenic carbonates of eastern Mediterranean Sea mud volcanoes and their possible relation to gas hydrate destabilisation. *Earth and Planetary Science Letters* 184, 321-388.

Aprahamian, J. (1988). Cartographie du métamorphisme faible à très faible dans les Alpes francaises externes par l'utilisation de la cristallinité de l'illite. *Geodinamica Acta*, 2, 25-32.

Arnold, R., G.A MacReady. (1956). Island forming mud volcano in Trinidad, British West Indies. *Bull. Am. Assoc. Pet. Geol.* 40, 2748-2758.

Ashi, J., H. Tokuyama, A. Taira (2002). Distribution of gas hydrate BSRs and its implication for the prism growth in the Nankai trough. *Marine Geology* 187, 177-191.

Babb, S., P. Mann (1999). Structural and sedimentary development of a Neogene transpressional plate boundary between the Caribbean and South America plates in Trinidad and the Gulf of Paria. *Caribbean Basins. Sedimentary Basins of the World*, 4 edited by P. Mann (series Editor: K.J. Hsü), 495-557.

Babuska, V., J. Plomerova (1990). Tomographic studies of the upper mantle beneath the Italian region. *Terra Nova* 2, 569-576.

Baciu, C., G. Etiope (2005). Mud volcanoes and seismicity in Romania, in Mud Volcanoes, Geodynamics and seismicity, *NATO Sci. Ser. Earth Environ.*, vol. 51, edited by G. Martinelli and B. Panahi, Springer, 77-88.

223

Baer M. (1980). Relative travel time residuals for teleseismic events at the new Swiss station network. *Ann. Geophys.*, 36, 119-126.

Bakuska, V., J. Plomerova, J. Sileny (1984). Large-scale oriented structures in the subcrustal lithosphere of central Europe. *Ann. Geophys.*, 2, 649-662.

Balen, R.V., S. Cloetingh (1995). Neural network analyses of stress induced overpressures in the Pannonian basin. *Geophys. J. Int.*, 121, 532-544.

Bangs, N.L., G. L. Christeson, T. H. Shipley (2003). Structure of the Lesser Antilles subduction zone backstop and its role in a large accretionary system. *Journal of Geophysical Research*, 108, B7, 2358-2377.

Bangs, N.L.B., Moore, G.F., Gulick, S.P.S., Pangborn, E.M., Tobin, H.J., Kuramoto, S., Taira, A. (2009). Broad, weak regions of the Nankai Megathrust and implications for shallow coseismic slip: Earth Planet. Sci. Lett., 284, 44-49, doi:10.1016/j.epsl.2009.04. 026.

Bangs, N.L.B., T.H. Shipley, G.F. Moore (1996). Elevated fluid pressure and fault zone dilation inferred from seismic models of the Northern Barbados Ridge decollement, *Journal of Geophysical Research 101*, 627-642.

Bangs, N.L.B., T.H. Shipley, J.C. Moore, G.F. Moore (1999). Fluid accumulation and channeling along the northern Barbados Ridge decollement thrust, *Journal of Geophysical Research, 104*, 20399-20414.

Barber, A.J., S Tjorkrosapoetro., T.R. Charlton (1986). Mud volcanoes, Shale diapirs, Wrench faults, and Melanges in accretionary complexes, Eastern Indonesia. *The American Association of Petroleum Geologists Bulletin*, 70, 11, 1729-1741.

Barboza, S.A., S.S. Boettcher (2000). Major and trace element constraints on fluid origin, Offshore Eastern Trinidad. Special Publication of the Geological Society of Trinidad and Tobago and the Society of Petroleum Engineers, TG03, 11 pages.

Barr, K.W. (1963). The Geology of the Toco District, Trinidad W.I.. *Overseas Geological Surveys H.M.S.O.*

Battani, A., A. Prinzhofer, E. Deville, C.J. Ballentine (2010). Trinidad mud volcanoes: the origin of the gas. *in* L. Wood, ed., Mobile shale basins. *American Association of Petroleum Geologists memoir 93*, Chapter 13.

Baumbach, M., H. Grosser, G.R. Torres, J.L. Rojas Gonzales, M. Sobiesiak, W. Welle (2004). Aftershock pattern of the July 9, 1997 Mw=6.9 Cariaco earthquake in Northeastern Venezuela, *Tectonophysics*, 379, 1-23.

Baylis, S.A., S.J. Cawley, C.J. Clayton, M.A Savell (1997). The origin of unusual gas seeps from onshore Papua New Guinea. *Marine Geology*, 137, 109-120.

Beaumont C., Ellis S., Pfiffner A. (1999). Dynamics of sediment subduction-accretion at convergent margins; short-term modes, long-term deformation, and tectonic implications. *Journal of Geophysical*

224

Research, B, Solid Earth and Planets. 104, 8, 17,573-17,602.

Beaumont, C., G. Quinlan (1994). A geodynamic framewok for interpreting crustal-scale seismic reflectivity patterns in compressional orogens, *Geophys. J. Int. 116*, 754-783.

Beaumont, C., J.A. Munoz, J. Hamilton, P. Fullsack (2000). factors controlling the Alpine evolution of the central Pyrenees inferred from a comparision of observations and geodynamical models, *Journal of Geophysical Research, 105*, 8121-8145.

Beck, C., É. Deville, É. Blanc, Y. Philippe, M. Tardy (1998). Horizontal shortening control of Middle Miocene marine siliciclastic sedimentation in the southern termination of the Savoy Molasse Basin (northwestern Alps/southern Jura): combined surface and subsurface data. In Mascle, A., Puigdefabregas, C., Lutherbacher, H.P. & Fernandez, M. (eds) *Cenozoic Foreland Basins of Western Europe*. Geological Society Special Publication, London 134, 263-278.

Beck, C., Y. Ogawa, J. Dolan (1990). Eocene paleogeography of the southeastern Caribbean: relations between sedimentation on the Atlantic abyssal plain at site 672 and evolution on the South America margin: In: A. Mascle, J. C. Moore et al., 1990, Proc. ODP, Sci. Results: College Station, TX, 110, 7-15.

Becker, K., A.T. Fisher, E.E. Davis (1997). The Cork experiment in hole 949C: long term observation of pressure and temperature in the

Barbados Accretionary Prism. Shipley T.H., Ogawa Y., Blum Y. and Bahr J.M. (Eds.) Proc. ODP Sci. Results, 156; College Station TX (Ocean Drilling Program), 247-252.

Beckmann, J.P. (1953). Die Foraminiferen der Oceanic Formation (Eocaen-Oligocoen) von Barbados, Kleine Antillen. *Eclogae geol. Helv., 46,* 301-412.

Bekins, B.A., A.M. Mccaffrey, S.J. Dreiss (1994). Influence of kinetics on the smectite to illite transition in the Barbados accretionary prism, *Journal of Geophysical Research, 99,* 18147-18158.

Bekins, B.A., A.M. Mccaffrey, S.J. Dreiss (1995). Episodic and constant flow models for the origin of low-chloride waters in a modern accretionary complex, *Water Resources Research, 31,* 3205-3215.

Bernard B.B., Books J.M., and Sackett W.M. (1976). Natural gas seepage in the Gulf of Mexico. *Earth and Planetary Sciences Letters,* 31, 48-54.

Bertram Schott, B., D.A. Yuen, H. Schmeling (2000). The diversity of tectonics from fluid-dynamical modeling of the lithosphere–mantle system. *Tectonophysics*, 322, 1-2, 35-51.

Beyssac, O., B. Goffé, C. Chopin, J.-N. Rouzaud, (2002). Raman spectra of carbonaceous material in metasediments: a new geothermometer. *J. Metamorph. Geol.*, 20, 859–871.

Biju-Duval, B., J.P. Caulet, Ph. Dufaure, A. Mascle, C. Muller,t J.P. Richer, P. Valery (1985). The terrigenous and pelagic series of Barbados island: Paleocene to Middle Miocene slope deposits accreted to the lesser Antilles margin. Géodynamique des Caraïbes, Symposium, ed. Technip, 187-197.

Biju-Duval, B., P. Le Quellec, A. Mascle, V. Renard, P. Valery (1982). Multibeam bathymetric survey and high resolution seismic investigations on the Barbados ridge complex (Eastern Caribbean): A key to the knowledge and interpretation of an accretionary wedge., *Tectonophysics, 86*, 275-304.

Bilich, A., C. Frohlich, P. Mann (2001). Global seismicity characteristics of subduction-to-strike-slip transitions, *Journal of Geophysical Research*, 106, 19443-19452.

Birch, F (1970). The Barracuda Fault Zone in the western North Atlantic; geological and geophysical studies. *Deep Sea Research*, 17, 5, 847-859.

Bjørkum, P.A., P. H. Nadeau (1998). Temperature controlled porosity/permeability reduction, fluid migration, and petroleum exploration in sedimentary basins. *Aust. Pet. Prod. & Expl. Assoc. Journal*, 38, 453-464.

Blake, M.C., A.S. Jayko (1990). Uplift of very high pressure rocks in the western Alps: evidence for structural attenuation along low-angle faults. Mém. Soc. Geol. Fr, It & Suisse., 1, 237-246.

Blanc G., J. Gieskes, P. Vrolijk & the ODP leg 110 scientific team, (1988) Advection de fluides interstitiels dans les séries sédimentaires du complexe d'accretion de la Barbade

(leg 110 ODP). *Bulletin de la Société Géologique de France*, 8, 3, 453-460.

Boettcher, S.S., J.L. Jackson (2003). Lithospheric structure and supracrustal hydrocarbon systems, offshore eastern Trinidad. In: C. Bartolini, R. T. Buffler and J. F. Blickwede, Eds. *The circum-Gulf of Mexico and the Caribbean, hydrocarbon habitats, basin formation, and plate tectonics.* AAPG Memoir 79, 529-544.

Bogdanov, Y.A., A.M. Sagalevich, P.R. Vogt, J. Mienert, E. Sundvor, K. Crane, A.Y. Lein, A.V. Egorov, V.I. Peresypkin, G.A., Cherkashev A.V. Gebruk, G.D. Ginsburg, D.V. Voitov (1999). The Haakon Mosby mud volcano in the Norwegian sea: Results of multidisciplinary studies with manned submersibles. *Oceanology*. 39, 374-380.

Borge, H. (2002). Modelling generation and dissipation of overpressure in sedimentary basins: an example from the Halten Terrace, offshore Norway. *Marine and Petroleum Geology*, 19, 3, 377-388.

Bousquet, R., B. Goffe, P. Henry, X. Le Pichon, C. Chopin (1997). Kinematic, thermal and petrological model of the Central Alps; Lepontine metamorphism in the upper crust and eclogitisation of the lower crust, *Tectonophysics, 273*, 105-127.

Bouysse, P., Westercamp, D., Andreieff, P. (1990). The Lesser Antilles island arc. *Proceedings of the Ocean Drilling Program, Scientific Results.* 110, 29-44.

Bowin, C. (1976). Caribbean gravity field and plate tectonics. *Special*

226

Paper, Geological Society of America. 169.

Brami, T. R., C. Pirmez, C. Archie, L.S. Heerala, K. L Holman (2000). Late Pleistocene deep-water stratigraphy and depositional processes. *GCSSEPM Foundation 20th Annual Research Conference Deep-Water Reservoirs of the World*, 104-115.

Brasse, H. et al. (2009). Deep electrical resistivity structure of northwestern Costa Rica. *Geophys. Res. Lett.* 36, L02310.

Brasse, H. et al. (2009). Structural electrical anisotropy in the crust at the South-Central Chilean continental margin as inferred from geomagnetic transfer functions. *Phys. Earth Planet. Inter.* 173, 7-16.

Breen, N.A., J.E. Tagudin, D.L. Reed, E.A. Silver (1988). Mud-cored parallel folds and possible melange development in the north Panama thrust belt. *Geology.* 16, 207-210.

Briggs, S.E., R.J. Davies,w J.A. Cartwright, R. Morganz (2006). Multiple detachment levels and their control on fold styles in the compressional domain of the deepwater west Niger Delta. *Basin Research* 18, 435–450, doi: 10.1111/j.1365-2117.2006.00300.x.

Brown, K.M. (1990). The nature and hydrogeologic significance of mud diapirs and diatremes for accretionary systems, *Journal of Geophysical Research, 95*, 8969-8982.

Brown, K.M., D.M. Saffer, B.A. Bekins (2001). Smectite diagenesis, pore-water freshening, and fluid flow at the toe of the Nankai wedge, *Earth Planet. Sc. Lett., 194*, 97-109.

Brown, K.M., G.K. Westbrook (1987). The tectonic fabric of the Barbados Ridge accretionary complex. *Marine and Petroleum Geology.* 4, 1, 71-81.

Brown, K.M., G.K. Westbrook (1988). Mud diapirism and subcretion in the Barbados Ridge accretionary complex. *Tectonics*, 7, 613-640.

Buffett, B.A., O.Y. Zatsepina (1999). Metastability of gas hydrate, *Geophys. Res. Lett., 26*, 2981-2984.

Buffett, B.A., O.Y. Zatsepina (2000). Formation of gas hydrate from dissolved gas in natural porous media, *Marine Geology., 164*, 69-77.

Buhrig, C. (1989). Geopressured Jurassic reservoirs in the Viking Graben: modelling and geological significance. *Marine and Petroleum Geology*, 6, 31-48.

Burov, E., Jolivet, L., Le Pourhiet, L., Poliakov, A. (2001). A thermomechanical model of exhumation of high-pressure (HP) and ultra-high-pressure (UHP) metamorphic rocks in Alpine-type collision belts. *Tectonophysics* 342, 113–136.

Byrne, D.E., D.M. Davis, L.R. Sykesi (1988). Loci and maximum size of thrust earthquakes and the mechanics of the shallow region of subduction zones, *Tectonics, 7*, 883-857.

Caby R., J.R. Kiénast, P. Saliot (1978). Structure métamorphisme et modèle d'évolution des Alpes occidentales. *Rev. Géogr. Phys. & Géol. Dyn., 20*, 4, 307-322.

Calais E., E Barroux., R. Bayer, O. Bellier, N. Bethoux, C. Champion, J. Chery, P. Choukroune, G. Clauzon, F. Cotton, F. Mathieu, E. Doerflinger, T. Duquesnoy, J. Frechet, J-F. Gamond, J-C. Hippolyte, F. Jouanne, J. Martinod, M. Sebrier, L. Serrurier, J-F. Stephan, C. Sue, M. Tardy, F. Thouvenot, P. Tricart, G. Vidal, T. Villemin, C. Vigny (1999). Present-day strain field in the Western Alps. *Documents du BRGM* Geologie regionale et generale, 293, 73-75.

Calais, E., Y. Mazabraud, B. Mercier de Lepinay, P. Mann, G. Mattioli, P. Jansma (2002). Strain partitioning and fault slip rates in the northeastern Caribbean from GPS measurements, *Geophys. Res. Lett.*, 29, 1856, doi:10:1029/2002GL015397.

Callec Y., E. Deville, G. Desaubliaux, R Griboulard., P. Huyghe, A. Mascle, G. Mascle, M. Noble, C. Padron De Carillo, J. Schmitz (2010). The Orinoco turbidite system: Tectonic controls on Seafloor Morphology and Sedimentation. *AAPG Bulletin*, 94, 6, 869-887.

Camerlenghi, A., Cita, M.B., Hieke, W., and Ricchiuto, T. (1992). Geological evidence for mud diapirism on the Mediterranean Ridge accretionary complex. *Earth Planet. Sci. Lett.* 109, 493-504.

Campan, A. (1995). Analyse cinématique de l'Atlantique équatorial: implications sur l'évolution de l'Atlantique sud et sur la frontière Amérique du Nord/ Amérique du Sud. Thèse de doctorat de l'université Pierre et Marie Curie.

Castrec, M., A.N. Dia, J. Boulegue (1996). Major- and trace element and Sr isotope constraints on fluid circilation in the Barbados accretionary complex. Part II: circulation rates and fluxes. *Earth Planetary Science Letters*, 145, 487-499.

Castrec-Rouelle, M., D.L. Bourles, J. Boulegue, A.N. Dia (2002). Geochemistry of Be constrains the hydraulic behaviour of mud volcanoes: the Trinidad case. *Earth and Planetary Sciences Letters*, 230, 957-966.

Cermak, V. (1979). Heat flow map of Europe. In: Cermak, V. & Rybach, L. (eds.): *in* Terrestrial heat flow in Europe. Springer Verlag, Heidelberg, Berlin, New York, 1-40.

Cermak, V. (1989). Crustal heat production and mantle heat flow in Central and Eastern Europe: *Tectonophysics*, 159, 195-215.

Cerveny P.F., A.W. Snoke (1993). Thermochronologic data from Tobago, Werst Indies: constraints on the cooling and accretion history of Mesozoic oceanic-arc rocks in the southern Caribbean. *Tectonics*, 12, 433-440.

Chamot-Rooke, N., S.J. Lallemant, X. Le Pichon, P. Henry, M. Sibuet, J. Boulègue, J.P. Foucher, T. Furuta, T. Gamo, G. Glaçon, K. Kobayashi, S. Kuramoto, Y. Ogawa, P. Schultheiss, J. Segawa, A. Takeuchi, P. Tarits, H. Tokuyama (1992). Tectonic context of fluid venting at the toe of the eastern Nankai accretionary prism: Evidence for a shallow detachment fault, *Earth Planet. Sc. Lett., 109*, 319-332.

228

Chapple, W.M. (1978). Mechanics of thin-skinned fold and thrust belts. *Geol. Soc. Am. Bull.*, 89, 1189-1198.

Charollais, J., M. Jamet (1990). Principaux résultats géologiques du forage Brizon 1 (BZN 1), Haute-Savoie, France: Mém. Soc. géol. France, 156, 185-202.

Chemenda, A.I., M. Mattauer, J. Malavieille, A.N. Bokun (1995). A mechanism for syn-collisional rock exhumation and associated normal faulting; results from physical modelling. *Earth and Planetary Science Letters*, 132, 1-4, 225-232 .

Chigira M., and Tanaka K. (1997). Structural features and history of mud volcanoes in southern Kokkaido, northern Japan, *Journal of the Geological Society of Japan.*, 103, 781-793.

Chopin, C. (1984). Coesite and pure pyrope in high grade blueschists of the western alps: a first records and some consequences. *Contributions to Mineralogy and Petrology*, 86, 107-118.

Chopin, C. (1987). Very-High-Pressure Metamorphism in the Western Alps: Implications for Subduction of Continental Crust. *Philosophical Transactions of the Royal Society of London*, 321(1557), 183-195.

Chopin, C., H-S. Schertl (2000). The UHP unit in the Dora-Maira massif, Western Alps. in: Ultra-high pressure metamorphism and geodynamics in collision-type orogenic belts, W.G. Ernst & J.G. Liou (eds), 133-148, Geological Society of America, Bellwether Publishing ltd.

Chopin, C., N.V. Sobolev (1995). Principal mineralogic indicators of UHP in crustal rocks. In: *Ultrahigh Pressure Metamorphism* (eds Coleman, R. G. & Wang, X.), 96-131, Cambridge University Press, Cambridge.

Christensen, U.R. (1992). An Eulerian technique for thermomecanical modeling of lithospheric extension, *Journal of Geophysical Research*, 97, 2015-2036, .

Clennell, M.B., M. Hovland, J.S. Booth, P. Henry, W.J. Winters (1999). Formation of natural gas hydrates in marine sediments; 1, Conceptual model of gas hydrate growth conditioned by host sediment properties, *Journal of Geophysical Research*, 104, 22,985-23,003.

Cobbold, P-R., S. Durand, R. Mourgues (2001). Sandbox modelling of thrust wedges with fluid-assisted detachments. *Tectonophysics*. 334, 3-4, 245-258.

Cobbold, P-R., R. Mourgues, K. Boyd (2004). Mechanism of thin-skinned detachment in the Amazon Fan: assessing the importance of fluid overpressure and hydrocarbon generation. *Marine and Petroleum Geology*. 21, 8, 1013-1025.

Cohen, H.A., K. McClay (1996). Sedimentation and shale tectonics of the northern Niger Delta front. *Marine and Petroleum Geology*, 13, 3, 313-328.

Collette, B.J., W.R. Roest (1992). Further investigations of the North Atlantic between 10° and 40° N and an analysis of spreading from 118

Ma ago to Present., *Proc. Kon. Ned. Akad. v. Wetensch.*, 95, 159-206.

Colletta B., J. Letouzey, R. Pinedo, JF Ballard., P. Bale, 1991, Computerized X-ray tomography analysis of sand box models: examples of thin-skinned thrust system, *Geology*, 19, 1063-1067.

Collier, J. S., R. S. White (1990). Mud diapirism within the Indus fan sediments: Murray Ridge, Gulf of Oman. *Geophys. J. Int.,* 101, p 345–353.

Compagnoni, R. (1977). The Sesia-Lanzo Zone: high pressure-low temperature metamorphism in the Austroalpine continental margin. *Rend. Soc. Ital. Miner. Petrol.*, 33, 335-374.

Connolly, G.A.D. (2010). The mechanics of metamorphic fluid expulsion. *Elements,* 6, 165–172.

Cooper, C. (2001). Mud volcanoes of the South Caspian Basin. Seismic data and implications for hydrocarbon systems (extended abstract). *American Association of Petroleum Geologists* Convention Abstracts, CD-ROM, 5 p.

Cooper, C. (2001). Mud volcanoes of the South Caspian Basin. Seismic data and implications for hydrocarbon systems (extended abstract): AAPG Convention Abstracts, CD-ROM, 5 p.

Corredor, F., J.H. Shaw, F. Bilotti (2005). Structural styles in the deep-water fold and thrust belts of the Niger Delta. *AAPG Bulletin*, 89, 6, 753–780.

Dahlen, F.A., J. Suppe, D. Davis (1984). Mechanics of fold-and-thrust belts and accretionary wedges: cohesive Coulomb theory. *J. Geophys. Res.*, 89, 10 087-10 101.

Damuth, J.E., (1994). Neogene gravity tectonics and depositional processes on the Niger Delta continental margin. *Marine and Petroleum Geology,* 11, 3, 320-346.

Damuth, J.E. (1994). Neogene gravity tectonics and depositional processes on the Niger Delta continental margin. *Marine and Petroleum Geology*, 11, 3, 320-346.

Davie, M.K., B.A. Buffett (2001). A numerical model for the fomation of gas hydrate below the seafloor, *Journal of Geophysical Research, 106*, 497-514.

Davies, R., S.A. Stewart (2005). Emplacement of giant mud volcanoes in the south Caspian Basin: 3D seismic reflection imaging of their root zones. *Journal of the Geological Society* (London), 162, 1-4.

Davies, R.J., Swarbrick R.E., Evans R.J., and Husse M. (2007). Birth of a mud volcano: East Java, 29 May 2006, GSA Today, 17, 2, 4-9.

Davis, D., J. Suppe, F.A. Dahlen (1983). The mechanics of fold and thrust belts, *Journal of Geophysical Research, 88*, 1153-1172.

Davis, E.E., K. Becker (1995). Long-term observations of pore pressure and temperature in Hole 892B, Cascadia accretionary prism, in *Proc. ODP, Sci. Results*, vol. 146, edited by B. Carson, G.K. Westbrook, R.J. Musgrave, E. Suess, 137-148, Ocean

230

Drilling Program, College Station, TX.

Delisle, G., von Rad U., Andruleit H., von Daniels C. H., Tabreez A. R., Inam A. (2002). Active mud volcanoes on- and offshore eastern Makran, Pakistan, *Int. J. Earth Sci.,* 91, 93– 110.

DeMets, C., R.G. Gordon, D.F. Argus, S. Stein (1994). Effect of recent revisions to the geomagnetic reversal time scale on estimates of current plate motions. *Geophysical Research Letters.* 21, 20, 2191-2194.

DeMets, C., P.E. Jansma, G.S. Mattioli, T.H. Dixon, F. Farina, R. Bilham, E. Calais, P. Mann (2000). GPS geodetic constraints on Caribbean-North America Plate motion. *Geophysical Research Letters.* 27, 3, 437-440.

Deming, D. (1994). Factors necessary to define a pressure seal. *AAPG. Bull.,* 78, 1005-1009.

DeShon, H. R. et al. (2006). Seismogenic zone structure beneath the Nicoya Peninsula, Costa Rica, from three-dimensional local earthquake P- and S-wave tomography. *Geophys. J. Int.* 164, 109-124.

Deville É., A Prinzhofer. (2003). Les volcans de boues: *Pour la Science,* Juin 2003, M 02687-308, 26-31.

Deville É., A. Chauvière (2000). Thrust tectonics in the front of the western Alps: constraints provided by the processing of seismic reflection data along the Chambéry transect. *C. R. Acad. Sci. Paris* 331, p. 725-732.

Deville, É., A. Mascle (2011). The Barbados Ridge: A mature Accretionary Wedge in Front of the Lesser Antilles Active Margin. Special Volume: *Phanerozoic Regional Geology of the World,* Elsevier, A.W. Bally and D.G. Roberts eds., Chapter 21.

Deville E., A. Mascle, S.-H. Guerlais, C. Decalf, B. Colletta (2003a). Lateral Changes of Frontal Accretion and Mud Volcanism Processes in the Barbados Accretionary Prism and some Implications. In: C. Bartonini, R.T. Buffler and J. Blickwede, Eds. The circum-Gulf of Mexico and the Caribbean. Hydrocarbon habitats, basin formation, and plate tectonics. *AAPG Memoir* 79, 656-674.

Deville, É., S-H Guerlais., S. Lallemant, F Schneider. (2010). Fluid Dynamics and subsurface Sediment mobilization processes: An overview from the southeastern Caribbean. *Basin Research,* Special issue on fluid flows and Subsurface Sediment Remobilization. doi: 10.1111/j.1365-2117.2010.00474x

Deville, E., S-H. Guerlais, Y. Callec, S Lallemant, M. Noble & the CARAMBA research team (2006). Fluid vs Solid Subsurface Sediment Mobilization Processes: Insight from the South of the Barbados Accretionary Prism. *Tectonophysics,* 428, 33-47.

Deville, É., W. Sassi (2006). Contrasting thermal evolution of thrust systems: An analytical and modeling approach in the front of the Western Alps. *AAPG Bulletin,* 90, 6, 887-907.

Deville *et al.* (2001). Le prisme d'accrétion de la Barbade et sa liaison avec Trinidad. Rapport IFP 56 198.

Deville, É. (1986a). La klippe de la Pointe du Grand Vallon (Vanoise-Alpes occidentales): un lambeau de métasédiments à foraminifères du Maastrichtien supérieur couronnant les nappes de "Schistes lustrés". *C. R. Acad. Sc. Paris*, 303, 1221-1226.

Deville, É. (1986b). Données nouvelles sur le cadre stratigraphique et structural de l'unité de la Grande Motte (massif de la Vanoise, Alpes de Savoie). Conséquences paléogéographiques. *Géologie Alpine*, 62, 51-61.

Deville, É. (1989). La couverture occidentale du massif du Grand Paradis (Alpes occidentales françaises, Savoie): données nouvelles et conséquences paléogéographiques. *C. R. Acad. Sc. Paris.*, 309, 603-610.

Deville, É. (1990). Within-plate type meta-volcaniclastic deposits of Maastrichtian-Paleocene age in the Grande Motte unit (French Alps, Vanoise). A first record in the Western Alps and some implications. *Geodinamica acta*, 4, 4, 199-210.

Deville, É. (1993). Tectonique précoce crétacée et orogénèse tertiaire dans les Schistes lustrés des Alpes occidentales: exemple de la transversale de la Vanoise. *Geodinamica acta,* 5, 5, 1-15.

Deville, E. (2000). Evidence for extension tectonics in the crest of the Barbados accretionary prism. *Special Publication of the Geological Society*

of Trinidad and Tobago and the Society of Petroleum Engineers, TC06.

Deville, É. (2009). Mud volcano systems. *Nova Publishers, Volcanoes: Formation, Eruptions and Modelling, Chapter 6*. Neil Lewis and Antonio Moretti (eds), Nova Science Pub. Inc., 95-126.

Deville, E., A. Battani, R. Griboulard, S. Guerlais, J.P. Herbin, J.P. Houzay, C. Muller, A. Prinzhofer (2003b). Mud volcanism origin and processes: New insights from Trinidad and the Barbados Prism. in P. Van Rensbergen, R.R. Hillis, A.J. Maltman, C. Morley (eds.), *Spec. Pub. Geological Society* (London), Subsurface Sediment Mobilization, 216, 475-490.

Deville, E., A. Battani, Y. Callec, S-H. Guerlais, A. Mascle, A. Prinzhofer, J. Schmitz, S. Lallemant (2004). Processes of Mud Volcanism and Shale Mobilization: A Structural, Thermal and Geochemical Approach in the Barbados-Trinidad Compressional System. 24th Annual GCCSEPM foundation, Bob F. Perkins Conference, 514-527.

Deville, E., A. Mascle, R. Griboulard, P. Huyghe, C. Padron De Carillo, J.-F. Lebrun (2003c). From Frontal Subduction to a Compressional Transform System: New Geophysical Data on the Structure of the Caribbean-South America Plate Boundary in south-eastern Caribbean. VIII Simposio Bolivariano, extended abstract, paper 6, 5 p.

Deville, É., A. Prinzhofer (2003). Les volcans de boues: *Pour la Science,* Juin 2003, M 02687-308, 26-31.

Deville, É., É. Blanc, M. Tardy, C. Beck, M. Cousin, G. Menard (1994). Thrust propagation and syntectonic sedimentation in the Savoy molasse basin (Alpine foreland). *in* Mascle A. (ed), *Exploration and Petroleum Geology of France*, Springer-Verlag, Eur. Ass. Petroleum Geoscient., special publication 4, 261-272.

Deville, É., S. Fudral, Y. Lagabrielle, M. Marthaler, M. Sartori (1992). From oceanic closure to continental collision: a synthesis of the "Schistes lustrés" metamorphic complex of the Western Alps. *Geological Society of America Bulletin,* 104, 127-139.

Deville, É., S-H. Guerlais (2009). Cyclic Activity of Mud Volcanoes: Evidences from Trinidad (SE Caribbean). *Marine and Petroleum Geology,* 26, 1681–1691.

Deville, E., Y. Callec, G. Desaubliaux, A. Mascle, P. Huyghe-Mugnier, R. Griboulard, M. Noble (2003d). Deep-water erosion processes in the Orinoco turbidite system. *Offshore,* 63, 10, 92-96.

Di Crocce, J, A.W. Bally, P. Vail (1999). Sequence stratigraphy of the eastern Venezuelan Basin, *Caribbean Basins. Sedimentary Basins of the World, 4* edited by P. Mann (Series Editor: K.J. Hsû), 419-476.

Dia, A.N., M. Castrec, J. Boulegue, J.P. Boudou (1995). Major and trace element and Sr isotope constraints on fluid circulations in the Barbados accretionary complex. Part 1 : Fluid origin. *Earth and Planetary Sciences Letters,* 134, 69-85.

Dia, A.N., M. Castrec-Rouelle, J. Boulegue, P. Comeau (1999). Trinidad mud volcanoes: where do the expelled fluids come from. *Geochimica Cosmochimica Acta,* 63, 1 023-1 038.

Dimanov, A., E. Rybacki, R. Wirth, G. Dresen (2007): Creep and strain-dependent microstructures of synthetic anorthite - diopside aggregates. Journal of Structural Geology, 29, 6, 1049-1069. 10.1016/j.jsg.2007.02.010.

Dimitrov, L.I. (2002). Mud volcanoes: the most important pathway for degassing deeply buried sediments. *Earth Science reviews,* 59, 1-4, 49-76.

Dixon, T. H., A. L. Mao (1997). A GPS estimate of relative motion between North and South America. *Geophysical Research Letters,* 24, 5, 535-538.

Dixon, T. H., F. Farina, C. Demets, P. Jansma, P. Mann, E. Calais (1998). Relative motion between the Caribbean and North American plates and related boundary zone deformation from a decade of GPS observations. *Journal of Geophysical Research,* 103, B7, 15157-15182.

Dmowska, R., G. Zheng, J.R. Rice (1996). Seismicity and deformation at convergent margins due to heterogeneous coupling, *Journal of Geophysical Research, 101,* 3015-3029.

Doin, M.P., P. Henry (2001). Subduction initiation and continental crust recycling: the roles of rheology and eclogitization, *Tectonophysics, 342*, 163-191.

Duan, Z., N. Moller, J. Greenberg, J.H. Weare (1992). The prediction of methane solubility in natural waters to high ionic strength from 0 to 250°C and 0 to 1600 bar. *Geochemica Cosmochimica Acta*, 56, 1451-1460.

Duchêne, S., J. Blichert-Toft, B. Luais, P. Telouk, J.M. Lardeaux, F. Albarède, (1997). The Lu-Hf dating of garnets and the ages of the Alpine high-pressure metamorphism. *Nature*. 387, 586-589.

Duerto, L., K. McClay (2010). Role of shale tectonics on the evolution of the Eastern Venezuelan Cenozoic thrust and fold belt. *Marine and Petroleum Geology, in press.*.

Dupré, S., J. Woodside, J.P. Foucher, A. Stadnitskaia, C. Huguen, J.C. Caprais, L. Loncke, J. Mascle, É. Deville, H. Niemann, A. Fiala-Medioni, A. Prinzhofer, & the NAUTINIL Scientific Party (2007). Seafloor geological studies of active gas chimneys offshore Egypt (central Nile Fan). *Deep Sea Research*, I, 54, 1 146-1 172.

Dupuis, V. (1999). Origine et mise en place de témoins accrétés du plateau océanique caraïbe crétacé en République Dominicaine (Grandes Antilles). PhD thesis, University of Lausanne, 239.

Eaton, B.A. 1975. The equation for geopressure prediction from well-logs. *SPE Paper 5544*.

Egeberg, P.K., G.R. Dickens (1999). Thermodynamic and pore water halogen constraints on gas hydrate distribution at ODP Site 997 (Blake Ridge). *Chem. Geol.*, 153, 53-79.

Elliot, D. (1976). The motion of thrust sheet. *JGR*, 81, 949-963.

Ellouz-Zimmermann, N., E. Deville, C. Müller, S. Lallemant, A. Subhani, A. Tabreez (2007a). The Control of convergent margin tectonics by sedimentation along the Makran accretionary prism (Pakistan). Special Volume: Thrust belts and Foreland Basins. O. Lacombe and F. Roure eds., Springer-Verlag, Chapter 17, 325-348.

Ellouz-Zimmermann, N., S.J. Lallemant, R. Castilla, N. Mouchot, P. Leturmy, A. Battani, C. Buret, L. Cherel, G. Desaubliaux, E. Deville, J. Ferrand, A. Lügcke, G. Mahieux, G. Mascle, P. Mühr, A.C. Pierson-Wickmann, P. Robion, J. Schmitz, M. Danish, S. Hasany, A. Shahzad, A. Tabreez (2007b). Offshore frontal part of the Makran accretionary prism (Pakistan): The CHAMAK survey. Special Volume: Thrust belts and Foreland Basins. O. Lacombe and F. Roure eds., Springer-Verlag, Chapter 18, 349-364.

Endignoux, L., J.L. Mugnier (1990). The use of forward kinematical model in the construction of a balanced cross-section. *Tectonics*, 9, 1249-1262.

Endignoux, L., S. Wolf (1990). Thermal and kinematic evolution of thrust basins: 2D numerical model: *in* Letouzey J. (ed.), *Petroleum Tectonics in mobile belts*, Éditions technip, p. 181-192.

England, P.C., T.J.B. Holland (1979). Archimedes and the Tauern eclogites: the role of buoyancy in the preservation of exotic eclogitic blocks. *Earth Planet. Sci. Lett., 44,* 287-294.

Espitalié, J. (1986). Use of Tmax as a maturation index for different types of organic matter: comparaison with vitrinite reflectance. in Burrus, J. (Ed.), *Thermal Modelling in sedimentary basins.* Editions Technip, Paris, 475-496.

Espitalié, J., G. Deroo, F. Marquis (1986). La pyrolyse Rock-Eval et ses applications. Parts 1 and 2. *Rev. Inst. Fr. petr.* 40, 5-6, 563-784.

Espitalié, J., J.L. Laporte, M. Madec, F. Marquis, P. Leplat, J. Paule, 1985, Méthode rapide de caractérisation des roches mères, de leur potentiel pétrolier et de leur degré d'évolution. *Rev. Inst. Fr. petr. 32*, 23-45, 1977.

Etiope, G. (2003). A New estimate of global methane flux to the atmosphere from onshore and shallow submarine mud volcanoes. *Geological Society of America Abstracts with Programs*: 115.*XVI INQUA Congress.*

Etiope, G., Caracausi A., Favara R., Italianio F., Baciu C. (2002). Methane emission from the mud volcanoes of Sicily (Italy). *Geophysical Research Letters,* v.29, n°8, 56-59.

Etiope, G., A. Caracausi, R. Favara, F. Italiano, C. Baciu (2002). Methane emission form the mud volcanoes of Sicily (Italy). *Geophysical Research Letters*, 29, 8.

Evans, R. L., Chave, A. D. (2002). On the importance of offshore data for magnetotelluric studies of ocean-continent subduction systems. *Geophys. Res. Lett.* 29, 1302

Faccenda, M., T. V. Gerya, L. Burlini (2009). Deep slab hydration induced by bending-related variations in tectonic pressure. *Nature Geosci.* 2, 790-793.

Farfan, P. (1989). Tobago field trip. *Newsletter*, published by The Geological Society of Trinidad & Tobago, n° 13 April 1989, 13-14.

Faugeres, J. C., E. Gonthier, R. Griboulard, L. Masse (1993). Quaternary sandy deposits and canyons on the Venezuelan margin and South Barbados accretionary prism: *Marine Geology*, 110, 1-2, 115-142.

Faugères, J.C., E. Gonthier, J.C. Pons, M. Parra, C. Pujol (1989). Les apports du diapirisme argileux dans la sédimentation d'un prisme d'accrétion: la ride de la Barbade au sud-est des Petites Antilles. *Compte-rendus de l'Académie des Sciences de Paris*, 308, 747-753.

Ferguson, I.J., G.K. Westbrook, M.G. Langseth, G.P. Thomas (1993). Heat-flow and thermal models of the Barbados Ridge accretionary complex. *Journal of Geophysical Research*, 98, 4121-4142.

Ferrand, J. (2007). Dynamique des volcans de boue. Thèse de doctorat de l'Université P. et M. Curie, Paris 6.

Feuillet, N., Manighetti, I., Tapponier, P. (2002). Arc parallel extension and localization of volcanic complexes in Guadeloupe, Lesser Antilles. JGR 107, N0 B12, 2331.

Fisher, A. (1998). Permeability within basaltic oceanic crust, *Reviews of Geophysics, 36*, 143-182.

Fisher, A., K. Becker (1995). The correlation between heat flow and basement relief: Observational and numerical examples and implications for upper crustal permeabilities, *Journal of Geophysical Research, 100*, 12 641-12 657.

Fisher, A.T., G. Zwart (1997). Packer experiments along the decollement of the Barbados accretionary complex: measurements of in situ permeability., in *Proc. ODP, Sci. Results*, vol. 156, edited by T.H. Shipley, Y. Ogawa, P. Blum, J.M. Bahr, 199-218, Ocean Drilling Program, College Station, TX.

Fisher, A.T., M.W. Hounslow (1990). Transient fluid flow at the toe of the Barbados accretionary complex: Constraints from Ocean Drilling Program Leg 110 heat flow studies and simple models. *Journal of Geophysical Research, 95*, 8 845–8 858.

Fisher, N.T., K. Becker (2000). Channelized fluid flow in oceanic crust reconciles heat-flow and permeability data, *Nature, 403*, 71-74.

Fitts, T.G., K.M. Brown (1999). Stress-induced smectite dehydration: ramifications for patterns of freshening and fluid expulsion in the N. Barbados accretionry wedge, *Earth Planet. Sc. Lett., 172*, 179-197.

Flinch J.F., V. Rambaran, W. Ali, V. De Lisa, G. Hernandez, K. Rodrigues, R. Sams (1999). Structure of the Gulf of Paria pull-apart basin (Eastern Venezuela-Trinidad). *Caribbean Basins. Sedimentary Basins of the World, 4* edited by P. Mann (Series Editor: K.J. Hsû), 477-494.

Foucher, J.P., P. Henry, F. Harmegnies (1997). Long-term observations of pressure and temperature in Ocean Drilling Program Hole 948D, Barbados Accretionary Prism, in *Proc. ODP, Sci. Results*, vol. 156, edited by T.H. Shipley, Y. Ogawa, P. Blum, J.M. Bahr, P.P., Ocean Drilling Program, College Station, TX.

Foucher, J.P., X. Le Pichon, S. Lallemant, M.A. Hobart, P. Henry, M. Benedetti, G.K. Westbrook, M.A. Langseth (1990). Heat flow, tectonics and fluid circulation at the toe of the Barbados Ridge accretionary prism. *Journal of Geophysical Research*, 95, 8859-8867.

Freund F., J. T. Dickinson, M. Cash (2002). Hydrogen in Rocks: An Energy Source for Deep Microbial Communities. *Astrobiology* © Mary Ann Liebert, Inc., vol. 2, n°1, p. 83-92.

Frey, M. (1986). Very low-grade metamorphism of the Alps: an introduction. *Schweiz. mineral. petrograph. Mitt.* 66, 13-27.

Frey, M., J. Saunders, H. Schwander (1988). the mineralogy and metamorphic geology of the low grade metasediments, Northern Ranges, Trinidad. *Journal of the Geological Society*, London, 145, 563-575.

Frey, M., J.-C. Hunziker, W. Frank, J. Boquet, G.V. Dal Piaz, E. Jäger, E.

Nigli, (1974). Alpine metamorphic of the Alps a review. *Schweizerische Mineralogische und Petrographische Mitteilungen*, 54, 247-291.

Fritz, S.J. (1986). Ideality of clay membranes in osmotic processes: a review. *Clays and clay minerals*, 34, 214-223.

Frost, C.D., A.W. Snoke (1989). Tobago, west Indies, a fragment of a Mesozoic oceanic island arc: petrochemical evidence. *Journal of the Geological Society*, London, 146, 953-964.

Fudral, S., É. Deville (1986). La zone Sésia existe-t-elle? Nouvelles observations sur les enveloppes métasédimentaires du massif cristallin pré-triasique de Sésia au Nord du Monte Ciucrin (Alpes occidentales-Région de Lanzo-Italie). *C. R. Acad. Sc. Paris*, 302, 1021-1026.

Galanopoulos, D., V. Sakkas, D. Kosmatos, E. Lagios (2005). Geoelectric investigation of the Hellenic subduction zone using long period magnetotelluric data. *Tectonophysics* 409, 73-84.

Ge, S., G. Garven (1992). Hydromechanical modeling of tectonically driven groundwater flow with application to the Arkoma foreland basin. *Journal of Geophysical Research*, 97, B6, 9119-9144.

Gebauer, G., H.-P. Schertl, M. Brix, W. Schreyer (1997). 35 Ma old ultrahigh-pressure metamorphism and evidence for very rapid exhumation in the Dora-Maira

massif, Western Alps. *Lithos*, 41, p. 5-24.

Geodekyan A.A., Y.P. Neprochov, V.V. Sedov, L.P. Merklin, V.V. Trotsuk (1985). Geological-geophysical and gas-biochemical investigations in the Bering Sea. *Sov. Geol.* 3, 84-90.

Gerya T.V., B. Stockhert (2002). Exhumation rates of high pressure metamorphic rocks in subduction channels: The effect of Rheology. *Geophysical Research Letters*, 29, 8, 102.1-102.4.

Gerya, T.V., L. L. Perchuk, M. V. Maresch, A. P. Willner, D. D. Van Reenen, C. A. Smit (2002). Thermal regime and gravitational instability of multi-layered continental crust: implications for the buoyant exhumation of high-grade metamorphic rocks. In: *European J. Mineralogy*, 14, 4, 687 - 699.

Gibson, R.G., P.A. Bentham (2003). Use of fault-seal analysis in understanding petroleum migration in a complexly faulted anticlinal trap, Columbus Basin, offshore Trinidad. *AAPG Bulletin*, 87, 3, 465-478.

Gieskes, J.M., P. Vrolijk, G. Blanc (1990). Hydrogeochemistry of the northern Barbados accretionary complex transect: Ocean Drilling Project Leg 110, *Journal of Geophysical Research, 95*, 8809-8818.

Gillet, P., P. Davy, M. Ballevre, P. Choukroune (1985) Thermomechanical evolution of a collision zone; the example of the Western Alps. *Terra Cognita*. 5; 4, 399-404.

Girard D., R.C. Maury (1983). Pétrologie d'un ensemble ophiolitique d'arc insulaire: le complexe volcano-plutonique crétacé de l'île de Tobago. *Bull. Soc. Géol . Fr.*, 25, 823-835.

Gonthier, E., J.C. Faugeres, C. Bobier, R. Griboulard, P. Huyghe, L. Massé, C. Pujol (1994). Le Prisme d'accrétion tectonique Sud-Barbade. Bilan des données recueillies au cours des missions Caracolante II, Diapicar, Diapisar and Diapisub. *Revue Aquitaine-Océans*, 1, 105 p.

Gorin, G., F. Gulacar, Y. Cornioley (1989). Organic geochemistry, maturity, palynofacies and palaeoenvironment of Upper Kimmeridgian and Lower Tertiary organic-rich samples in the southern Jura (Ain, France) and subalpine massifs (Haute-Savoie, France). *Eclogae geol. Helv.*, 82/2, 491-515.

Gorin, G.E., E. Monteil (1990). Preliminary note on the organic facies, thermal maturity and dinoflagellate cysts of the Upper Maastrichtian Wang Formation in the the northern subalpine massifs (Western Alps, France). *Eclogae geol. Helv.*, 83, 265-285.

Gratier J.P., P. Favreau, F. Renard (2003). Modeling fluid transfer along californian faults when integrating pressure solution crack sealing and compaction process, *J. Geophys. Res*, 108, Art. No. 2140.

Gratier, J.P., P. Favreau, F. Renard, E. Pili (2002). Fluid pressure evolution during the earthquake cycle controlled by fluid flow and pressure solution crack sealing. *Earth Planets and Space*, 54, 1 139-1 146.

Graue, K. (2000). Mud volcanoes in deepwater Nigeria. *Marine and petroleum Geology*, 17, 8, 959-974.

Grauls, D. (1999). Overpressure: causal mechanism, conventional and hydromechanical approaches. *Oil and Gas Science and Technology*, 54, 667-678.

Grevemeyer, I. et al. (2005). Heat flow and bending-related faulting at subduction trenches: Case studies offshore of Nicaragua and Central Chile. *Earth Planet. Sci. Lett.* 236, 238-248.

Griboulard, R., C. Bobier, J.C. Faugeres, G. Vernette (1991). Clay diapiric structures within the strike-slip margin of the southern Barbados prism. *Tectonophysics*, 192, 383-400.

Griboulard, R., E. Gonthier, E. Le Drezen, J.C. Faugeres, C. Bobier (1996). Le Prisme d'accrétion tectonique Sud-Barbade. Atlas d'images acoustiques. *Revue Aquitaine-Océans*, 2, 78 p.

Griboulard, R., Y. Deniaud, E. Gonthier (2000). Observations des déformations superficielles par submersible et imagerie Sonar SAR d'un pli d'accretion (prisme Sud-Barbade, Océan Atlantique). *Comptes-rendus de l'Académie des Sciences de Paris*, 330, 4, 281-287.

Guellec, S., J.L. Mugnier, M. Tardy, M., F. Roure (1990).Neogene evolution of the western Alpine foreland in the light of the ECORS data and balanced cross sections. in: *Deep structure of the Alps*, Mém. Soc. géol. Fr. 156, Mém. Soc. géol. Suisse 1, Vol. spec. Soc. Geol. It. 1, 165-184.

Guerlais, S-H. (2000). Modélisation des régimes de pression dans le prisme d'accrétion de la Barbade à partir des données ODP. M.Sc. degree memoir., IFP report 55 546.

Guliyiev, I.S., A.A. Feizullayev (1998). All about mud volcanoes. Nafta press, Azerbaidjan Publishing House, 52 pages.

Hacker, B. R., S. M. Peacock, G. A. Abers, S.D. Holloway (2003). Subduction factory 2. Are intermediate-depth earthquakes in subducting slabs linked to metamorphic dehydration reactions? *J. Geophys. Res.* 108, 2030.

Hedberg, H.D. (1974). Relation of methane generation to undercompacted shales, shales diapirs, and mud volcanoes. *AAPG Bulletin*, 58, 4, 661-673.

Hedberg, H.D. (1980). Methane generation and petroleum migration. In. Roberts W. and Cordell R. eds, Problems of the petroleum migration. *American Association of Petroleum Geologists* studies in Geology, 10, 179-206.

Henry, P. (1997). Relationship between porosity, electrical conductivity, and cation exchange capacity in Barbados wedge sediments, in *Proc. ODP, Sci. Results*, vol. 156, edited by T.H. Shipley, Y. Ogawa, P. Blum, J.M. Bahr, 137-149, Ocean Drilling Program, College Station, TX.

Henry, P. (2000). Fluid flow at the toe of the Barbados accretionary wedge constrained by thermal, chemical, and hydrogeologic observations and models, *Journal of Geophysical Research, 105*, 25855-25872.

Henry, P., C. Guy, R. Cattin, P. Dudoignon, J.F. Sornein, Y. Caristan (1996). A convective model of water flow in Mururoa basalts, *Geochim. Cosmochim. Acta, 60*, 2087-2109.

Henry, P., C.-Y. Wang (1991). Modeling of fluid flow and pore pressure at the toe of Oregon and Barbados accretonary wedges, *Journal of Geophysical Research, 96*, 20,109-20,130.

Henry, P., J.-P. Foucher, X. Le Pichon, M. Sibuet, K. Kobayashi, P. Taritz, N. Chamot-Rooke, T., Furuta, P. Schulteiss (1992). Interpretation of temperature measurements from the Kaiko-Nankai cruise: Modeling of fluid flow in clam colonies, *Earth Planet. Sc. Lett.,* 109, 355-371.

Henry, P., X. Le Pichon, S. Lallemant, S. Lance, J.B. Martin, J.P. Foucher, A. Fialamedioni, F. Rostek, N. Guilhaumou, V. Pranal, M. Castrec (1996). Fluid flow in and around a mud volcanoes field seaward of the Barbados accretionary wedge: results from Manon cruise. *Journal of Geophysical Research*, 101, B9, 20 297-20 323.

Henry, P., M. Thomas, M.B. Clennell (1999). Formation of natural gas hydrates in marine sediments; 2, Thermodynamic calculations of stability conditions in porous sediments. *Journal of Geophysical Research*, 104, 23 005-23 022.

Henry, P., S.J. Lallemant, X. Le Pichon, S.E. Lallemand (1989). Fluid venting along Japanese trenches: tectonic context and thermal modeling, *Tectonophysics,* 160, 277-291.

Henry, P., X. Le Pichon (1991). Fluid flow along a decollement layer: a model applied to the 16°N section of the Barbados Accretionary Wedge. *Journal of Geophysical Research,* 96, 6507-6528.

Henry, P., X. Le Pichon, B. Goffe (1997). Kinematic, thermal and petrological model of the Himalayas; constraints related to metamorphism within the underthrust Indian crust and topographic elevation, *Tectonophysics, 273*, 31-56.

Henry, P., X.L. Pichon, S. Lallemant, J.-P. Foucher, G.K. Westbrook, M. Hobart (1990). Mud volcano field seaward of the Barbados Accretionary Complex: A deep-towed side scan sonar survey, *Journal of Geophysical Research,* 95, 8 917-8 929.

Henry, P., X.L. Pichon, S. Lallemant, S. Lance, J.B. Martin, J.-P. Foucher, A. Fiala-Médioni, F. Rostek, N. Guilhaumou, V. Pranal, M. Castrec (1996). Fluid flow in and around a mud volcano field seaward of the Barbados accretionary wedge: Results from Manon cruise, *Journal of Geophysical Research,* 101, 20 297-20 323.

Hensen, C., Wallmann, K., Schmidt, M., Ranero, C. R. & Suess, E. (2004). Fluid expulsion related to mud extrusion off Costa Rica: a window to the subducting slab. *Geology* 32, 201-204.

Heppard, P.D., H.S. Cander, E.B. Eggertson (1998). Abnormal pressure and the occurrence of hydrocarbons in offshore eastern Trinidad, West Indies: in B.E. Law, G.F. Ulmishek, V.I. Slavin (eds.), *American Association of Petroleum Geologists memoir* 70, 215-246.

Hermann, J. (2003). Experimental evidence for diamond facies metamorphism in the Dora Maria massif. *Lithos,* 70, 163-182.

Higgins, G. E., J. B. Saunders (1967). Report on the 1964 Chatham mud island, Erin Bay, Trinidad, West Indies. *AAPG Bull.,* 51, 55–64.

Higgins, G.E., J.B. Saunders (1974). Mud Volcanoes: Their nature and origin. *Verhandlungen Naturforschenden Gesselschaft in Basel,* 84, 101-152.

Hillis, R.R. (2002). Coupled changes in pore pressure and stress in oil field sedimentary basins. *Petroleum Geosciences,* 7, 419-425.

Hillis, R.R. (2003). Pore pressure/stress coupling and its implications for rock failure. *Geological Society, London, Special Publications,* 216, 359-368; DOI: 10.1144/GSL.SP.2003.216.01.23

Hjelstuen, B.O., O. Eldholm, J.I. Faleide, P.R. Vogt (1999). Regional setting of Haakon Mosby mud volcano, SW Barents sea margin. *Geo-Mar. Lett.* 19, 22-28.

Hobbs, BE.E., W.D. Means, P.F. Williams (1976). An outline of structural geology. John Wiley & Sons, Inc., New York.

Holm, G.M. (1998). Distribution and origin of overpressure in the central graben of the North Sea. In: B.E. Law, G.F. Ulmishek and V.I. Slavin (Editors), Abnormal pressures in hydrocarbon environments. A.A.P.G., Tulsa, 123-144.

Homewood, P., P.A. Allen, G.D. Williams (1986). Dynamics of the Molasse Basin of western Switzerland. *Spec. Publ. int. Ass. Sediment.*, 8, 199-217.

Housen, B.A. (1997). Magnetic anisotropy of Barbados prism sediments, in *Proc. ODP, Sci. Results*, vol. 156, edited by T.H. Shipley, Y. Ogawa, P. Blum, J.M. Bahr, P.P. 97-105, Ocean Drilling Program, College Station, TX.

Hovland, M., A.G. Judd (1988). Seabed Pockmarks and Seepages : Impact on Geology, Biology and Marine environment. *Graham and Trotman, London.*

Hovland M., Hill, A., Stokes, D. (1997). The structure and geomorphology of the Dashgil mud volcano, Azerbaidjan. *Geomorphology,* 21, 1-15.

Hovland, M., Fichler C., Rueslatten H., Johnsen H. K. (2006). Deep-rooted piercement structures in deep sedimentary basins – Manifestations of supercritical water generation at depth ? *Journal of Geochemical Exploration,* 89, 157-160.

Hubbert M.K., D.G. Willis (1957). Mechanics of hydraulic fracturing. *Transactions of the American Institute of Mining, Metallurgical, and Petroleum Engineers*, 210, 153–68.

Hubbert M.K., W.W. Rubey (1959). Role of fluid pressure in mechanics of overthrust faulting: I. Mechanics of fluid-filled porous solids and its application to overthrust faulting. *Geological Society of America Bulletin,* 70, 115–66.

Huggenberger P., W. Wildi (1991). La tectonique du massif des Bornes (Chaînes Subalpines, Haute-Savoie, France). *Eclogae geol. Helv.* 84,125-149.

Hunziker, J. C. (1974). Rb-Sr and K-Ar age determination and the Alpine history of the Western Alps. *Mem. Ist. Geol. Mineral. Univ. Padova*, 31, 1-54.

Husen, S., Quintero, R., Kissling, E. & Hacker, B. (2003). Subduction-zone structure and magmatic processes beneath Costa Rica constrained by local earthquake tomography and petrological modeling. *Geophys. J. Int.* 155, 11-32.

Huyghe, P., J.L. Mugnier, R. Griboulard, Y. Deniaud, E. Gonthier, J.C. Faugères (1999). Review of the tectonic controls and sedimentary patterns in late Neogene piggyback basins on the Barbados Ridge Complex. In: Sedimentary Basins of the World, ed. K.J.Hsü, Caribbean Basins, ed. P. Mann. Elsevier, 369-388.

Huyghe, P., M. Foata, E. Deville, G. Mascle and the Caramba Working Group (2004). Channel profiles through the active thrust front of the southern Barbados prism, *Geology*, 32, 5, 429-432.

Hyndman, R.D., J.P. Foucher, M. Yamano, A. Fisher & Scientific Team of Ocean Drilling Program Leg 131 (1992). Deep sea bottom-simulating reflectors: calibration of the base of the hydrate stability field as used for heat flow estimates. *Earth Planet. Sc. Lett.,* 109, 289-301.

Ichiki, M., N. Sumitomo, T. Kagiyama (2000). Resistivity structure of high-angle subduction zone in the southern Kyushu district, southwestern Japan. *Earth Planet. Space* 52, 539-548.

Ivanov M.K., A.F. Limonov, T.C.E. van Weering (1996). Comparative characteristics if the Black Sea and Mediterranean Ridge mud volcanoes. *Marine Geology.* 132, 253-271.

Jackson T.A., P.W. Scott, M.J. Duke (2000). The petrology of the metavolcanic rocks of Tobago and Trinidad: a comparison. Abstract *GSTT-SPE conference* in Port-of-Spain, 15.

Jackson, J. (2002). Strength of the continental lithosphere: Time to abandon the jelly sandwich? September 2002, *GSA Today*, 4-10.

Jacome, M.I., N. Kusznir, F Audemard., S. Flint (2003). Tectono-stratigraphic evolution of the Maturin foreland basin, eastern Venezuela. in C. Bartolini, T. Buffler, and J.F. Blickwede, eds., *American Association of Petroleum Geologists memoir* 79, 735-749.

Jansma, P. E., G. S. Mattioli, A. Lopez, C. DeMets, T. H. Dixon, P. Mann, and E. Calais (2000). Neotectonics of Puerto Rico and the Virgin Islands, northeastern Caribbean, from GPS geodesy, *Tectonics*, 19, 1021-1037.

Jarrard, R. D. (2003). Subduction fluxes of water, carbon dioxide, chlorine, and potassium. *Geochem. Geophys. Geosyst.* 4, 8905.

Jin, Y., M. McNutt, Y.S. Zhu (1996). Mapping the descent of Indian and Eurasian plates beneath the Tibetan Plateau from gravity anomalies, *Journal of Geophysical Research*, 101, 11275-11290, 1996, 101, 11275-11290.

Joedicke, H. et al. (2006). Fluid release from the subducted Cocos plate and partial melting of the crust deduced from magnetotelluric studies in southern Mexico: Implications for the generation of volcanism and subduction dynamics. *J. Geophys. Res.* 111, B08102.

Jollivet, D., J.C. Faugères, R. Griboulard, D. Desbruyères, G. Blanc (1990). Composition and spatial distribution of a cold seep comminity on the South Barbados accretionary prism: tectonic, geochemical and sedimentary context. *Progress in Oceanography,* 24, 25-45.

Judd, A.G. (2005). Gas emission from mud volcanoes: Signifiance to global climate change, in G. Martinelli and B. Panahi, eds., Mud volcanoes, geodynamics and seismicity: Proceedings of the North Atlantic Treaty Organization (NATO) : NATO Science Series: IV: Earth and Environmental Sciences, 51.

Judd, A.G. (2005). Gas emission from mud volcanoes: Signifiance to global climate change, in G. Martinelli and B. Panahi, eds., Mud volcanoes, geodynamics and seismicity. Proceedings of the North Atlantic Treaty Organization. NATO Science Series: IV: Earth and Environmental Sciences, 51.

Jull, M., P.B. Kelemen (2001). On the conditions for lower crustal convective instability, *Journal of*

Geophysical Research, B, Solid Earth and Planets, 106, 6423-6446.

Kanamori, H. (1972). Tectonic implications od the 1944 Tonankai and the 1946 Nankaido earthquakes, *Phys. Earth Planet Inter.,* 5, 129-139.

Kanamori, H., M. Kikuchi (1993). The 1992 Nicaragua earthquake: a slow tsunami earthquake associated with subducted sediments, *Nature,* 361, 714-716.

Karig, D.E., J.K. Morgan (1994). Tectonic deformation; stress paths and strain histories, in *The geological deformation of sediments,* edited by A. Maltman, 167-204, Chapman & Hall, London.

Karner S.L., Chester J.S., Chester F.M., Kronenberg A.K., and Hajash Jr A. (2005). Laboratory deformation of granular quartz sand: Implications for the burial of clastic rocks: *AAPG bulletin,* 89, 5, 603-625.

Karner S.L., J.S. Chester, F.M. Chester, A.K. Kronenberg, A. Hajash JR (2005). Laboratory deformation of granular quartz sand: Implications for the burial of clastic rocks. *American Association of Petroleum Geologists bulletin,* 89, 5, 603-625.

Kastner, M., H. Elderfield, J.B. Martin (1991). Fluids in convergent margins; what do we know about their composition, origin, role in diagenesis and importance for oceanic chemical fluxes?, in *Philosophical Transactions of the Royal Society of London, Series A: Mathematical and Physical Sciences,* vol. 335, edited by J. Tarney, K.T.

Pickering, R.J. Knipe, J.F. Dewey, 243-259, London, United Kingdom.

Kastner, M., Y. Zheng, T. Laier, W. Jenkins (1997). Geochemistry of fluids and flow regime in the decollement zone at the Northern Barbados Ridge, in *Proc. ODP, Sci. Results,* vol. 156, edited by T.H. Shipley, Y. Ogawa, P. Blum, J.M. Bahr, 303-319, Ocean Drilling Program, College Station, TX.

Khan, L.M., E.A. Silver, D. Orange, R. Kochevar, B. McAdoo (1996). Superficial evidence of fluid expulsion from the Costa Rica accretionary prism. *Geophys. Res. Lett.* 23, 887-890.

Kirby, S.H. (1983). Rheology of the lithosphere. *Rev. Geophys. Space Phys.,* 21 (6), 1458-1487.

Kisch, H.J. (1980). Illite crystallinity and coal rank associated with lowest-grade metamorphism of the Taveyanne greywacke in the Helvetic zone of the Swiss Alps. *Eclogae geol. Helv.,* 73, 753-777.

Kissling, E. (1993). Deep structure of the Alps—what do we really know?, *Phys. Earth planet. Inter.,* 79, 87-112.

Kobayashi K. (1992). Deep-tow survey in the Kaiko-Nankai cold seepage areas, *Earth Planet. Sci. Lett.,* 109, 347-354.

Kodaira, S., N. Takahasi, J.-O. Park, K. Mochizuki, M. Shinohara, S. Kimura (2000). Western Nankai Trough seismogenic zone; results from a wide-angle ocean bottom seismic survey. *Journal of Geophysical Research, 105,* 5887-5905.

Konyukhov, A.I., M.K. Ivanov, L.M. Kulnitsky (1990). On mud volcanoes and gas hydrates in deep water regions of the Black Sea. *Litol. Polezn. Iskop.* 3, 12-23.

Kopf, A., D. Klaeschen, J. Mascle (2001). Extreme efficiency of mud volcanism in dewatering accretionary prisms. *Earth and Planetary Science Letters,* 189, 295-313.

Kopf, A.J. (2003). Global methane emission through mud volcanoes and its past and present impact on the Earths climate. *International Journal of Earth Sciences.* 92 (5).

Kopf, A. (2002). Signifiance of mud volcanism: *Reviews of geophysics,* 40, 2-1, 2-52.

Kopf, A., J.H. Behrmann (2000). Extrusion dynamics of mud volcanoes on the Mediterranean Ridge accretionary complex. In: Vendeville, B., Mart, Y. and Vigneresse, J.-L. (eds.), From the Arctic to the Mediterranean: *Salt, shale, and igneous diapirs in and around Europe.* Geol. Soc. London, Spec. Publ., 174, 169-204.

Kopf, A., A. H. F. Robertson, N. Volkmann, (2000). Origin of mud breccia from the Mediterranean Ridge accretionary complex based on evidence of the maturity of organic matter and related petrographic and regional tectonic evidence. *Marine Geology,* 166 (1–4), 65–82.

Kosarev, G., R. Kind, S.V. Sobolev, X. Yuan, W. Hanka, S. Oreshin (1999). Seismic evidence for a detached Indian lithospheric mantle beneath Tibet. *Science,* 283, 1306-1309.

Kubler, B., J.-L. Pittion, Y. Héroux, J. Charollais, M. Weidmann (1979). Sur le pouvoir réflecteur dela vitrinite dans quelques roches du Jura, de la Molasse et des Nappes préalpines, helvétiques et penniques (Suisse occidentale et Haute-Savoie). *Eclogae geol. Helv.,* 72, 347-373.

Kugler, H.G. 1965. Sedimentary volcanism. Transactions of the Fourth Carribean Geological Conference, J.B. Saunders (Ed.), Published by Caribbean Printers, (Port-of-Spain), 11-13.

Kugler H.G., P. Jung, J.B. Saunders (1984). The Joe's River formation of Barbados and its fauna. *Eclogae Geol. Helv.,* 77, 3, 675-705.

Kugler, H. G. (1961). Geological map and sections through Trinidad at 1:100,000. The Petroleum Association of Trinidad.

Kugler, H.G. (1965). Sedimentary volcanism. Transactions of the Fourth Carribean Geological Conference, J.B. Saunders (Ed.), Published by Caribbean Printers, (Port-of-Spain), 11-13.

Kulowski, N., T. Schillhorn, K. Huhn, U. von Rad, S. Husen, E. Flueh (2001). Morphotectonics and mechanics of the central Makran accretionary wedge off Pakistan. *Marine Geology,* 173, 1-19.

Kvenvolden, K.A., B.W. Rogers (2005). Gaia's breath. Global methane exhalations. *Marine and Petroleum Geology,* 22, 579–590.

Labaume, P., M. Kastner, A. Trave, P. Henry (1997). Carbonate veins from the decollement zone at the toe of the Northern Barbados accretionary prism: Microstructure, mineralogy, geochemistry, and relations with prism structures and fluid regime, in *Proc. ODP, Sci. Results*, vol. 156, edited by T.H. Shipley, Y. Ogawa, P. Blum, J.M. Bahr, 79-96, Ocean Drilling Program, College Station, TX.

Labaume, P., P. Henry, A. Rabaute & ODP Leg 156 Scientific Party (1995). Circulation et surpression de l'eau interstitielle dans le prisme d'accrétion nord-Barbade: résultats du Leg ODP 156. *Compte-Rendus Académie des Sciences Paris*, 320, série IIa, 977-984.

Lafargue, E., F. Marquis, D. Pillot (1998). Rock-Eval 6 applications in hydrocarbon exploration, production, and soil contamination studies. *Rev. Inst. Fr. petr.*, 53, 4, 421-437.

Lallemand, S., A. Heuret, D. Boutelier (2005). On the relationships between slab dip, back-arc stress, upper plate absolute motion, and crustal nature in subduction zones. *G3*, 6, 9.

Lallemand S., A. Heuret, C. Faccenna, F. Funiciello (2008). Subduction dynamics as revealed by trench migration. *Tectonics* 27, TC3014, doi:10.1029/ 2007TC002212.

Lallemand S., Schmurle P., Malavieille J. (1994). Coulomb theory applied to accretionary and nonaccretionary wedges: possible causes for tectonic erosion and/or frontal accretion. *J. Geophys. Res.*, 99, B6, 12033-12055.

Lallemand, S., G. Glaçon, A. Lauriat-Rage, A. Fiala-Médioni, J.-P. Cadet, C. Beck, M. Sibuet, J.T. Iiyama, H. Sakai, A. Taira (1992). Seafloor manifestatins of fluid seepage at the top of a 2000-metre-deep ridge in the eastern Nankai accretionary wedge: long-lived venting and tectonic implications. *Earth. Planet. Sci. Let.*, 109, 333-346.

Lallemand, S.E., J. Malavieille, S. Calassou (1992). Effects of oceanic ridge subduction on accretionary wedges: experimental modeling and marine observations, *Tectonics, 11*, 1301-1313.

Lance S., P. Henry, X. Le Pichon, S. Lallemant, H. Chamley, F. Rostek, J.C. Faugeres, E. Gonthier, K. Olu 1998. Submarine study of mud volcanoes seaward of the Barbados accretionary wedge: sedimentology, structure and rheology. *Marine Geology*, 145, 255-292.

Lance, S., P. Henry, X. Le Pichon, S. Lallemant, H. Chamley, F. Rostek, J.-C. Faugères, E. Gonthier, K. Olu (1998). Submersible study of mud volcanoes seaward of the Barbados accretionary wedge: sedimentology, structure and rheology, *Marine Geology.*, 145, 255-292.

Langseth, M.G., G.K. Westbrook, M. Hobart (1990). Contrasting geothermal regimes of the Barbados Ridge accretionary complex, *Journal of Geophysical Research*, 95, 8829-8844.

Langseth, M.G., G.K. Westbrook, M.A. Hobart (1988). Geophysical survey of a mud volcano seaward of the Barbados Ridge Complex. *Journal of Geophysical Research, 93*, 1049-1061.

Larue, D.K., R.C. Speed (1984). Structure of the accretionary

245

complex of Barbados, II; Bissex hill. *Bull. Geol. Soc. Am.*, 95, 1360-1372.

Laubscher, H. (1994). Deep structure of the central alps in the light of recent seismic data. *Geol Rudsch, 83*, 237-248.

Laubscher, H.P. (1974). Basement uplift and décollement in the Molasse Basin. *Eclogae geol. Helv.* 67, p. 531-537.

Laubscher, H.P. (1992). Jura kinetics and the Molasse Basin. *Eclogae geol. Helv.* 85, p. 653-675.

Le Bayon, B., P. Pitra, M. Ballevre, M. Bohn (2006). Reconstructing P-T paths during continental collision using multi-stage garnet (Gran Paradiso nappe, Western Alps). *Journal of Metamorphic Geology*, 24, 6, 477-496.

Le Pichon, X., J-P Foucher., J. Boulegue, P. Henry, S. Lallemant, M. Benedetti, F. Avedik, A. Mariotti (1990). Mud volcano field seaward of the Barbados accretionary complex: a submersible survey. *Journal of Geophysical Research*. 95, 8931-8943.

Le Pichon, X., F. Pollitz, M. Fournier, J.P. Cadet, S. Lallemant, N. Chamot-Rooke (1996). Distribution of shortening landward and oceanward of the eastern Nankai Trough due to the Izu-Ogasawara Ridge collision. *Earth Planet. Sc. Lett.*, 137, 145 - 156.

Le Pichon, X., K. Kobayashi, K.N.S. (1992). Fluid venting activity within the eastern Nankai Trough accretionary wedge: A summary of the 1989 Kaiko-Nankai cruise

results. *Earth Planet. Sc. Lett.*, 109, 303-318.

Le Pichon, X., P. Henry, B. Goffe (1997). Uplift of Tibet: from eclogites to granulites; implications for the Andean Plateau and the Variscan belt. *Tectonophysics, 273*, 57-76.

Le Pichon, X., P. Henry, S. Lallemant (1990). Water Flow in the Barbados Accretionary Complex, *Journal of Geophysical Research*, 95, 8945-8967.

Le Pichon, X., P. Henry, S. Lallemant (1993). Accretion and erosion in subduction zones: The role of fluids, *Annu. Rev. Earth Sci.*, 21, 307-331.

Le Pichon, X., P. Henry, the Kaiko-Nankai Scientific Crew (1991). Water budgets in accretionary wedges: a comparison, *Phil. Trans. R. Soc. Lond. A*, 335, 315-330.

Lebrun, J.F., G. Lamarche, J.Y. Collot (2003). Subduction initiation at strike-slip plate boundary: The Cenozoic Pacific-Australian plate boundary, south of New Zealand. *Journal of Geophysical Research*, 108, B9, 2453, doi:10.1029/2002JB00 2041.

Lee, M.W., D.R. Hutchinson, W.P. Dillon, J.J. Miller, W.F. Agena, B.A. Swift (1993). Method of estimating the amount of *in situ* gas hydrates in deep marine sediments, *Marine and Petroleum Geology*, 10, 493-506.

Leech, M.L. (2001). Arrested orogenic development; eclogitization, delamination, and tectonic collapse. *Earth Planet. Sc. Lett.*, 185, 149-159.

246

Limonov, A.F., J.M. Woodside, M.B. Cita, M.K. Ivanov (1996). The Mediterranean Ridge and related mud diapirism : a background. *Marine Geology*. 132, 7-19.

Lippitsch, R., E. Kissling, J. Ansorge (2003). Upper mantle structure beneath the Alpine orogen from high-resolution teleseismic tomography. *Journal of Geophysical Research*, 108, B8, 2376.

Loncke, L., J. Mascle & Fanil Scientific Parties (2004). Mud volcanoes, gas chimneys, pockmarks and mounts in the Nile deep-sea fan (Eastern Mediterranean): geophysical evidences. *Marine and Petroleum Geology*, 21, 6, 669-689.

López, A., S. Stein, T. Dixon, G. Sella, E. Calais, P. Jansma, J. Weber, P. LaFemina (2006). Is there a northern Lesser Antilles forearc block? *Geophysical Research Letters*, 33, 7.

Lucazeau, F., G. Vasseur (1989). Heat flow density data from France and surrounding margins. *Tectonophysics*, 164, 251-258.

Luo, X., G. Vasseur (1992). Contribution of compaction and aquathermal pressuring to geopressure and the influence of environmental conditions. *AAPG. Bull.*, 76, 1550-1559.

Mackwell, S.J., M.E. Zimmerman, D.L Kohlstedt (1998). High-temperature deformation of dry diabase with application to tectonics on Venus. *Journal of Geophysical Research*,103, 975–984.

Maione, S. J. (2001). Discovery of ring faults associated with salt withdrawal basins, Early Cretaceous age, in the east Texasbasin. *The Leading Edge*, 20, 818– 829.

Makovsky, Y., S.L. Klemperer, H. Liyan, L. Deynan, Project INDEPTH Team (1996). Structural elements of the southern Thetyan Himalaya crust from wide-angle seismic data. *Tectonics*, 5, 997-1005.

Malavieille, J. (1984). Modélisation expérimentale des chevauchements imbriqués: apllication aux chaînes de montagnes. *Bull. Soc. Geol. Fr.*, 7, 129-138.

Malavieille, J., A. Chemenda (1997). Impact of initial geodynamic setting on structure, ophiolite emplacement and tectonic evolution of collisional belts. *Ofioliti*, 22, 3-13.

Mallavieille, J., S. Lallemand, S. Dominguez, A. Deschamp, C.Y. Lu, C.S. Liu, P. Schnurle, & the ACT scientific crew (2002). Arc-continent collision in Taiwan: New marine observations and tectonic evolution. in "Geology and geophysics of an arc-continent collision, Taiwan, Republic of China" *Geol. Soc. Am.*, Special paper 358, 187-211.

Mann, P. (1999). Caribbean sedimentary basins: Classification and tectonic setting from Jurassic to Present, Chapter 1, in *Caribbean Basins, 4: Sedimentary Basins of the World*, edited by P. Mann, Elsevier, Amsterdam, 3-31.

Mann, P., E. Calais, J.-C. Ruegg, C., DeMets, P.E., Jansma, G. S. Mattioli (2002). Oblique collision in the northeastern Caribbean from GPS measurements and geological observations, *Tectonics*, 21, 6, 1057, doi:10.1029/2001TC001304, 2002.

Mann, P., N. R. Grindlay, J. F. Dolan (1999). Subduction to strike-slip transitions on plate boundaries, *GSA Today*, 9, 7, 14-16.

Marthaler M., S. Fudral, É. Deville, J.P. Rampnoux (1986). Mise en évidence du Crétacé supérieur dans la couverture septentrionale de Dora Maira région de Suse, Italie (Alpes occidentales). Conséquences paléogéographiques et structurales. *C. R. Acad. Sc. Paris*, 302, 91-96.

Martin, J.B., M. Kastner, X.L. Pichon, S. Lallemant, P. Henry (1996). Chemical and isotopic evidence for origins of fluids in and around Barbados mud volcanoes. *Journal of Geophysical Research,* 101, 20325-20345.

Martinelli, G. (1999). Mud volcanoes of Italy: a review. *Giornale di Geologia.* 61, 3C, 107-113.

Mascle, A., B. Biju-Duval, P. de Clarens, H. Munsch (1986). Growth of accretionary prisms: tectonic processes from Caribbean examples, in: The origin of arc. Wezel F.C., ed., Elsevier, Developments in Geotectonics, 21, 375-400.

Mascle, A., J.C. Moore (1990). ODP Leg 110, Tectonic and Hydrologic Synthesis. In: Moore J.C., Mascle A., et al., Proc. ODP, Sci.Results, 110, College Station, TX (ODP), 409-422.

Mascle, A., L. Endignoux, T. Chennouf (1990). Frontal accretion and piggyback basin development at the southern edge of the Barbados Ridge accretionary complex. in J.C. Moore,

A. Mascle, *et al.*, Proc. ODP, Sci. Results, 110, 409-422.

Mascle, A., R. Vially, É. Deville, J.P. Roy, B. Biju-Duval (1996). The petroleum evaluation of a tectonically complex area: the western margin of the South-East Basin (France). *Marine & Petroleum Geology,* 13, 8, 941-961.

Mattauer, M., J. Malavieille, P. Monié (1987). Une coupe lithosphétique des Alpes dans l'hypothèse où Sésia n'est pas d'origine sud-alpine. *C. R. Acad. Sc.*, 304, 43-48.

Mattson, P. H., E.A. Pessagno Jr. (1979). Jurassic and Early Cretaceous radiolarians in Puerto Rican ophiolite, Tectonic implications. *Geology*, 7, 440-444.

Mauffret, A., G. K. Westbrook, *et al.* (1984). The relief of the oceanic basement and the structure of the front of the accretionary complex in the region of sites 541, 542, and 543. Initial Reports of the Deep Sea Drilling Project. 78A 78B, 49-62.

Maury, R.C., F.G. Sajona, M. Pubellier, H. Bellon, M.J. Defant (1996). Fusion de la croûte océanique dans les zones de subduction/collision récentes: l'exemple de Mindanao (Philippines). *Bull. Soc. géol france*, 579-595.

Mazzini A., H. Svensen, G.G. Akhmanov, G. Aloisi, S. Planke, A. Malthe-Sørenssen, B. Istadi (2007). Triggering and dynamic evolution of the LUSI mud volcano, Indonesia. *Earth and Planetary Science Letters*, 261, 375–388.

Mellors R., Kilb D., Aliyev A., Gasanov A., and Yetirmishli G. (2007).

Correlations between earthquakes and large mud volcanoes eruptions. *Journal of Geophysical Research*, vol. 112, B04304, doi: 1029/2006JB004489.

Ménard G., P. Molnar (1988a). Collapse of a Hercynian Tibetan Plateau into a late Paleozoic European Basin and Range province. *Nature*, 334, 147-149.

Ménard, G., P. Molnard (1988b). Budget of continental shortening and subduction of continental crust in the Alps. *Tectonics*, 10, 2, 231-244.

Merle O., B. Guiller (1989). The building of the central Swiss Alps: an experimental approach. *Tectonophysics* 165, 41-56.

Mesolella, K., Sealy, H., Matthews, R. (1970). Facies geometries within pleistocene coral reffs of Barbados, West Indies. *AAPG Bull.*, 54, 1899-1917.

Mével, C. (2003). Serpentinization of abyssal peridotites at mid ocean ridges. *C. R. Geosci.* 335, 825-852.

Milkov, A. V., R. Sassen, T.V. Apanasovich, F.G. Dadashev (2003). Global gas flux from mud volcanoes: A significant source of fossil methane in the atmosphere and the ocean. *Geophys. Res. Lett.* 30 (2): 1037. doi:10.1029/2002GL016358

Milkov, A.V. (2000). Worldwide distribution of submarine mud volcanoes and associated gas hydrates. *Marine Geology*, 167, 29-42.

Miller, S.A., Y. Ben-Zion, J.-P. Burg (1999). A three-dimensional fluid-controlled earthquake model:

Behavior and implications. *Journal of Geophysical Research*, 104, 10621-10638.

Monie, P., C. Chopin (1991). Ar/Ar dating in coesite-bearing and associated units of the Dora Maira massif, Western Alps. *Eur. J. Mineral.*, 3, 239-262.

Moore, G.F., A. Taira, A. Klaus, et al. (2001). New insights into deformation and fluid flow processes in the Nankai Trough accretionary prism: Results of Ocean Drilling Program Leg 190, Geochem. Geophys. Geosyst., 2, 10.129/2001GC000166

Moore, G.F., J.-O. Park, N.L. Bangs, S.P. Gulick, H.J. Tobin, Y. Nakamura, S. Saito, T. Tsuji, T. Yoro, H. Tanaka, S. Uraki, Y. Kido, Y. Sanada, S. Kuramoto, A. Taira (2009). Structural and seismic stratigraphic framework of the NanTroSEIZE Stage 1 transect. In Kinoshita M., Tobin H., Ashi J., Kimura G., Lallemant S., Screaton E.J., Curewitz D., Masago H., Moe K.T., and the Expedition 314/315/316 Scientists, Proc. IODP, 314-315-316: College Station, TX (Integrated Ocean Drilling Program Management International, Inc.). doi:10.2204/iodp.proc.314315316.102.2009.

Moore, J.C., A. Klaus, N.L. Bangs, B. Bekins, C.J. Bucker, W. Bruckmann, S.N. Erickson, O. Hansen, T. Horton, P. Ireland, C.O. Major, G.F. Moore, S. Peacock, S. Saito, E.J. Screaton, J.W. Shimeld, P.H. Stauffer, T. Taymaz, P.A. Teas, T. Tokunaga (1998). Consolidation patterns during initiation and evolution of a plate boundary decollement: Northern

249

Barbados accretionary prism. *Geology*, 26, 811-814.

Moore, J.C., A. Mascle & the scientific staff of ODP leg 110. (1988). Tectonics and hydrogeology of the northern Barbados Ridge: Results from Ocean drilling Program Leg 110. *Geological Society of America bulletin*, 100, 1 578-1 593.

Moore, J.C., P. Vrolijk (1992). Fluids in accretionary prisms. *Reviews of Geophysics*, 30, 113-135.

Moran, K., H.A. Christian (1990). Strength and deformation behavior of sediment from the lesser Antilles forearc accretionary prism, in *Proc. ODP, Sci. Results*, vol. 110, edited by J.C. Moore, A. Mascle, E. Taylor, M.B. Underwood, 279-288, Ocean Drilling Program, College Station, TX.

Moretti, I, M. Larrere (1989). LOCACE: computer-aided construction of balanced geological cross sections. Geobyte, October, 16-24.

Morgan, J.K., D.E. Karig (1993). Ductile strains in clay-rich sediments from hole 808C: preliminaryresults using X-ray pole figure goniometry. *Proc. Ocean Drill. Program Sci. Results,* 131, 141-155.

Morlet, C.K. (2003). Outcrop examples of mudstone intrusions from the Jerudong anticline, Brunei Darussalam and inferences for hydrocarbon reservoirs, *in* Van Rensbergen, P., Hillis, R.R., Maltman, A.J., and Morley C.K., eds., Subsurface Sediment Mobilization: *Geological Society Special Publication,* London, 216, 381–394.

Morley C.K. (2003). Mobile shale related deformation in large deltas develped on passive and active margins. in P. Van Rensbergen, R.R. Hillis, A.J. Maltman, C. Morley (eds.), Spec. Pub. Geological Society (London), *Subsurface Sediment Mobilization,* 216, 335-357.

Moss, S.J. (1992). Organic maturation in the French Subalpine Chains: regional differences in burial history and the size of tectonic loads. *J. geol. Soc.* London, 149, 503-515.

Mourgues, R., P.R. Cobbold. (2006). Thrust wedges and fluid overpressures: Sandbox models involving pore fluids. *Journal of Geophysical Research.* Solid Earth, 111, B5, B0 5404.

Moxar, J. (1988). Métamorphisme transporté dans les Préalpes. Schweiz: Mineral: Petrogr. Mitt., 68, 77-94,.

Mugnier J.L., S. Guéllec, G. Ménard, F. Roure, M. Tardy, P. Vialon (1990). A crustal balanced cross-section through the external Alps deduced from the ECORS profile. *in* Roure F., Heitzman P. and Polino R. (eds), Deep structure of the Alps, Mém. Soc. géol. Fr. 156, 203-216.

Mugnier, J.-L., G. Menard (1986). Le développement du bassin molassique suisse et l'évolution des Alpes externes: un modèle cinématique: Bull. Cent. Rech. Explor.-Prod. Elf-Aquitaine, 10, 167-180.

Mugnier, J.-L., J.-M. Marthelot (1991). Crustal reflections beneath the Alps and the Alpine foreland; geodynamic implications. In: Continental lithosphere; deep seismic reflections.

Meissner R.O., Brown L.D., Duerbaum H.J., Franke W., Fuchs K., Seifert F. (eds), American Geophysical Union. Washington, DC, United States, *Geodynamics Series*. 22, 177-183.

Müller, R. D., W. Smith (1993). Deformation of the Oceanic Crust Between the North American and South American Plates. *Journal of Geophysical Research*, 98, B5, 8 275-8 291.

Nakamukae M., Haraguchi T., Nakata M., Ozono S., Tajika J., Ishimaru S., Fukuzumi T., and Inoue M. (2004). Reactivation of the Niikappu mud volcano following the Tokachi-oki earthquake in 2003, Japan Earth and Planetary Science 2004 Joint meeting, Chiba, Japan.

Nely G., J. Torrent (1979). Rapport d'interprétation de la campagne Caraïbes I, Bassin de Tobago et marges de la Trinité. Rapport CEPM.

Neurauter, T.W., H.H. Roberts (1994). Three generation of mud volcanoes on the Louisiana continental slope. *Geo-Marine Letters,* 14, 120-125.

Neuzil, C.E. (1994). How permeable are clays and shales? *Water Ressour. Res.*, 30, 2, 145-150.

Neuzil, C.E. (2000). Osmotic generation of anomalous fluid pressures in geological environments. *Nature*, 403, 182-184.

Ngokwey, K. (1985). Simulation numérique des déformations des sédiments au front de la marge active des petites Antilles. In: *Géodynamique des Caraibes,* ed Mascle, A., Technip, Paris, 235-244.

Nicolas, A., R. Polino, A. Hirn, R. Nicolich and Ecors-Crop working group (1990). Ecors-Crop traverse and deep structure of the western Alps. A synthesis. in: *Deep structure of the Alps*, Mém. Soc. géol. Fr. 156, Mém. Soc. géol. Suisse 1, Vol. spec. Soc. Geol. It. 1, 15-28.

Norrelli, G.T. (1991). Lithospheric strength and rheological stratification at mid-ocean ridges. *Journal of the Geological Society*, 148; 3, 521-525.

Ogawa, Y., K. Kobayashi (1993). Mud ridge on the crest of the outer swell off Japan *Trench. Marine Geology.* 111, 1-6.

Orange, D.L., H.G. Greene, D.J. Reed, B. Martin, C.M. McHugh, W.B.F. Ryan, N. Mahe, Stakes D., J Barry. (1999). Widespread fluid expulsion on a translational continental margin: Mud volcanoes, fault zones, headless canyons, and organic-rich substrate in Monterey Bay, California. *Bulletin of the Geological Society of America Bull.* 111, 992-1009.

Osborne, M.J., R.E. Swarbrick (1997). Mechanisms for generating overpressure in sedimentary basins: A reevaluation. *AAPG Bulletin*, 81, 6, 1023-1041.

Padron de Carillo C., E. Deville, P. Huyghe, S. Lallemant, J.F. Lebrun, A. Mascle, G. Mascle, M. Noble, J. Schmitz (in press). From Subduction to a Compressional transform system: Diffuse Deformation Processes at the Southeastern Boundary of the Caribbean Plate. *Journal of Geophysical Research*.

Padrón De Carrillo, C., É. Deville, P. Huyghe, G Mascle., Equipo de la

Campaña Caramba (2008). Correlación entre la Zona de Falla del Delta del Orinoco (ODFZ) y las estructuras asociadas al sur del prisma de Barbados. Proceedings. *XIV Congreso Venezolano de Geofísica.* 8 p.

Panza, G.F., A. Pontevivo, G. Chimera, R. Raykova, A Aoudia. (2003). The lithosphere-astenosphere: Italy and surrounding. *Episodes,* 26, 3, 169-174.

Panza, G.F., S. Mueller, G. Calcagnile (1980). The gross feature of the lithosphere-astenosphere system in Europe from seismic surface waves and body waves. *Pure Appl. Geophys.,* 118, 1209-1213.

Paquette, J.L., C. Chopin, J.J. Peucat (1989). U-Pb zircon, Rb-Sr and Sm-Nd geochronology of high- to very-high-pressure meta-acidic rocks from the western Alps. *Contrib. Mineral. Petrol.,* 101, 280-289.

Park, J-O, G. Fujie, L. Wijerathne, T. Hori, S. Kodaira, Y. Fukao, G. F. Moore, N.L. Bangs, S. Kuramoto, A. Taira (2010). A low-velocity zone with weak reflectivity along the Nankai subduction zone. *Geology,* 38, 3, 283–286, doi: 10.1130/G30205.1.

Parsons, B., J.G. Sclater (1977). An analysis of the variation of ocean floor bathymetry and heat flow with age. *Journal of Geophysical Research,* 82, 803-827.

Payne, N. (1991). An evaluation of post-middle Miocene geological sequences, offshore Trinidad. *Transactions of the 2nd Geological Conference of the GSTT*, ED. KA Gillezeau, Published by GSTT, 70-87.

Peacock, S. A. (1990). Fluid processes in subduction zones. *Science* 248, 329-337.

Peacock, S.M., R.D. Hyndman (1999). Hydrous minerals in the mantle wedge and the maximum depth of subduction thrust earthquakes. *Geophys. Res. Lett.,* 26, 2 517-2 520.

Perez, O.M., C. Sanz, G. Lagos (1997). Microseismicity, tectonics and seismic potential in southern Caribbean and northern Venezuela, *Journal of seismology* 1, 15-28.

Perez-Belzuz, F., B. Alonso, G. Ercilla (1997). History of mud diapirism and trigger mechanisms in the Western Alboran Sea. *Tectonophysics.* 282, 399-423.

Peter, G., G. Westbrook (1976). Tectonics of south-western North Atlantic and Barbados Ridge complex. *AAPG Bulletin* 60, 7, 1078-1106.

Pfiffner, A., S. Ellis, C. Beaumont (2000). Collision tectonics in the Swiss Alps: insight from geodynamic modeling. *Tectonics.* 19, 6, 1065-1094.

Philippe, Y., B. Colletta, É. Deville, A. Mascle (1996). The Jura fold-and-thrust belt: a kinematic model based on map-balancing. Peritethys mem. 2, *Éds.* Mémoires du Muséum national d'histoire naturelle. *Paris (Ziegler W. ed.).*, tome 170, 235-261.

Philippe, Y., É. Deville, A. Mascle (1998). Thin-skin inversion at oblique basin margins: example of the western Vercors and Chartreuse

Subalpine massif. In Mascle, A., Puigdefabregas, C., Lutherbacher, H.P. & Fernandez, M. (eds) *Cenozoic Foreland Basins of Western Europe.* Geological Society Special Publication, London, 134, 239-262.

Pindell, J., L. Kennan, W.V. Maresh, K.-P. Stanek, G. Draper, R. Higgs (2005). Plate-kinematics and crustal dynamics of Circum-Caribbean arc-continent interactions: Tectonic controls on basin development in proto-Caribbean margins. *Geological Society of America, Special Paper* 394, p. 7-52, doi: 10.1130/2005.2394(01).

Pindell, J.L., R. Higgs, J.F. Dewey (1998). Cenozoic palinspatic reconstruction, paleogeographic evolution and hydrocarbon setting of the northern margin of South America. Paleogeographic evolution and non-glacial eustasy, northern South America, *SEPM special publication*. 58, Pindell and Drake, 45-85.

Pitt, A.M., R.A. Hutchinson (1982). Hydrothermal changes related to earthquake activity at Mud Volcano, Yellowstone National Park, Wyoming. *Journal of Geophysical Research*, 87, 2 762-2 766.

Planke, S., H. Svensen, M. Hovland, D. A. Banks, B. Jamtveit (2003). Mud and fluid migration in active mud volcanoes in Azerbaijan. *Geo-Marine Letters.* 23 (3-4), 258-268. doi:10.1007/s00367-003-0152-z.

Platt, J. P. (1986). Dynamics of orogenic wedges and the uplift of high-pressure metamorphic rocks. *Geological Society of America Bulletin* 97, 1037-1053.

Platt, J.P. (1990). Thrust mechanics in highly overpressured accretionary wedges. *JGR*, 95, B6, 9025-9034.

Ranero, C. R., J. P. Morgan, K. McIntosh, C. Reichert (2003). Bending-related faulting and mantle serpentinization at the Middle America trench. *Nature* 425, 367-373.

Ransom, B., A.J. Spivack, M. Kastner (1995). Stable Cl isotopes in subduction-zone pore waters; implications for fluid-rock reactions and the cycling of chlorine. *Geology* 23, 715-718.

Reed, D.L., E.A. Silver, J.E. Tagudin, T.H. Shipley, P. Vrolijk (1990). Relations between mud volcanoes, thrust deformation, slope sedimentation, and gas hydrate, offshore north Panama. *Marine and Petroleum Geology* 7, 44-54.

Reinecke, T. (1991). Very-high pressure metamorphism and uplift of coesite-bearing metasediments from the Zermatt-Saas zone, Western Alps. *Eur. J. Miner.*, 3, 7-17.

Rey, D., T. Quarta, P. Mouge, M. Miletto, R. Lanza, A. Galdeano, M.T. Carozzo, E. Armando, R. Bayer (1990). Gravity and areomagnetic maps of the western Alps: contribution to the knowledge of the deep structures along the ECORS-CROP Seismic profile. in: *Deep structure of the Alps*, Mém. Soc. géol. Fr. 156, Mém. Soc. géol. Suisse 1, Vol. spec. Soc. Geol. It. 1, 107-122.

Ridd, M. F. (1970). Mud volcanoes in New Zealand. *AAPG Bull.*, 54, 601-616.

Roaldset, E., H. Wei, S. Grimstad (1998). Smectite to illite conversion by hydrous pyrolysis. *Clay Minerals* 33, 147-158.

Roberts, G. (1992). Structural controls on fluid migration through the Rencurel thrust zone, Vercors, French sub-Alpine chains: *in* England W.A. & Fleet A.J. (eds), Petroleum migration, Geological Society, Special Publication, 59, 245-262.

Rodrigues, K. (1998). Oil source bed recognition and crude oil correlation, Trinidad, West Indies. *Organic Geochemistry* 13, 1-3, 365-371.

Roest, W.R., B.J. Collette (1986). The Fifteen-Twenty fracture zone and the North American-South American plate boundary. *Journal of the Geological Society of London* 143, 5, 833-843.

Roure, F., P. Heitzmann, R. Polino (1990). Early Neogene deformation beneath the Po plain: Constraints on post-cillisionnal Alpine Evolution. in: *Deep structure of the Alps*, Mém. Soc. géol. Fr. 156, Mém. Soc. géol. Suisse 1, Vol. spec. Soc. Geol. It. 1, 309-320.

Rubatto, D., J. Hermann (2001). Exhumation as fast as subduction? *Geology* 29, 3-6.

Rudnick, R.L., D.M. Fountain (1995). Nature and composition of the continental crust: a lower crustal perspective. *Reviews of Geophysics* 33, 267-310.

Ruepke, L. H., J. P. Morgan, M. Hort, J.A.D. Connolly (2004). Serpentine and the subduction zone water cycle. *Earth Planet. Sci. Lett.* 223, 17-34.

Ruppel, C. (1997). Anomalously cold temperature observed at the base of the gas hydrate stability zone on the U.S. Atlantic passive margin. *Geology,* 25, 699-702.

Russo, R.M., R.C Speed, E.A. Okal, J.B Shepherd, K.C. Rowley (1993). Seismicity and tectonics of the southeastern Caribbean. *Journal of Geophysical Research*, B, Solid Earth and Planets. 98, 8, 14299-14319.

Russo, R.M., R.C. Speed (1992). Oblique collision and tectonic wedging of the South American continent and Caribbean terranes. *Geology* 20; 5, Geological Society of America (GSA). Boulder, CO, United States. 447-450.

Rutledge, A.K., D.S. Leonard (2001). Role of multibeam sonar in oil and gas exploration and development. *Offshore Technology Conference* 12956, 12 p.

Rybacki, E.; Gottschalk, M.; Wirth, R.; Dresen, G. (2006): Influence of water fugacity and activation volume on the flow properties of fine-grained anorthite aggregates. Journal of Geophysical Research, 111, B03203.10.1029/2005JB003663.

Saffer, D.M., B.A. Bekins (1998). Episodic fluid flow in the Nankai accretionary complex; timescale, geochemistry, flow rates, and fluid budget. *Journal of Geophysical Research,* 103, 30 351-30 370.

Saffer, D.M., B.A. Bekins (1999). Fluid budgets at convergent plate margins: implications for the extent and duration of fault-zone dilation. *Geology,* 27, 1095-1098.

254

Saleh, J., K. Edwards, J. Barbate, S. Balkaransingh, D Grant., J. Weber, T Leong (2004). On some improvements in the geodetic framework of Trinidad and Tobago. *Survey Reviews*, 37, 294, 604-625.

Sample, J.C. (1996). Isotopic evidence from authigenic carbonates for rapid upward fluid flow in accretionary wedges. *Geology*, 24, 897-900.

Sassen, R., A.,V. Milkov, E. Ozgul, H.H. Roberts, J.L. Hunt, M.A. Beeunas, J.P. Chanton, D.A. Defreitas, S.T. Sweet (2003). Gas venting and subsurface charge in the Green Canyon area, Gulf of Mexico continental slope: evidence of a deep bacterial methane source?: *Organic, geochemistry*, 34, 10, 1455-1464.

Sassen, R., A.V. Milkov, E. Ozgul, H.H. Roberts, J.L. Hunt, M.A. Beeunas, J.P. Chanton, D.A. Defreitas, S.T. Sweet (2003). Gas venting and subsurface charge in the Green Canyon area, Gulf of Mexico continental slope: evidence of a deep bacterial methane source?. *Organic geochemistry*, 34, 10, 1455-1464.

Sassi, W. (1994). Thrustpack version 2.1: 2D maturity studies in thrusted areas. Rapport IFP 41527.

Sassi, W., J.L. Faure (1997). Role of faults and layer interfaces on spatial variation of stress regimes in basins: interferences from numerical modelling. *Tectonophysics*, 266, 101-119.

Saunders J.B., D. Bernoulli, E. Muller-Merz, H. Oberhaensli, K. Perch-Nielsen, W.R. Riedel, A. Sanfilippo, R Torrini. (1984). Stratigraphy of late Middle Eocene to Early Oligocene in Bath cliff section, Barbados, West Indies. *Micropaleontology*, 30, 390-425.

Schegg, R. (1992a) Coalification, shale diagenesis and thermal modelling in the Alpine Foreland basin: the Western Molasse basin (Switzerland/France). *Org. Geochemistry*, 18, 289-300.

Schegg, R. (1992b) Thermal maturity of the Swiss Molasse Basin: Indications for paleogeothermal anomalies? *Eclogae geol. Helv.*, 85, 745-764.

Schmuck, E.A., C.K. Paull (1993). Evidence for gas accumulation associated with diapirism and gas hydrates at the head of the Cape fear Slide. *Geo-Mar. Lett. 13, 145-152*.

Schneider, F., H. Devoitine, I. Faille, E. Flauraud, F. Willien (2002). Ceres 2D: A Numerical Prototype for HC Potential Evaluation in Complex Area. *Oil and Gas Science and Technology*, 54, 6, 607-619.

Schott, B., H. Schmeling (1998). Delamination an detachment of a lithospheric root. *Tectonophysics*, 296, 225-247.

Screaton, E., D. Saffer, P. Henry, S. Hunze and Leg 190 Shipboard Scientific Party (2001). Porosity loss within underthrust sediments of the Nankai accretionary complex: Implications for overpressures. *Geology*, 30, 19-22.

Screaton, E.J., A.T. Ficher, B. Carson, K. Becker (1997). Barbados Ridge hydrogeologic tests: Implications for fluid migration along an active decollement. *Geology*, 25, 239-242.

Screaton, E.J., D. Saffer, P. Henry, S. Hunze, G.F. Moore, A. Taira, A. Klaus, K. Becker, L. Becker, B. Boeckel, B.A. Cragg, A. Dean, C.L. Fergusson, S. Hirano, T. Hisamitsu, M. Kastner, A.J. Maltman, J.K. Morgan, Y. Murakami, M. Sanchez-Gomez, D.C. Smith, A.J. Spivack, J. Steurer, H.J. Tobin, K. Ujiie, M.B. Underwood, M. Wilson (2002). Porosity loss within the underthrust sediments of the Nankai accretionary complex: Implications for overpressures. *Geology*, 30, 19-22.

Screaton, E.J., D.R. Wuthrich, S.J. Dreiss (1990). Permeabilities, fluid pressures and flow rates in the Barbados Ridge complex. *Journal of Geophysical Research*, 95, 8997-9007.

Screaton, E.J., S. Ge (1997). An assessment of along-strike fluid and heat transport within the Barbados Ridge accretionary complex; results of preliminary modeling. *Geophys. Res. Lett.*, 24, 3085-3088.

Secor, D.T. (1965). Role of fluid pressure in jointing. American Journal of Science, 263, 633-646.

Segall, P., J.R. Rice (1995). Dilatancy, compaction, and slip instability of a fluid-infiltrated fault. *Journal of Geophysical Research*, 100, 22 155-22 171.

Senn, A. (1940). Paleogene of Barbados and its bearing on history and structure of Antillean-Caribbean region. *American Association of Petroleum Geologists Bulletin*, 24, 9, 1548-1610.

Shi, Y., C.-Y. Wang (1985). High pore pressure generation in sediments in front of the Barbados Ridge. *Geophys. Res. Lett.*, 12, 773-776.

Shi, Y., C.-Y. Wang (1994). Model studies of advective heatflow associated with compaction and dehydration in accretionary prisms. *Journal of Geophysical Research*, 99, 9319-9325.

Shih, T. (1967). A survey of the active mud volcanoes in Taiwan and a study of their types and the character of the mud. *Pet. Geol. Taiwan*, 5, 259–311.

Shimakawa, Y., Y. Honkura, (1991). Electrical conductivity structure beneath the Ryukyu trench-arc system and its relation to the subduction of the Philippine sea plate. *J. Geomagnetism Geoelectricity* 43, 1-20.

Shipley, T.H., G.F. Moore, N.L. Bangs, J.C. Moore, P.L. Stoffa (1994). Seismically inferred dilatancy distribution, northern Barbados Ridge decollement: implication for fluid migration and fault strength. *Geology*, 22, 411-414.

Shipley, T.H., P.L. Stoffa, D.F. Deal (1990). Underthrust sediments, fluid migration paths, and mud volcanoes associated with the accretionary wedge of Costa Rica: Middle America Trench. *J. Geophys. Res.* 95, 8743-8752.

Shnyukov, Y.F., G.I. Gnatenko, V.A. Nesterovskiy, O.V. Gnatenko (1992). Volcans de boue de la province de Kertch-Taman Pechora. Edition: *Naukova Dumka*, 200 pages.

Shreve, R.L., M. Cloos (1986). Dynamics of sediment subduction, melange formation and prism

accretion, *J. Geophys. Res.*, *91*, 10
229-10 245.

Sibson, R.H., Fluid flow accompanying
faulting: Field evidence and models
(1981). In *Earthquake prediction: An
international review*, 4, *American
Geophysical Union Maurice Ewing
Series*, edited by D.W. Simpson, P.G.
Richards, 593-603.

Sleep, N.H., M.L. Blanpied (1994).
Ductile creep and compaction; a
mechanism for transiently increasing
fluid pressure in mostly sealed fault
zones. *Pure and Applied Geophysics*,
143, 9-40.

Smith, R.E., D.V. Wiltschko (1996).
Generation and maintenance of
abnormal fluid pressures beneath a
ramping thrust sheet: isotropic
permeability experiments. *Journal of
Structural Geology*, 18, 7, 951-970.

Snoke A.W., and colleagues (1997).
Geological map of Tobago,
Government of the republic of
Trinidad and Tobago, Ministry of
Energy and Energy Industries.

Snoke A.W., D.W. Rowe, J.D. Yule, G.
Wadge (1991). Tobago, west indies:
a cross-section across a fragment of
accreted, Mesozoic oceanic-arc, in
the Southern Caribbean.
*Transactions of the 2nd Geological
Conference of the GSTT*, ED. KA
Gillezeau, Published by GSTT, 236-
243.

Sobolev, S.V., A.Y. Babeyko (1989).
Phase transformations in the lower
continental crust and its seismic
structure, in *Properties and
processes of Earth's lower crust*, vol.
IUGG Vol.6, *Geophysical
Monograph 51*, edited by R.F.

Mereu, S. Mueller, D.M. Fountain,
311-320.

Soloviev, V.A., G.D. Ginsburg (1997).
Water segregation in the course of
gas hydrate formation and
accumulation in submarine gas-
seepage fields, *Marine Geology.*,
137, 59-68.

Sorey M.L., C. Werner, R.G.
McGimsey, W.C. Evans (2000).
Hydrothermal activity and carbon-
dioxide discharge at shrub and upper
Klawasi mud volcanoes, Wrangell
mountains, Alaska. U.S. Geological
Survey, Water-Resources
Investigations, Report 00-4207.

Soyer, W., M. Unsworth (2006). Deep
electrical structure of the northern
Cascadia (British Columbia, Canada)
subduction zone; implications for the
distribution of fluids. *Geology* 34,
53-56.

Speed R.C., G. Westbrook, A. Mascle,
B. Biju-Duval, J. Ladd, J. Saunders,
S. Stein, J. Schoomaker, J. Moore
(1984). Lesser Antilles Arc and
adjacent terranes. Woods Hole,
Massachusset, Ocean Drilling
Program, Regional Atles Series,
Marine Science International, Atlas
10, 27 sheets.

Speed, R.C., P.L. Smith-Horowitz
(1998). The Tobago terrane.
International Geology review, v. 40,
805-830.

Stein, C.A., S. Stein (1994). Constraints
on hydrothermal heat flux through
the oceanic lithosphere from global
heat flow. *Journal of Geophysical
Research*, 99, 3081-3095.

Steineck, P.L., G. Murtha (1979).
Foraminiferal paleobathymetry of

Miocene rocks, Barbados, Lesser Antilles. *Transactions of the 4th Latin American Geological Congress Trinidad and Tobago* 942-951.

Stewart, S.A., R.J. Davies (2006) Structure and emplacement of mud volcano systems in the South Caspian Basin. *American Association of Petroleum Geologists bulletin*, 90, 5, 771-786.

Stoneley R. (1965). Marl diapirism near Gisborne, New Zealand. *N.Z.J. Geol. Geophys.*, 5, 630-641.

Strasser, M., G.F. Moore, G. Kimura, Y. Kitamura, A. Kopf, S. Lallemant, J-O. Park, Screaton, E.G. Suess, R. Bohrmann, P. von Huene, K. Linke, S. Wallmann, H. Sahling (1998). Fluid venting in the eastern Aleutian subduction zone. *Journal of Geophysical Research,* 103, 2597-2614.

Stride, A.H., R.H. Belderson, N.H. Kenyon (1982). Structural grain, mud volcanoes and other features on the Barbados ridge complex revealed by GLORIA long range side-scan sonar. *Marine Geology*. 49, 187-196.

Sue C., F. Thouvenot, J. Frechet, P. Tricart (1999). Widespread extension in the core of the western Alps revealed by earthquake analysis. *Journal of Geophysical Research,* 104, B11, 25 611-25 622.

Sue C., P. Tricart (2003). Neogene to ongoing normal faulting in the inner Western Alps, a major evolution of the late alpine tectonics. *Tectonics*. 22, 5.

Suess, E., M.E. Torres, G. Bohrman, R.W. Collier, J. Greinert, P. Linke, G. Rehder, A. Trehu, K. Wallmann,

G. Winckler, E. Zuleger (1999). Gas hydrate destabilization: enhanced dewatering, benthic material turnover and large methane plumes at the Cascadia convergent margin. *Earth Planet. Sc. Lett.,* 170, 1-15.

Sullivan, S., L.J. Wood, P. Mann (2004). Distribution, nature and origin of mobile mud feature offshore Trinidad. 24th Annual GCCSEPM foundation, Bob F. Perkins Conference, 498-513.

Sumner, R.H., G. Westbrook (2001). Mud diapirism in front of the Barbados accretionary wedge: the influence of fracture zones and North-America South America plate motions. *Marine and Petroleum Geology,* 18, 591-613.

Suppe, J. (1983). Geometry and kinematics of fault-bend folding. American Journal of Science, 283, 684-721.

Swarbrick, R.E., M.J. Osborne (1998). Mechanisms that generate abnormal pressures: an overview. In: B.E. Law, G.F. Ulmishek and V.I. Slavin (Editors), Abnormal pressures in hydrocarbon environments. *AAPG Memoir*, Tulsa, 13-34.

Swarbrick, R.E., M.J. Osborne, G.S. Yardley (2002). Comparison of overpressure magnitude resulting from the main generating mechanisms. In: A.R. Huffman and G.L. Bowers (Editors). *AAPG*, 1-12.

Tardy, M., E. Deville, S. Fudral, S. Guellec., G. Ménard, F. Thouvenot, P. Vialon (1990). Interprétation structurale des données du profil de sismique réflexion profonde ECORS-CROP Alpes entre le front pennique et la ligne du Canavese (Alpes occidentales). in: *Deep structure of the Alps*, Mém. Soc. géol. Fr. 156, Mém. Soc. géol. Suisse 1, Vol. spec. Soc. Geol. It. 1, 217-226.

Taylor, F.W., P. Mann (1991). Late Quaternary folding of coral reef terraces, Barbados. *Geology*, 19, 103-106.

Thouvenot F., A. Paul, G. Sénéchal, A. Hirn, R. Nicolich (1990). ECORS-CROP wide-angle reflection seismics: constraints on deep interfaces beneath the Alps. in: *Deep structure of the Alps*, Mém. Soc. géol. Fr. 156, Mém. Soc. géol. Suisse 1, Vol. spec. Soc. Geol. It. 1, 97-122.

Thouvenot, F., G. Menard (1990). Allochthony of the Chartreuse Subalpine massif: explosion-seismology constraints. *Journal of Structural Geology*, 12, 1, 113-121.

Thyberg, B.I., B. Stabell, J.I. Faleide, K. Bjørlykke (1999). Upper Oligocene diatomaceous deposits in the northern North Sea - silica diagenesis and paleogeographic implications. in: Norsk Geologisk Tidsskrift, 79, 1, 3–18, DOI: 10.1080/00291969943

Tilton G.R., W. Schreyer, H.-P. Schertl (1991). Pb-Sr-Nd isotopic behavior of deeply subducted crustal rocks from the Dora Maira massif, Western Alps. *Contrib. Mineral. Petrol.*, 108, 22-33.

Tingay, M., R. Hillis, C. Morley, R. Swarbrick, E. Okpere (2003). Pore pressure/stress coupling in Brunei Darussalam – implications for shale injection. In: Van Rensbergen, P., Hillis, R.R., Maltman, A.J. & Morley, C.K. (eds.) *Subsurface Sediment Mobilization*. Geological Society of London Special Publication, London, 216, 369-379.

Tongkul F. (1989). Geological control on the birth of the Pulau Batu Hairan mud volcano, Kudat, Sabah. *Warta Geologi*, 14, 4, 153-165.

Torrini, R., Speed, R.C. (1989). Tectonic wedging in the forearc basin–accretionary prism transition. Lesser Antilles forearc. *Jour. Geophys. Res.*, 94, 10 549-10 584.

Tribovillard N.-P., G.E. Gorin, S. Belin, G. Hopfgartner, R. Pichon (1992). Organic-rich biolaminated facies from a Kimmeridgian lagoonal environment in the French Southern Jura mountains. A way of estimating accumulation rate variations. *Palaeogeography, Palaeoclimatology, Palaeoecology*, 99, 163-177.

Tricart P., S. Schwartz, C. Sue, G. Poupeau, J-M Lardeaux (2001). La denudation tectonique de la zone ultradauphinoise et l' inversion du front briançonnais au sud-est du Pelvoux (Alpes occidentales): une dynamique miocene a actuelle. *Bulletin de la Societe geologique de France* 172, 1, 49-58.

Tryon, M.D., K.M. Brown, M.E. Torres, A.M. Tréhu, J. McManus, R.W. Collier (1999). Measurements of transience and downward fluid flow near episodic methane gas vents, Hydrate Ridge, Cascadia. *Geology*, 27, 1075-1078.

Tsuji, T., H. Tokuyama, P. Costa Pisani, G. Moore, (2008). Effective stress and pore pressure in the Nankai accretionary prism off the Muroto

Peninsula, southwestern Japan: *Jour. Geophys. Res.*, 113, B11401, doi:10.1029/2007JB005002, 19 p.

Tunkay, K., A. Park, P. Ortoleva (2000). Sedimentary basin deformation: an incremental stress approach. *Tectonophysics*, 323, 1-2, 77-104.

Turcotte, D.L. (1989). Geophysical processes influencing the lower continental crust, in *Lower crust: properties and processes*, vol. 51, edited by R.F. Mereu, S. Mueller, D.M. Fountain, 321-329, American Geophysical Union, Washington.

Ungerer, P. (1990). State of the art of research in kinetic modelling of oil formation and expulsion. Org. Geochem., 16, 1-25.

Ungerer, P., E. Behar, D. Descamps (1983). Tentative calculation of the overall volume expansion of organic matter during hydrocarbongenesis from geochemistry data: implications for primary migration. In: M. Bjoroy (Editor), *Advances in organic geochemistry.* John Wiley, 129-135.

Ungerer, P., J. Burrus, B. Doligez, P.Y. Chenet, F. Bessis (1990). Basin evaluation by integrated 2D modeling of heat transfert, fluid flow, hydrocarbon generation and migration. *AAPG Bull.*, 74, 309-335.

Valery, P., G. Nely, A. Mascle, B. Biju-Duval, P. Le Quellec, J.L. Berthon (1985) Structure et croissance d'un prisme d'accrétion tectonique proche d'un continent: la ride de la Barbade au sud de l'arc Antillais. In: *Géodynamique des Caraibes,* ed Mascle, A., Technips, Paris, 173-186.

Van Gestel, J. P., P. Mann, N. R. Grindlay, J. F. Dolan (1999). Three-phase tectonic evolution of the northern margin of Puerto Rico as inferred from an integration of seismic reflection, well, and outcrop data, *Marine Geology, 161,* 257-286.

Van Rensbergen P., Hillis R.R., Maltman A.J., Morley C.K. (2003). Subsurface sediment mobilization: introduction. in P. Van Rensbergen, R.R. Hillis, A.J. Maltman, and C. Morley, eds., Special publication of the Geological Society (London) on Surface Sediment *Mobilization,* 216, 1-8.

Van Rensbergen, P., C.K. Morley, D.W. Ang, T.Q. Hoan, N.T. Lam (1999). Structural evolution of shale diapirs from reactive rise to mud volcanism: 3Dseismic data from the Baram delta, offshore Brunie Darussalam. *Journal of the Geological Society,* 156, 633-650.

Van Rensbergen, P., R.R. Hillis, A.J. Maltman, C.K. Morley (2003). Subsurface sediment mobilization: introduction. in P. Van Rensbergen, R.R. Hillis, A.J. Maltman, & C. Morley, eds., *Special publication of the Geological Society* (London) on Surface Sediment Mobilization, 216, 1-8.

VanDecar, J.C., R.M. Russo, D.E. James, W.B. Ambeth, M. Franke (2003). Aseismic continuation of the Lesser Antilles slab beneath continental South America. *Journal of Geophysical Research* 108, NO. B1, 2043. ESE.

Vernette G., A. Mauffet, C. Bobier, L. Briceno, J. Gayet (1992). Mud diapirism, fan sedimentation and strike-slip faulting, Carribean Colombia margin. *Tectonophysics.* 202, 335-349.

Vogt P.R., Cherkashev G., Ginsburg G., Ivanov G., Milkov A., Crane K., Lein A., Sundvor E., Pimenov N., and Egorov A. (1997). Haakon Mosby mud volcano provides unusual example of venting. *EOS* 78, 556-557.

Von Huene R. (1972). Structure of the continental margin and tectonism at the eastern Aleutian Trench. *Bulletin of the Geological Society of America.* 83, 3613-3626.

Von Huene, R., D.W. Scholl (1991). Observations at convergent margins concerning sediment subduction, subduction erosion, and the growth of continental crust. *Reviews of Geophysiscs,* 29, 279-316.

Von Terzaghi, K. (1945). Stress conditions for the failure of saturated concrete and rock. *Proc. Am. Soc. Test. Mater.* 45, 777-801.

Vrolijk, P. (1990). On the mechanical role of smectite in subduction zones. *Geology,* 18, 703-707.

Vrolijk, P., S. R. Chambers, J. M. Gieskes, J. R. O'neil (1990). Stable isotope ratios of interstitial fluids from the northern Barbados accretionary prism, ODP leg 110. Ocean Drilling Program, Scientific Results, 110, 189-205.

Vrolijk, P., S.M.F. Sheppard (1991). Syntectonic carbonate veins from the Barbados accretionary prism (ODP Leg 110): record of palaeohydrology, *Sedimentology,* 31, 671-690.

Wadge, G., R. MacDonald (1985). Cretaceous tholeiites of the northern continental margin of South America: the sans Souci Formation of Trinidad. *Journal of the Geological Society,* London, 142, 297-308.

Waldhauser F., R. Lippitsch, E. Kissling, J. Ansorge (2002). High-resolution teleseismic tomography of upper-mantle structure using an *a priori* three-dimensional crustal model. *Geophys. J. Int.,* 150, 403–414.

Wallmann, K., P. Linke, E. Suess, G. Bohrmann, H. Sahlng, M. Schluter, A. Dahlmann, S. Lammers, J. Greinert, N. von Mirbach (1997). Quantifying fluid flow, solute mixing, and biogeochemical turnover at cold vents of the eastern Aleutian subducton zone. *Geochim. Cosmochim. Acta,* 61, 5209-5219.

Wang, G.Y., Y. Shi, W.T. Hwang, H. Chen (1990). Hydrogeologic processes in the Oregon-Washington accretionary complex. *JGR,* 95, B6, 9009-9023.

Wannamaker, P. E. et al. (2009). Fluid and deformation regime of an advancing subduction system at Marlborough, New Zealand. *Nature* 460, 733-736

Weber, J. (2005). Sinking of obducted oceanic fore-arc terrane in Caribbean-South America plate boundary zone. *Abstract of the 17th Caribbean Geological Conference,* San Juan, Puerto Rico.

Weber, J.C., T.H. Dixon, C. DeMets, W.B. Ambeh, P. Jansma, G. Mattioli, J. Saleh, G. Sella, R. Bilham, O.

Pérez (2001). GPS estimate of relative motion between the Caribbean and South American plates, and geologic implications for Trinidad and Venezuela. *Geology* 29, 1, 75-78.

Weijermars, R. (1993). Rheological and tectonic modelling of salt provinces, *Tectonophysics*, 217, 143-174.

Westbrook, G.K. (1975). The structure of the crust and upper mantle in the region of Barbados and the Lesser Antilles. *Journal of Royal Astronomic Society,* 43, 201-242.

Westbrook, G.K. (1982). The Barbados ridge complex: tectonics of a mature forearc system, in: *Trench and forearc geology,* Geological Society of London: sedimentation and tectonics in ancient and modern active plate margins. ed Leggett, J.K., Spec. Publ., 10, 275-290.

Westbrook, G.K., J.W. Ladd, P. Buhl, N. Bangs, G.J. Tiley (1988). Cross-section of an accretionary wedge: Barbados Ridge complex. *Geology,* 16, 7, 631-635.

Westbrook, G.K., M.J. Smith (1983). Long decollements and mud volcanoes: Evidence from the Barbados Ridge complex for high pore fluid pressure in the development of an accrionary complex. *Geology,* 11, 279-283.

Westbrook, G.K., M.J. Smith, J.H. Peacock, M.J. Poulter (1982). Extensive underthrusting of undeformed sediment beneath the accretionary complex of the Lesser Antilles subduction zone. *Nature,* 300, 625-628.

Wiedicke, M., S. Neben, V. Spiess (2001). Mud Volcanoes at the front of the Makran accretionary complex, Pakistan. *Marine Geology,* 172, 57-73.

Willet, S.D., C. Beaumont (1994). Subduction of Asian lithospheric mantle beneath Tibet inferred from models of continental collision. *Nature,* 369, 642-645.

Willett, S., C. Beaumont, P. Fullsack (1993). Mechanical model for the tectonics of doubly vergent compressional orogens. *Geology,* 21, 371-374.

Willett, S.D. (1999). Rheological dependence of extension in wedge models of convergent orogens. *Tectonophysics,* 305, 419-435.

Wood, L.J. (2000). Chronostratigraphy and tectonostrati- graphy of the Columbus Basin, eastern offshore Trinidad. *AAPG Bulletin*, 84, 12, 1905-1928.

Woodside, J.M., M.K. Ivanov, A.F. Limonov (1997). Neotectonics and fluid flow through seafloor sediments in the Eastern Mediterranean and Black Seas – Parts I and II. IOC Tech. Ser. 48.

Woodworth-Lynas, C.M.T. (1983). A possible submarine mud volcano from the southeast Baffin island shelf. *Tech. Rep. C-CORE Publ.* 82-83.

Wu, S., A. W. Bally (2000). Slope tectonics— Comparisons and contrasts of structural styles of salt and shale tectonics of the northern Gulf of Mexico with shale tectonics of offshore Nigeria in Gulf of Guinea, in W. Mohriak and M.

Talwani, eds., Atlantic rifts and continental margins: Washington, D.C., American Geophysical Union, p. 151–172.

Xu, W., C. Ruppel (1999). Predicting the occurence, distribution, and evolution of methane gas hydrate in porous marine sediments. *Journal of Geophysical Research,* 104, 5081-5095.

Yamano, M., J.P. Foucher, M. Kinoshita, A. Fisher, R.D. Hyndman, A. Taira, I. Hill, J.V. Firth, U. Berner, W. Brueckmann, T. Byrne, T. Chabernaud, T. Gamo, J.M. Gieskes, D. Karig, M. Kastner, Y. Kato, S. Lallemant, R. Lu, A.J. Maltman, K. Moran, G. Moore, G. Olafsson, B. Owens, K. Pickering, F. Siena, E. Taylor, M. Underwood, C. Wilkinson, J. Zhang (1992). Heat flow and fluid flow regime in the western Nankai accretionary prism. *Earth Planet. Sc. Lett.,* 109, 451-462.

Yardley, B.W.D. (2009). The role of water in the evolution of the continental crust. Journal of the Geological Society 166, 585-600.

Yardley, G.S., R.E. Swarbrick (2000). Lateral transfert: a source of additional overpressure? *Marine and Petroleum Geology,* 17, 523-538.

Yassir, N. (1987). Mud volcanoes: evidence of neotectonic activity. *Memoir of the geological Society of China,* 9, 513-524.

Yassir, N. (2002). Relationships between pore pressure and stress in different tectonic settings. In: A.R. Huffman and G.L. Bowers (Editors), Pressures regimes in sedimentary basins and their prediction. AAPG memoir, 79-88.

Zoetemeijer, R., W. Sassi (1991). 2D reconstitution of thrust evolution using the fault-bend method; *in* Mc Clay K.R. (ed.), Thrust tectonics, London, Chapman and Hall, 133-140.

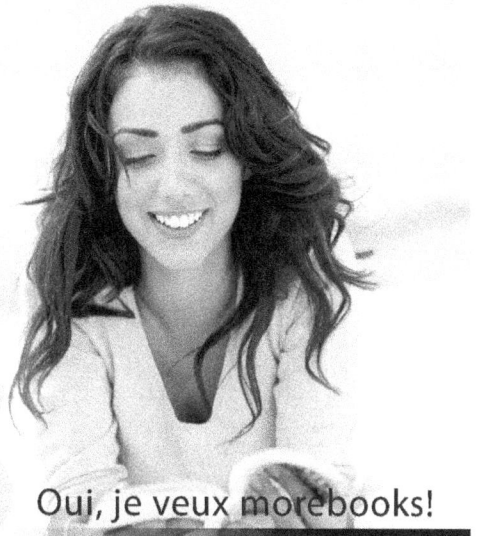

www.ingramcontent.com/pod-product-compliance
Lightning Source LLC
Chambersburg PA
CBHW021033210326
41598CB00016B/1007